经济数学基础

概率统计学习指导

（第2版）

隋亚莉 张启全 曲子芳 编

清华大学出版社
北 京

内 容 简 介

本书是《概率统计》(第 4 版)(隋亚莉,曲子芳,清华大学出版社,2014)的辅助教材.全书分为 8 章.每章包括内容提要、典型例题解析、习题、习题参考答案四部分内容.在内容提要中对本章的重要概念、定理、公式以表格形式进行了简明扼要的总结归纳,重点突出,层次清晰,便于读者复习;典型例题解析部分归纳出各种题型并详细介绍了各类题型的解题方法和技巧,例题选题广泛且具代表性;每章配三种类型习题:客观题(填空题和选择题)、计算题和证明题,读者可以借此进行训练,提高独立解题能力;每章给出了习题参考答案,部分习题给出了解法或提示,以适于读者自学.

本书可作为高等学校财经类、理工类各专业学生的参考书,也可作为硕士研究生入学考试的辅导教材.

图书在版编目(CIP)数据

概率统计学习指导/隋亚莉,张启全,曲子芳编. —2 版. —北京:清华大学出版社,2014(2022.1重印)
(经济数学基础)
ISBN 978-7-302-36622-5

Ⅰ. ①概… Ⅱ. ①隋… ②张… ③曲… Ⅲ. ①概率统计－高等学校－教学参考资料 Ⅳ. ①O211

中国版本图书馆 CIP 数据核字(2014)第 113413 号

责任编辑:刘 颖
封面设计:常雪影
责任校对:王淑云
责任印制:杨 艳

出版发行:清华大学出版社
   网 址:http://www.tup.com.cn,http://www.wqbook.com
   地 址:北京清华大学学研大厦 A 座   邮 编:100084
   社 总 机:010-62770175   邮 购:010-62786544
   投稿与读者服务:010-62776969,c-service@tup.tsinghua.edu.cn
   质量反馈:010-62772015,zhiliang@tup.tsinghua.edu.cn
印 刷 者:北京富博印刷有限公司
装 订 者:北京市密云县京文制本装订厂
经 销:全国新华书店
开 本:185mm×230mm 印 张:12.5   字 数:255 千字
版 次:2007 年 2 月第 1 版 2014 年 7 月第 2 版 印 次:2022 年 1 月第 15 次印刷
定 价:35.00元

产品编号:058629-05

　　《概率统计学习指导》(第 2 版)是与《概率统计》(第 4 版)(隋亚莉,曲子芳,清华大学出版社,2014)配套的辅助教材.编写本书的目的是使学生在学习原教材的基础上,进一步开阔眼界,拓展思路,多实践,多练习,以增强分析问题和解决问题的能力.本书具有以下几个特点:

　　1. 全书是以财经类专业概率统计课程的教学大纲和全国硕士研究生入学考试大纲的要求为标准编写的,为了兼顾工科学生使用,对几何概型、条件分布等内容也进行了讨论.在章节和内容的编排上与原教材结合紧密,在叙述方式以及符号的使用等方面都与原教材保持一致.在例题和习题的选编上较原教材具有更多的信息量,讨论也更加深入全面.

　　2. 重要概念、定理、公式以表格的形式进行了简明扼要的总结归纳,重点突出,层次清晰,便于读者记忆和掌握.

　　3. 每章归纳出各种基本题型.全书共精选了将近 200 道典型例题,选题广泛且具代表性,并详细地介绍了各种题型的解题方法和技巧,对一些问题的讨论和分析中融合了作者在教学实践中的经验和体会.

　　4. 每章选配了两种习题,有计算题、证明题,也有近年来各种考试中常采用的客观题(填空题和选择题).在习题的编排上注意难易结合,既有基本题,也有较难的综合题,并在第 1 版的基础上增加了"考研题选练",在历年考研题中精选了与教材内容密切相关且难易程度适中的题目供读者参考练习.全书共配置了 300 余道各类习题,读者可以借此进行基本训练,提高独立解题能力,并检验自己对所学知识的掌握程度.每章后面给出了习题参考答案,部分习题给出了解法或提示,以便于读者自学.

　　本书可以作为财经类、理工类学生的学习参考书,也可以作为硕士研究生入学考试的辅导材料.

　　本书第 1、2 章由隋亚莉、曲子芳编写;第 3、4、5 章由隋亚莉、张启全编写;第 6、7、8 章由曲子芳、张启全编写.

　　由于水平所限,加之时间仓促,本书一定有许多不妥之处,恳请读者多加批评、指正.

编　者

2014 年 4 月

目 录

第 1 章

随机事件与概率

1.1 内容提要

本章讲述概率统计的基本概念——事件与概率及事件概率的计算方法.下面我们将主要概念和计算公式总结如下.

1. 随机事件的概念与性质

随机试验	具有以下 3 个特点的试验称为随机试验: (1) 试验可以在相同的条件下重复进行; (2) 每次试验的结果具有多种可能性,而且在试验之前可以明确试验的全部可能结果; (3) 试验之前不能准确预言该次试验将出现哪一种结果.
样本点与样本空间	随机试验 E 的每一个不可再分的结果 ω,称为一个样本点; 样本点的全体所组成的集合 Ω,称为 E 的样本空间.

随机事件	在一次试验中,可能发生也可能不发生,而在大量重复的试验中具有某种统计规律性的随机试验的结果,称为随机事件.它是样本空间的某个子集.	由一个样本点构成的子集称为基本事件.
		由多个样本点构成的子集称为复合事件.
		样本空间 Ω 称为必然事件.
		空集 $\varnothing$ 称为不可能事件.

事件间的运算	事件的和 $A+B$:表示事件 A 与 B 至少有一个发生.
	事件的积 AB:表示事件 A 与 B 同时发生.
	事件的差 $A-B$:事件 A 发生而事件 B 不发生.
事件间的关系	事件的包含 $A \subset B$:事件 A 发生必然导致事件 B 发生.
	事件相等 $A=B$:$A \subset B$ 且 $B \subset A$.
	互不相容事件:事件 A 与 B 不能同时发生,即 $AB=\varnothing$.
	对立事件 $\overline{A}$:事件 A 不发生,即 $\Omega-A$.
	完备事件组 $A_1,A_2,\cdots,A_n$:$A_1,A_2,\cdots,A_n$ 至少一个发生且不同时发生,即 $A_iA_j=\varnothing(1\leqslant i,j\leqslant n,i\neq j)$ 且 $A_1+A_2+\cdots+A_n=\Omega$.
	事件独立:事件 A 与 B 发生与否互相不受影响,即 $P(AB)=P(A)P(B)$.

2. 概率的定义与计算公式

<table>
<tr>
<td rowspan="4">概率的定义</td>
<td>统计定义</td>
<td>在相同的条件下重复进行 n 次试验.如果当 n 增大时,事件 A 出现的频率 $f_n(A)$ 稳定地在某一常数 p 附近摆动;且一般说来,n 越大,摆动幅度越小,则称常数 p 为事件 A 的概率.这样定义的概率称为统计概率.</td>
</tr>
<tr>
<td>公理化定义</td>
<td>设 E 是随机试验,Ω 是它的样本空间,对于 E 的每一事件 A 赋予一个实数,记为 $P(A)$,若它满足如下 3 个条件:
(1) 对任何事件 A,$P(A) \geqslant 0$;
(2) $P(\Omega) = 1$;
(3) 对于可列个两两互不相容的事件 $A_1, A_2, \cdots$,有
$$P(A_1 + A_2 + \cdots) = P(A_1) + P(A_2) + \cdots.$$
则称 $P(A)$ 为事件 A 的概率.</td>
</tr>
<tr>
<td>条件概率</td>
<td>设 A, B 为两个事件,且 $P(B) > 0$,称比值 $P(AB)/P(B)$ 为事件 A 在事件 B 发生的条件下的条件概率,记作 $P(A|B)$.</td>
</tr>
<tr><td colspan="2"></td></tr>
</table>

<table>
<tr>
<td rowspan="6">概率的计算公式</td>
<td>加法公式</td>
<td>$$P(A+B) = P(A) + P(B) - P(AB).$$ $$P(A+B+C) = P(A) + P(B) + P(C)$$ $$- P(AB) - P(AC) - P(BC) + P(ABC).$$ 特别地,若事件 $A_1, A_2, \cdots, A_n$ 互不相容,则 $$P(A_1 + A_2 + \cdots + A_n) = P(A_1) + P(A_2) + \cdots + P(A_n).$$</td>
</tr>
<tr>
<td>减法公式</td>
<td>设 A, B 为任意两个事件,则 $P(B-A) = P(B) - P(AB)$.
若 $A \subset B$,则 $P(B-A) = P(B) - P(A)$.</td>
</tr>
<tr>
<td>乘法公式</td>
<td>若 $P(A) > 0$,$P(B) > 0$,则 $$P(AB) = P(A)P(B|A) = P(B)P(A|B).$$ 若 $P(A_1 A_2 \cdots A_{n-1}) > 0$,则 $$P(A_1 A_2 \cdots A_n) = P(A_1)P(A_2|A_1)P(A_3|A_1 A_2) \cdots P(A_n|A_1 A_2 \cdots A_{n-1}).$$ 特别地,若事件 $A_1, A_2, \cdots, A_n$ 相互独立,则 $$P(A_1 A_2 \cdots A_n) = P(A_1)P(A_2) \cdots P(A_n).$$</td>
</tr>
<tr>
<td>全概率公式</td>
<td>如果事件 $A_1, A_2, \cdots$ 构成一个完备事件组且 $P(A_i) > 0 (i=1,2,\cdots)$,则对任何一个事件 B,有 $$P(B) = \sum_i P(A_i)P(B|A_i).$$</td>
</tr>
<tr>
<td>贝叶斯公式</td>
<td>若 $A_1, A_2, \cdots$ 构成一个完备事件组,且 $P(A_i) > 0 (i=1,2,\cdots)$,则对任一事件 B,$P(B) > 0$,有 $$P(A_j|B) = \frac{P(A_j)P(B|A_j)}{\sum_i P(A_i)P(B|A_i)}, \quad j = 1,2,\cdots.$$</td>
</tr>
<tr><td colspan="2"></td></tr>
</table>

续表

概率模型	古典概型	具有下列两个特点的概率模型称为古典概型(或等可能概型): (1) 样本空间只包含有限个基本事件; (2) 每个基本事件发生的可能性相同. 设在古典概型中共有 n 个基本事件,A 为包含其中 m 个基本事件的随机事件,则定义事件 A 的概率为 $$P(A)=\frac{A\text{包含的基本事件数}}{\text{基本事件总数}}=\frac{m}{n}.$$
	几何概率	将古典概型中的有限性推广到无限性而保留等可能性,就得到几何概型.一般来说,具有下列特点的概率问题称为几何概型: 有一个可度量的几何图形 Ω,试验 E 看成在 Ω 中随机地投掷一点,即 Ω 为样本空间.A 是 Ω 中可度量的图形,事件 $A=\{$投掷的点落入图形 A 中$\}$.则事件 A 的概率定义为 $$P(A)=\frac{L(A)}{L(\Omega)}\quad (L\text{ 表示度量,指长度、面积、体积等}).$$
	伯努利概型	设试验 E 只有两种可能结果 A 和 $\overline{A}$,在相同的条件下独立地重复 n 次,这样的 n 次试验称为 n 重伯努利试验;描述 n 重伯努利试验结果的概率模型称为 n 重伯努利概型(也称独立试验序列).二项概率公式:在 n 重伯努利概型中,设每次试验事件 A 发生的概率为 $P(A)=p$,A 不发生的概率为 $P(\overline{A})=1-p=q(p,q>0)$,则在 n 次试验中 A 恰好发生 $k(0\leqslant k\leqslant n)$ 次的概率 $P_n(k)$ 为 $$P_n(k)=C_n^k p^k q^{n-k},\quad k=0,1,\cdots,n.$$

1.2 典型例题解析

题型 1:基本概念、公式与简单运算的填空、选择、判断;

题型 2:古典概型、几何概型、伯努利概型的概率计算;

题型 3:利用加法公式、乘法公式、条件概率公式及事件的独立性计算概率;

题型 4:利用全概率公式、贝叶斯公式计算概率.

例 1.1 写出下列随机试验的样本空间及下列事件所包含的样本点:

(1) 掷一颗骰子,出现奇数点;

(2) 在 1,2,3,4 四个数中可重复地取两个数,其中一个数是另外一个数的 2 倍;

(3) 将 a,b 两个球随机地放到三个盒子中去,盒子容量不限,第一个盒子中至少有一个球;

(4) 两人约定在某处会面,分别记录这两个人到达该处的时间,假定他们都在一个小时内到达.如果约定先到者应该等待另外一个人,等待时间超过 1 刻钟即可离去.事件 $A=\{$两人能见面$\}$;

(5) 从一批灯泡中任取一只,测试它的寿命.考虑事件 $A=\{$寿命大于 1000h$\}$.

解　(1) 掷一颗骰子,其结果有 6 种可能:出现 1 点,2 点,3 点,……,6 点,可以记样本空间 $\Omega=\{1,2,3,4,5,6\}$,那么"出现奇数点"的事件为 $\{1,3,5\}$.

(2) 1,2,3,4 四个数中可重复地取两个数,共有 16 种可能,可记样本空间为 $\Omega=\{(1,1),$ $(1,2),(1,3),(1,4),(2,1),(2,2),(2,3),(2,4),(3,1),(3,2),(3,3),(3,4),(4,1),$ $(4,2),(4,3),(4,4)\}$."一个数是另一个数的 2 倍"的事件为 $\{(1,2),(2,1),(2,4),(4,2)\}$.

(3) 我们记三个盒子分别为甲、乙、丙,依题意,将 a,b 两球随机放入三个盒子中共有 9 种可能结果,如果用(甲,乙)表示 a 球放入甲盒,b 球放入乙盒的可能结果,那么样本空间可表示为

$$\Omega=\{(甲,甲),(甲,乙),(甲,丙),(乙,甲),$$
$$(乙,乙),(乙,丙),(丙,甲),(丙,乙),(丙,丙)\}.$$

"第一个盒子中至少有一球"的事件可记为

$$A=\{(甲,甲),(甲,乙),(甲,丙),(乙,甲),(丙,甲)\}.$$

(4) 如果用 t_1 表示第一人到达的时间,t_2 表示第二人到达的时间,那么样本空间是坐标为 (t_1,t_2) 的点组成的正方形,其中 $0\leqslant t_1,t_2\leqslant 1$. 可记为

$$\Omega=\{(t_1,t_2)\mid 0\leqslant t_1,t_2\leqslant 1\}.$$

那么事件 A 表示为

$$A=\left\{(t_1,t_2)\,\middle|\,\mid t_1-t_2\mid\leqslant\frac{1}{4},0\leqslant t_1,t_2\leqslant 1\right\}.$$

(5) 灯泡的使用寿命理论上可为任一非负实数. 因为上限不确定,可认为没有上限,所以样本空间 $\Omega=\{t\mid 0\leqslant t<+\infty\}$,事件 $A=\{t\mid t>1000\}$.

说明　在研究随机事件相应的样本点时,我们常要利用集合论中的概念与记法.首先确定样本空间 Ω,然后写出要讨论的每个随机事件相应的集合.

例 1.2　设 A,B,C,D 为四个事件,试用这四个事件表示下列各事件:

(1) E_1:这四个事件至少发生一个;

(2) E_2:这四个事件都不发生;

(3) E_3:这四个事件至多发生一个;

(4) E_4:这四个事件至少发生两个;

(5) E_5:这四个事件恰好发生两个.

解　(1) A,B,C,D 至少发生一个,就是 A 发生或 B 发生或 C 发生或 D 发生,即 $E_1=A+B+C+D$;

(2) $E_2=\overline{A}\,\overline{B}\,\overline{C}\,\overline{D}=\Omega-E_1$;

(3) 四个事件至多发生一个就是四个事件都不发生或一个事件发生而其余三个事件都不发生,即 $E_3=\overline{A}\,\overline{B}\,\overline{C}\,\overline{D}+A\overline{B}\,\overline{C}\,\overline{D}+\overline{A}B\overline{C}\,\overline{D}+\overline{A}\,\overline{B}C\overline{D}+\overline{A}\,\overline{B}\,\overline{C}D$;

(4) $E_4=AB+AC+AD+BC+BD+CD$;

(5) $E_5 = AB\overline{C}\overline{D} + A\overline{B}C\overline{D} + A\overline{B}\overline{C}D + \overline{A}BC\overline{D} + \overline{A}B\overline{C}D + \overline{A}\overline{B}CD$.

说明　(1) 注意事件 $AB\overline{C}\overline{D}$ 与事件 AB 的差别. 前者表示 A,B 都发生而 C,D 都不发生；后者表示 A,B 都发生而 C,D 可发生也可不发生.

事实上, $AB = AB\Omega = AB[C(D+\overline{D}) + \overline{C}(D+\overline{D})]$

$\qquad\qquad = AB(CD + C\overline{D} + \overline{C}D + \overline{C}\overline{D})$

$\qquad\qquad = ABCD + ABC\overline{D} + AB\overline{C}D + AB\overline{C}\overline{D}$.

(2) 事件的运算和表示非常重要, 一些常用记法和结论务必熟记, 在后面的概率计算中经常用到. 在分析事件的关系及进行事件运算时, 除了熟练运用事件间关系及运算的公式外, 还经常以文氏图和集合论中的运算法则为工具解决问题.

例 1.3　甲、乙、丙三人独自破译一个密码, 设 A,B,C 分别表示甲、乙、丙独自译出, 试分别表示下列事件：(1) $D = \{$密码被译出$\}$；(2) $E = \{$密码被译出但甲没译出$\}$；(3) $F = \{$甲、乙都译出但丙没译出$\}$.

解　(1) 密码被译出意即甲、乙、丙中至少有一人将密码译出, 所以 $D = A+B+C$.

(2) 密码被译出但甲没译出可表示为 $E = D\overline{A} = (A+B+C)\overline{A} = (B+C)\overline{A}$.

(3) 甲、乙都译出但丙没译出表示为 $F = AB\overline{C}$.

例 1.4　某批产品中有 a 件正品, b 件次品. 从中用(1)有放回抽取；(2)不放回抽取两种抽样方式抽取 n 件产品, 问其中恰有 $k(k \leqslant \min\{b,n\})$ 件次品的概率是多少？

解　(1) 有放回抽取

从 $a+b$ 件产品中有放回地抽取 n 件产品, 所有可能的取法有 $(a+b)^n$ 种. 取出的 n 件产品中有 k 件次品, 它们可以出现在 n 个位置中 k 个不同的位置, 所有可能的取法有 C_n^k 种. 对于取定的一种位置, 由于取正品有 a 种可能, 取次品有 b 种可能, 即有 $a^{n-k}b^k$ 种可能. 于是取出的 n 件产品中恰有 k 件次品的可能取法共有 $C_n^k a^{n-k}b^k$ 种, 故所求概率为

$$p_1 = \frac{C_n^k a^{n-k}b^k}{(a+b)^n} = C_n^k \left(\frac{a}{a+b}\right)^{n-k} \left(\frac{b}{a+b}\right)^k.$$

在我们学习了伯努利概型后将会更好地理解这个结果.

(2) 不放回抽取

从 $a+b$ 件产品中抽取 n 件(不计次序)的所有可能的取法有 C_{a+b}^n 种. 在 a 件正品中取 $n-k$ 件的所有可能的取法有 C_a^{n-k} 种, 在 b 件次品中取 k 件的所有可能的取法有 C_b^k 种, 于是取出的 n 件产品中恰有 k 件次品的所有可能的取法有 $C_a^{n-k}C_b^k$ 种. 故所求概率为

$$p_2 = \frac{C_a^{n-k}C_b^k}{C_{a+b}^n}.$$

这个公式就是第 2 章将要介绍的超几何分布的概率公式.

说明　此例属于摸球问题(产品的随机抽样问题). 解答这类习题时, 需注意次序应一致, 如果计算样本点总数时, 样本空间中的元素考虑了次序, 则事件中的元素也要考虑次

序；或者两者都不考虑次序.

例 1.5　任意投掷可以区别的四颗均匀的骰子，求下列事件的概率.

$A=\{$四颗骰子出现的点数全都相同$\}$；

$B=\{$四颗骰子出现的点数全不相同$\}$；

$C=\{$四颗骰子恰有三个出现的点数相同$\}$；

$D=\{$四颗骰子恰有两个出现的点数相同$\}$；

$E=\{$四颗骰子出现的点数恰成两对$\}$.

解　每个骰子可以取 1～6 点中的任意一个点数，由乘法原理知，任意投掷可以区别的四个骰子的全部样本点数为 6^4.

若使四颗骰子出现的点数完全相同，则只需四颗骰子同取 1 点，2 点，3 点，4 点，5 点，6 点中的任一个，共 6 种可能，故 $P(A)=\dfrac{6}{6^4}=\dfrac{1}{6^3}=\dfrac{1}{216}$；

四颗骰子出现的点数全不相同，即第一颗骰子可以取 1～6 点中的任意一个，共 6 种可能，第二颗骰子只能取其他 5 个点中的任一点，共 5 种可能，以此类推，事件 B 所包含的基本事件数为 P_6^4.

$$P(B)=\frac{P_6^4}{6^4}=\frac{6\times5\times4\times3}{6^4}=\frac{5}{18}；$$

四颗骰子分成两组，其中一组三个骰子取同一点，另一组一个骰子取不同的一点，其分法有 C_4^3（或 C_4^1）种. 第一组骰子可以取 1～6 点中的任一点数，共 6 种取法，则第二组有 5 种取法，故事件 C 包含的基本事件数为 $C_4^3 P_6^2$. 所以

$$P(C)=\frac{C_4^3 P_6^2}{6^4}=\frac{4\times6\times5}{6^4}=\frac{5}{54}；$$

同理，事件 D 包含的基本事件数为 $C_4^2 P_6^3$，

$$P(D)=\frac{C_4^2 P_6^3}{6^4}=\frac{6\times6\times5\times4}{6^4}=\frac{5}{9}；$$

四颗骰子恰成两对的分法共 $\dfrac{1}{2}C_4^2$ 种，于是事件 E 包含的基本事件数为 $\dfrac{1}{2}C_4^2 P_6^2$，则

$$P(E)=\frac{\frac{1}{2}C_4^2 P_6^2}{6^4}=\frac{\frac{1}{2}\times6\times6\times5}{6^4}=\frac{5}{72}.$$

说明　掷 n 颗骰子与 n 个人的生日，n 封信装入 n 个信箱，n 只球投入 n 个盒子，n 个人分配到 n 个房间等同属于"分房问题"（分配问题），处理这类问题时，要分清什么是"人"，什么是"房子"，一般不可颠倒. 例如，本例可以看成 4 个人分配到 6 个房间，房间容量不限，事件 A 可相应地看成"4 个人分配到同一间房". 为了更好地使读者理解此类问

题,下面再举出一例.

例 1.6 某班有 n 名学生,求至少两人同一天生日的概率是多少?

解 这个问题实质上是分房问题,这里关键是将生日作为"房子".因为每个人的生日都可能是 365 天中的任何一天,且是等可能的,因此基本事件总数 $n=365^n$,设 $A=\{$ 至少两人同一天生日 $\}$,注意到 $\overline{A}=\{n$ 个人生日各不相同 $\}$,由于 $\overline{A}$ 包含的基本事件为 P_{365}^n,则 A 包含的基本事件数为 $365^n-P_{365}^n$.所以

$$P(A) = \frac{365^n - P_{365}^n}{365^n}.$$

下面是 n 取不同的值时 $P(A)=p$ 的数值:

n	10	15	20	25	30	40	45	50	55
p	0.117	0.253	0.414	0.569	0.706	0.891	0.94	0.97	0.99

当 $n=64$ 时,$P(A)\approx0.997$,"至少两人生日相同"几乎是必然的了.可见,一年 365 天,55 件大事是有的,所以不管"双喜临门"还是"祸不单行"也就没什么奇怪的了.

例 1.7(随机取数问题)　从 $0,1,\cdots,9$ 共 10 个数字中随机有放回地接连取 4 个数字,按其出现的先后排成一列.试求下列各事件的概率:

(1) $A_1=\{4$ 个数字排成一偶数 $\}$;

(2) $A_2=\{4$ 个数字排成一四位数 $\}$;

(3) $A_3=\{4$ 个数字中 0 恰好出现两次 $\}$;

(4) $A_4=\{4$ 个数字中 0 不出现 $\}$.

解　因为是有放回抽取,所以样本空间含 10^4 个样本点.

(1) 若使 4 个数字组成偶数,只需末位数字为偶数即可.这有 5 个可能,即 $0,2,4,6,8$,而前三位数是任意的,有 10^3 种取法,于是 A_1 共含有 $C_5^1 10^3$ 个基本事件,从而

$$P(A_1) = \frac{C_5^1 10^3}{10^4} = 0.5.$$

(2) 若使 4 个数字组成一四位数,则只需第一位数字不是 0 即可,而后三位数是任意的,于是 A_2 共有 $C_9^1 10^3$ 个基本事件,从而

$$P(A_2) = \frac{C_9^1 10^3}{10^4} = 0.9.$$

(3) 若使 0 恰好出现两次,则只需某两次取数为 0,另两次不为 0 即可.于是 A_3 共含 $C_4^2 9^2$ 个基本事件,从而

$$P(A_3) = \frac{C_4^2 9^2}{10^4} = 0.0486.$$

(4) 若使取出的四位数字中不含 0,则共有 9^4 种不同的取法,于是

$$P(A_4) = \frac{9^4}{10^4} = 0.6561.$$

例 1.8 从 n 双不同的鞋子中任取 $2r(2r < n)$ 只,求下列事件发生的概率:

(1) 无成对的鞋子;(2) 恰有两对鞋子;(3) 有 r 对鞋子.

解 (1) 因从 n 双中取 $2r$ 只,即从 $2n$ 只中取 $2r$ 只,故样本点总数为 C_{2n}^{2r}. 要所取的 $2r$ 只中无成对的必须只须这 $2r$ 只来自不同的 $2r$ 双,因此可认为先从 n 双不同鞋子中取 $2r$ 双,然后每双取一只. 因此,有利场合数为 $C_n^{2r}(C_2^1)^{2r}$,故

$$P_1 = \frac{C_n^{2r}(C_2^1)^{2r}}{C_{2n}^{2r}} = \frac{2^{2r}C_n^{2r}}{C_{2n}^{2r}}.$$

(2) 样本点总数仍为 C_{2n}^{2r},有利场合数可如下考虑,即先从 n 双中取 2 双,再从 $n-2$ 双中取 $2r-4$ 双,然后每双取一只. 从而有利场合数为 $C_n^2(C_2^2)^2 C_{n-2}^{2r-4}(C_2^1)^{2r-4}$,故

$$P_2 = \frac{C_n^2(C_2^2)^2 C_{n-2}^{2r-4}(C_2^1)^{2r-4}}{C_{2n}^{2r}} = \frac{2^{2r-4}C_n^2 C_{n-2}^{2r-4}}{C_{2n}^{2r}}.$$

(3) 样本点总数仍为 C_{2n}^{2r}. 有 r 对即取出 $2r$ 只全配对,故有利场合数为 $C_n^r(C_2^2)^r = C_n^r$,于是所求概率为

$$P_3 = \frac{C_n^r}{C_{2n}^{2r}}.$$

例 1.9 某路公共汽车每 5min 发出一辆,求乘客到达站点后,等待时间不超过 3min 的概率.

解 乘客到达站点的时刻 $t(0 \leqslant t \leqslant 5)$ 可视为向时间段 $[0,5]$ 投掷一随机点. 事件 $A = \{2 \leqslant t \leqslant 5\}$ 表示"等待时间不超过 3min",而 $\Omega = \{0 \leqslant t \leqslant 5\}$,因此事件 A 的概率决定于线段 $[2,5]$ 与 $[0,5]$ 的长度比,即

$$P(A) = \frac{3}{5}.$$

例 1.10 甲、乙两艘轮船驶向一个不能同时停泊两艘轮船的码头,它们在一昼夜内到达的时间是等可能的. 如果甲船停泊的时间是 1h,乙船停泊的时间是 2h,求两艘船都不需要等候码头空出的概率是多少?

解 设甲、乙两艘船到达的时刻分别为 x, y,则样本空间 $\Omega = \{(x,y) \mid 0 \leqslant x, y \leqslant 24\}$,即 Ω 是边长为 24 的正方形,如图 1.1 所示.

由题意,若使两艘船都不需要等候,则必有:若甲船先到,乙船应该晚来 1h 以上,即 $y - x \geqslant 1$ 或 $y \geqslant 1 + x$;若乙船先到,甲船应晚来 2h 以上,即 $x - y \geqslant 2$ 或 $y \leqslant x - 2$,所以当 (x,y) 落在区域 $G = \{(x,y) \mid 1 + x \leqslant y \leqslant 24$ 或 $0 \leqslant y \leqslant x - 2, 0 \leqslant x \leqslant 24\}$(图 1.1 中阴影部分)内时,两艘船都不需要等候.

由于 G 的面积 $=\dfrac{1}{2}(24-1)^2+\dfrac{1}{2}(24-2)^2=\dfrac{1013}{2}$，所以 $P=\dfrac{S_G}{S_\Omega}=\dfrac{1013}{2\times24^2}=0.88.$

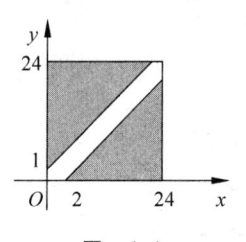

图 1.1

例 1.11（填空题） 对事件 A,B 和 C，已知 $P(A)=P(B)=P(C)=\dfrac{1}{4}$，$P(AC)=$ $\dfrac{1}{8}$，$P(AB)=P(BC)=0$，则 A,B,C 中至少有一个发生的概率为（ ）．

解 求 A,B,C 中至少有一个发生的概率即是求 $P(A+B+C)$ 的值．

由已知得 $ABC\subset AB$，所以 $P(ABC)\leqslant P(AB)=0$，最后由三个事件的加法公式可得 $P(A+B+C)=\dfrac{5}{8}$．所以应填 5/8．

例 1.12 袋中有 10 个球，8 红 2 白，现从袋中任取两次，每次取一球作不放回抽取，求下列事件的概率：(1)两次都取红球；(2)两次中一次取红球，另一次取白球；(3)至少有一次取白球；(4)第二次取白球．

分析 此题关键是恰当地用事件把已知条件和所求表示出来，为此先把两次抽取结果设出来，以便找出事件间的关系．

解 设 $A_i=\{$第 i 次取出的是红球$\}$，$i=1,2$．显然，$\overline{A}_i=\{$第 i 次取出的是白球$\}$．

(1) $P(A_1A_2)=P(A_1)P(A_2\mid A_1)=\dfrac{8}{10}\times\dfrac{7}{9}=\dfrac{28}{45}.$

(2) $P(A_1\overline{A}_2+\overline{A}_1A_2)$，注意 $A_1\overline{A}_2$ 与 $\overline{A}_1A_2$ 互不相容，所以

$$P(A_1\overline{A}_2+\overline{A}_1A_2)=P(A_1\overline{A}_2)+P(\overline{A}_1A_2)$$
$$=P(A_1)P(\overline{A}_2\mid A_1)+P(\overline{A}_1)P(A_2\mid\overline{A}_1)$$
$$=\dfrac{8}{10}\times\dfrac{2}{9}+\dfrac{3}{10}\times\dfrac{8}{9}=\dfrac{16}{45}.$$

(3) $P(\overline{A}_1+\overline{A}_2)=1-P(A_1A_2)=1-\dfrac{28}{45}=\dfrac{17}{45}.$

注意所求中的"至少"问题常常借助其对立事件来解决．

(4) $P(\overline{A}_2)=P(\Omega\overline{A}_2)=P[(A_1+\overline{A}_1)\overline{A}_2]$
$$=P(A_1\overline{A}_2+\overline{A}_1\overline{A}_2)=P(A_1\overline{A}_2)+P(\overline{A}_1\overline{A}_2)$$

$$= P(A_1)P(\overline{A}_2 \mid A_1) + P(\overline{A}_1)P(\overline{A}_2 \mid \overline{A}_1)$$

$$= \frac{8}{10} \times \frac{2}{9} + \frac{2}{10} \times \frac{1}{9} = \frac{18}{90} = \frac{1}{5}.$$

显然,这个结果与第一次取得白球的概率相同.

例 1.13　已知一个家庭有三个孩子,且知道其中有女孩,求至少有一个是男孩的概率(假设一个小孩为男或女是等可能的).

分析　此题是求在已知三个孩子中至少有一个女孩的条件下至少有一个男孩的概率.考虑到"至少有一个女孩"与"全是男孩"是对立事件,所以它们的概率容易求出.

解　设 $A = \{$三个孩子中至少有一个男孩$\}$,$B = \{$三个孩子中至少有一个女孩$\}$,则

$$P(\overline{A}) = P(全是女孩) = \frac{1^3}{2^3} = \frac{1}{8}, \quad P(\overline{B}) = P(全是男孩) = \frac{1}{8}.$$

$$P(AB) = 1 - P(\overline{A} + \overline{B}) = 1 - [P(\overline{A}) + P(\overline{B})] = 1 - \left[\frac{1}{8} + \frac{1}{8}\right] = \frac{3}{4}.$$

所以,在至少一个为女孩的条件下,至少有一个男孩的概率为

$$P(A \mid B) = \frac{P(AB)}{P(B)} = \frac{\dfrac{3}{4}}{\dfrac{7}{8}} = \frac{6}{7}.$$

例 1.14　甲给乙打电话,但忘记了电话号码的最后一位数字,因而对最后一位数字就随机拨号.若拨完整个电话号码算完成一次拨号,并假设乙的电话不占线.

(1) 求到第 k 次才拨通的概率;

(2) 求不超过 k 次而拨通的概率.

解　(1) 设事件 $A_k = \{$第 k 次拨通电话$\}$,$B_k = \{$到第 k 次才拨通电话$\}$.显然,$k = 1$,$2, \cdots, 10$,$B_k = \overline{A}_1 \overline{A}_2 \cdots \overline{A}_{k-1} A_k$.

$$P(B_1) = P(A_1) = \frac{1}{10},$$

$$P(B_2) = P(\overline{A}_1 A_2) = P(\overline{A}_1)P(A_2 \mid \overline{A}_1) = \frac{9}{10} \times \frac{1}{9} = \frac{1}{10},$$

$$P(B_3) = P(\overline{A}_1 \overline{A}_2 A_3) = P(\overline{A}_1)P(\overline{A}_2 \mid \overline{A}_1)P(A_3 \mid \overline{A}_1 \overline{A}_2) = \frac{9}{10} \times \frac{8}{9} \times \frac{1}{8} = \frac{1}{10},$$

$$\vdots$$

$$P(B_k) = P(\overline{A}_1 \overline{A}_2 \cdots \overline{A}_{k-1} A_k) = P(\overline{A}_1)P(\overline{A}_2 \mid \overline{A}_1) \cdots P(A_k \mid \overline{A}_1 \overline{A}_2 \cdots \overline{A}_{k-1})$$

$$= \frac{9}{10} \cdot \frac{8}{9} \cdot \cdots \cdot \frac{1}{10-k+1} = \frac{1}{10}.$$

注意不管 k 为多少,这个概率都是 $\dfrac{1}{10}$,与 k 无关!

(2) 设事件 $C_k = \{$不超过 k 次而拨通电话$\}$,则

$$C_k = A_1 + \overline{A}_1 A_2 + \cdots + \overline{A}_1 \overline{A}_2 \cdots \overline{A}_{k-1} A_k,$$

这是一组互不相容事件的和,所以

$$P(C_k) = P(A_1) + P(\overline{A}_1 A_2) + \cdots + P(\overline{A}_1 \overline{A}_2 \cdots \overline{A}_{k-1} A_k).$$

根据(1)的结果,有

$$P(C_k) = \frac{1}{10} + \frac{1}{10} + \cdots + \frac{1}{10} = \frac{k}{10} \quad \left(共 k 个 \frac{1}{10} 相加\right).$$

这个结果的正确性是显而易见的.

例 1.15(卜里耶模型) 罐中有 a 个红球,b 个白球,每次自罐中任取一个球,观察颜色后放回,且同时放入 c 个与所取出的那个同色的球. 这样反复取球连续 n 次,问前面的 m 次出现红球,后面的 $k = n - m$ 次出现白球的概率.

解 设 $A_i = \{$第 i 次取出红球$\}$($i = 1, 2, \cdots, m$),$A_i = \{$第 i 次取出白球$\}$($i = m+1$, $m+2, \cdots, n$). 则

$$P(A_1) = \frac{a}{a+b}, P(A_2 \mid A_1) = \frac{a+c}{a+b+c}, \ P(A_3 \mid A_1 A_2) = \frac{a+2c}{a+b+2c}, \cdots,$$

$$P(A_m \mid A_1 A_2 \cdots A_{m-1}) = \frac{a+(m-1)c}{a+b+(m-1)c},$$

$$P(A_{m+1} \mid A_1 A_2 \cdots A_m) = \frac{b}{a+b+mc}, \ P(A_{m+2} \mid A_1 A_2 \cdots A_{m+1}) = \frac{b+c}{a+b+(m+1)c},$$

$$\vdots$$

$$P(A_n \mid A_1 A_2 \cdots A_{n-1}) = \frac{b+(n-m-1)c}{a+b+(n-1)c},$$

因此

$$P(A_1 A_2 \cdots A_n) = P(A_1)P(A_2 \mid A_1)\cdots P(A_n \mid A_1 A_2 \cdots A_{n-1})$$

$$= \frac{a}{a+b} \cdot \frac{a}{a+b+c} \cdot \cdots \cdot \frac{a+(m-1)c}{a+b+(m-1)c} \cdot \frac{b}{a+b+mc}$$

$$\cdot \frac{b+c}{a+b+(m+1)c} \cdot \cdots \cdot \frac{b+(n-m-1)c}{a+b+(n-1)c}.$$

注意 这个答案只与红球与白球出现的次数有关,而与出现的顺序无关. 这个模型曾被卜里耶用来作为描述传染病的数学模型.

例 1.16 有两箱同种类的元件,第一箱装 50 只,其中 10 只为一等品;第二箱装 30 只,其中 18 只为一等品. 今从两箱中选出一箱,然后从该箱中作不放回抽取两次,每次一只. 试求:

(1) 第一次取出的元件是一等品的概率;

(2) 在第二次取得一等品的条件下,第一次取到的也是一等品的概率.

解 设 $A_i = \{$任选一只元件属于第 i 个箱子$\}$,$i = 1, 2$. $B_i = \{$第 i 次抽得一等品$\}$,$i = 1, 2$. 由全概率公式,有

(1) $P(B_1) = P(A_1)P(B_1 \mid A_1) + P(A_2)P(B_2 \mid A_2) = 0.5 \times \dfrac{10}{50} + 0.5 \times \dfrac{18}{30} = 0.4$；

(2) $P(B_1 \mid B_2) = \dfrac{P(B_1 B_2)}{P(B_2)}$，$P(B_2) = P(B_1 B_2) + P(\overline{B}_1 B_2)$，

$$P(B_1 B_2) = P(A_1)P(B_1 B_2 \mid A_1) + P(A_2)P(B_1 B_2 \mid A_2)$$
$$= 0.5 \times \dfrac{10}{50} \times \dfrac{9}{49} + 0.5 \times \dfrac{18}{30} \times \dfrac{17}{29} = 0.1942,$$

$$P(\overline{B}_1 B_2) = P(A_1)P(\overline{B}_1 B_2 \mid A_1) + P(A_2)P(\overline{B}_1 B_2 \mid A_2)$$
$$= 0.5 \times \dfrac{40}{50} \times \dfrac{10}{49} + 0.5 \times \dfrac{12}{30} \times \dfrac{18}{29} = 0.2058,$$

$$P(B_2) = 0.1942 + 0.2058 = 0.4.$$

注意　$P(B_2) = P(B_1) = 0.4$，这不是巧合，是必然的结果.

$$P(B_1 \mid B_2) = \dfrac{0.1942}{0.4} = 0.4855.$$

例 1.17　全概率公式中的事件组 $A_1, A_2, \cdots$ 与古典概型中的基本事件组 $W_1, W_2, \cdots,$ W_n 有何异同？

答　要回答这个问题首先要弄清两个计算公式的使用背景.

首先，古典概型具有限等概性，即概率模型中的基本事件总数是有限个，而且每个基本事件出现的概率相同，这样，所求事件概率就等于所求事件包含的基本事件数与基本事件总数之比. 用图形表示为图 1.2.

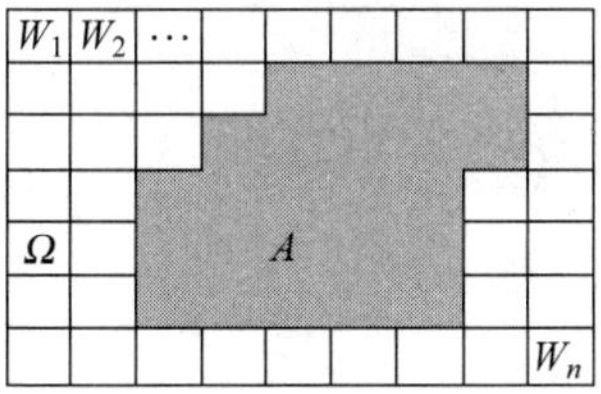

全概率公式中的事件组 $A_1, A_2, \cdots$ 可以是有限个，也可以是无限个，它们可以是基本事件组，又常常不是基本事件组，它们具备的基本特性是：

$$A_i A_j = \varnothing \ (i \neq j), \qquad \sum_i A_i \supset B.$$

当 $\sum\limits_i A_i = \Omega$ 时，称 $A_1, A_2, \cdots$ 为样本空间的一个分划. 显然，基本事件组是样本空间的一个具体分划. 利用全概率公式解决概率问题，如何找事件组 $A_1, A_2, \cdots$ 往往是根据实际问题的性质，分析如何将所求事件 B 转化为一组简单事件之和去求概率，即要求 $A_1, A_2, \cdots$ 满足 $B = BA_1 + BA_2 + \cdots$ 且 BA_i 互不相容. 用图形表示即为图 1.3.

图 1.2

综上所述，基本事件组中的 $W_1, W_2, \cdots, W_n$ 必然构成一个完备事件组，而全概率公式中的 $A_1, A_2, \cdots$ 往往也构成一个完备事件组，但一般说来，$A_1, A_2, \cdots$ 并不取一个基本事件组.

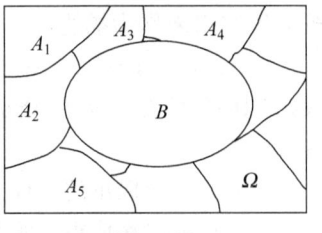

图 1.3

例 1.18　在通信渠道中,可传送字符串 AAAA、BBBB、CCCC 三者之一. 假定传送这三者的概率分别为 0.3,0.4,0.3,由于通道噪声的干扰,每个字符发送出去被正确接收的概率为 0.6,而接收到其他两个字符的概率都是 0.2;假定前后字符是否被错收互不影响,若接收到字符串 ABCA,问被传的是 AAAA 的概率.

分析　此题文字较长,但抓住"收"与"发"来考虑即易解决. 发出有三种可能,收到字符串 ABCA 必是由三种可能之一引起的,寻求导致该结果出现的原因发生的可能性大小,使用贝叶斯公式.

解　设 A_1,A_2,A_3 分别表示传送字符串 AAAA、BBBB、CCCC,B 表示收到字符串 ABCA. 显然,A_1,A_2,A_3 构成完备事件组,且 $P(A_1)=0.3,P(A_2)=0.4,P(A_3)=0.3$;$P(B|A_1)$ 表示发送 AAAA 却接到 ABCA,即正确收到两个字符,错收两个字符,这个概率为

$$P(B\mid A_1)=0.6\times0.2\times0.2\times0.6=0.6^2\times0.2^2,$$

同理 $P(B|A_2)=0.6\times0.2^3$;$P(B|A_3)=0.6\times0.2^3$.

由贝叶斯公式,有

$$P(A_1\mid B)=\frac{P(A_1)P(B\mid A_1)}{P(A_1)P(B\mid A_1)+P(A_2)P(B\mid A_2)+P(A_3)P(B\mid A_3)}$$
$$=\frac{0.3\times0.6^2\times0.2^2}{0.3\times0.6^2\times0.2^2+0.4\times0.6\times0.2^3+0.3\times0.6\times0.2^3}$$
$$=\frac{9}{16}=0.5625.$$

例 1.19　考察 3 种疾病 d_1,d_2,d_3,它们在临床上的主要症状为 $S=\{S_1,S_2,S_3\}$,假设其中:$S_1=$食欲不振,$S_2=$呼吸急促,$S_3=$发热. 现从 20000 份患有疾病 d_1,d_2,d_3 的病历中统计得到下列数字:

疾病	人数	出现 S 中一个或几个症状人数
d_1	7750	7500
d_2	5250	4200
d_3	7000	3500

求(1)当一个具有 S 中症状的人前来要求诊断时,他患有疾病 d_1,d_2,d_3 的可能性是多少?(2)在没有别的可望依据的诊断手段的情况下,能对这个病人作出什么样的诊断?

解　(1)设 A_1,A_2,A_3 分别表示患有 3 种疾病 d_1,d_2,d_3,B 表示出现的症状 S,以频率作为概率的近似,由统计表可知

$$P(A_1)=\frac{7750}{20000}=0.3875,\quad P(A_2)=\frac{5250}{20000}=0.2625,\quad P(A_3)=\frac{7000}{20000}=0.35,$$
$$P(B\mid A_1)=\frac{7500}{7750}=0.9677,\quad P(B\mid A_2)=\frac{4200}{5250}=0.8,\quad P(B\mid A_3)=\frac{3500}{7000}=0.5,$$

由全概率公式,有

$$P(B) = P(A_1)P(B \mid A_1) + P(A_2)P(B \mid A_2) + P(A_3)P(B \mid A_3)$$
$$= 0.3875 \times 0.9677 + 0.2625 \times 0.8 + 0.35 \times 0.5 = 0.76.$$

由贝叶斯公式得

$$P(A_1 \mid B) = \frac{0.3875 \times 0.9677}{0.76} = 0.4934,$$

$$P(A_2 \mid B) = \frac{0.2625 \times 0.8}{0.76} = 0.2763,$$

$$P(A_3 \mid B) = \frac{0.35 \times 0.5}{0.76} = 0.2303.$$

这就是病人出现症状 S 的情况下患有疾病 d_1, d_2, d_3 的概率.

(2) 在无其他诊断手段的条件下,注意到 $P(A_1|B) > P(A_2|B) > P(A_3|B)$,于是可以作出判断:病人患有疾病 d_1 的可能性最大. 这种用贝叶斯公式算出概率然后以最大概率作出决断的方法称为贝叶斯决策.

说明　我们自然会考虑到这样的问题:按照事件发生的最大概率作出决策是免不了要犯错误的. 正如上例中的结论那样,事实上病人所患的疾病可能是 d_2 或 d_3 而不是 d_1. 但是在无其他可作为依据的诊断条件下,作出 d_2 或 d_3 的决策比作出 d_1 的决策犯错误的可能性大,因而作出决策 d_1 是最优的. 这种推理方法在日常中是经常被人们运用的. 当然事实上医生对病人作出诊断是不能仅依靠这一决策的,它只不过是参考之一罢了.

例 1.20　将两信息分别编码为 A 和 B 传送出去,接收站收到时,A 被误收作 B 的概率为 0.02,而 B 被误收作 A 的概率为 0.01.信息 A 与信息 B 传送的频繁程度为 2∶1.若接收站收到的信息是 A,问原发信息是 A 的概率是多少?

解　以 D 表示事件"将信息 A 传递出去",以 R 表示"接收到信息 A",按题意需求概率 $P(D|R)$.已知 $P(\bar{R}|D) = 0.02, P(R|\bar{D}) = 0.01$,且有 $P(D)/P(\bar{D}) = 2$,即得 $P(D) = \frac{2}{3}, P(\bar{D}) = \frac{1}{3}$.由贝叶斯公式得到

$$P(D \mid R) = \frac{P(DR)}{P(R)} = \frac{P(R \mid D)P(D)}{P(R \mid D)P(D) + P(R \mid \bar{D})P(\bar{D})}$$

$$= \frac{(1 - 0.02) \times \frac{2}{3}}{(1 - 0.02) \times \frac{2}{3} + 0.01 \times \frac{1}{3}} = \frac{196}{197}.$$

例 1.21　假设某种昆虫产 k 个卵的概率为 $\frac{\lambda^k}{k!} \mathrm{e}^{-\lambda} (k = 0, 1, 2, \cdots)$,而一个卵孵化成昆虫的概率为 p.设各个卵是否孵化成昆虫是相互独立的,试求一只昆虫恰有 l 只后代的概率.

分析　昆虫产 $k(k = 0, 1, 2, \cdots)$ 个卵是孵化出 l 只小虫的前提条件,而且这组事件构

成一个完备事件组. 在产出 k 个卵的条件下, 由于每个卵是否孵化成小虫是相互独立的, 且孵化的概率同为 p, 所以 k 个卵孵出 l 只小虫的概率可由伯努利概型求出.

解 设 A_k 表示昆虫产 k 个卵 $(k=0,1,2,\cdots)$, B 表示昆虫恰有 l 只后代.

由已知, $P(A_k)=\dfrac{\lambda^k}{k!}\mathrm{e}^{-\lambda}(k=0,1,2,\cdots)$, 且由题意知

$$P(B\mid A_k)=0,\quad k=0,1,\cdots,l-1,$$
$$P(B\mid A_k)=\mathrm{C}_k^l p^l(1-p)^{k-l},\quad k=l,l+1,\cdots.$$

由全概率公式, 有

$$P(B)=\sum_{k=0}^{\infty}P(A_k)P(B\mid A_k)=\sum_{k=l}^{\infty}\frac{\lambda^k}{k!}\mathrm{e}^{-\lambda}\cdot\mathrm{C}_k^l p^l(1-p)^{k-l}$$

$$=\mathrm{e}^{-\lambda}\sum_{k=l}^{\infty}\frac{\lambda^k}{k!}\frac{k!}{l!(k-l)!}p^l(1-p)^{k-l}=\frac{(p\lambda)^l}{l!}\mathrm{e}^{-\lambda}\sum_{k-l=0}^{\infty}\frac{\big[(1-p)\lambda\big]^{k-l}}{(k-l)!}$$

$$=\frac{(p\lambda)^l}{l!}\mathrm{e}^{-\lambda}\cdot\mathrm{e}^{(1-p)\lambda}=\frac{(p\lambda)^l}{l!}\mathrm{e}^{-p\lambda}.$$

注 在上式中倒数第二个等号用到了级数求和公式 $\displaystyle\sum_{n=0}^{\infty}\frac{x^n}{n!}=\mathrm{e}^x$.

例 1.22 事件 A,B 为对立事件, 则能推出 _____.

① $\bar{A}$ 与 B 相互独立.　　② A 与 B 互不相容.

③ $\bar{A}$ 与 $\bar{B}$ 互斥.　　④ $A+B=\Omega$.

⑤ $P(\bar{A}\mid B)=1$.　　⑥ $P(B\mid A)=0$.

分析 A,B 为对立事件, 则 $A+B=\Omega$, $AB=\varnothing$, $\bar{A}=B$, $\bar{B}=A$. 而 $\bar{A}$ 与 B 不一定独立, $P(\bar{A}\mid B)=P(B\mid B)=1$, $P(\bar{A}\mid A)=0$ 成立.

解 应填②,③,④,⑤,⑥.

例 1.23 在一个系统中部件能正常工作的概率称为部件的可靠度. 由许多部件组成的系统能正常工作的概率称为系统的可靠度. 现由 $2n$ 个部件按下面两种方式(见图 1.4 和图 1.5)组成不同的系统:

系统 1

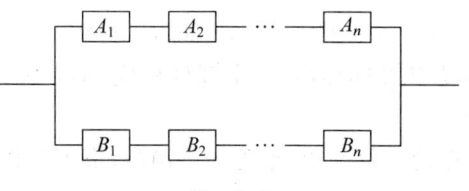

图 1.4

系统 2

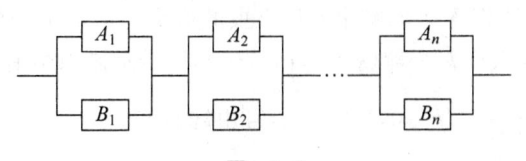

图　1.5

假设每个部件的可靠度均为 $r(0<r<1)$，且能否工作彼此是相互独立的. 试求两个系统的可靠度，并比较其大小.

解　设 $A_i, B_i(i=1,2,\cdots,n)$ 分别表示部件 A_i, B_i 正常工作，$S_i(i=1,2)$ 表示系统 i 正常工作.

因为一条通道正常工作的充要条件是此通道上每个部件均正常工作，所以

$$P(S_1)=P(A_1\cdots A_n+B_1\cdots B_n)$$
$$=P(A_1\cdots A_n)+P(B_1\cdots B_n)-P(A_1\cdots A_n B_1\cdots B_n)$$
$$=P(A_1)\cdots P(A_n)+P(B_1)\cdots P(B_n)-P(A_1)\cdots P(A_n)P(B_1)\cdots P(B_n)$$
$$=2r^n-r^{2n}=r^n(2-r^n).$$

$$P(S_2)=P[(A_1+B_1)(A_2+B_2)\cdots(A_n+B_n)]$$
$$=P(A_1+B_1)P(A_2+B_2)\cdots P(A_n+B_n)$$
$$=[P(A_1)+P(B_1)-P(A_1B_1)][P(A_2)+P(B_2)-P(A_2B_2)]\cdots$$
$$[P(A_n)+P(B_n)-P(A_nB_n)]$$
$$=(2r-r^2)^n=r^n(2-r)^n.$$

现在来比较 $P(S_1)$ 和 $P(S_2)$ 的大小. 利用不等式

$$\frac{a^n+b^n}{2}\geqslant\left(\frac{a+b}{2}\right)^n,\quad a>0,b>0,n\geqslant2,$$

因上式当且仅当 $a=b$ 时等号成立，所以当 $a=2-r,b=r$ 时，由

$$\frac{(2-r)^n+r^n}{2}>\left(\frac{2-r+r}{2}\right)^n$$

得 $(2-r)^n>2-r^n$，于是

$$r^n(2-r)^n>r^n(2-r^n),\quad 即\quad P(S_2)>P(S_1).$$

可见，虽然系统 1 和系统 2 同样由 $2n$ 个部件构成，但系统 2 的可靠度大于系统 1 的可靠度.

例 1.24　两人轮流抛掷一枚硬币，谁先抛出国徽，谁就是优胜者. 试分别计算这两人获胜的概率.

解　设 A 表示先掷者获胜，B 表示后掷者获胜；A_i 表示先掷者第 i 次投掷出国徽，B_j 表示后掷者第 j 次掷出国徽，$i,j=1,2,\cdots$. 由题意知

$$A = A_1 + \overline{A}_1\overline{B}_1A_2 + \overline{A}_1\overline{B}_1A_2\overline{B}_2A_3 + \cdots + \overline{A}_1\overline{B}_1\cdots\overline{A}_{n-1}\overline{B}_{n-1}A_n + \cdots,$$

注意上式为互不相容事件之和，所以

$$P(A) = P(A_1) + P(\overline{A}_1\overline{B}_1A_2) + \cdots + P(\overline{A}_1\overline{B}_1\cdots\overline{A}_{n-1}\overline{B}_{n-1}A_n) + \cdots$$

$$= \frac{1}{2} + \left(\frac{1}{2}\right)^3 + \cdots + \left(\frac{1}{2}\right)^{2n+1} + \cdots = \frac{1}{2}\cdot\frac{1}{1-\left(\frac{1}{2}\right)^2} = \frac{2}{3}.$$

因为 $B = \overline{A}$，故 $P(B) = \dfrac{1}{3}$.

例 1.25（巴拿赫(Banach)问题）　某人有两盒火柴，吸烟时从任一盒中取一根火柴，经过若干时间后，发现一盒火柴已用完. 如果最初两盒中各有 n 根火柴，求首先摸出空盒时而另一盒中还有 $r(0\leqslant r\leqslant n)$ 根火柴的概率.

解　不妨设甲盒已空而乙盒还有 r 根火柴，因为是随机抽取，可知这时必已取过 $2n-r$ 次，每次取甲、乙盒的概率均为 $\dfrac{1}{2}$，而在 $2n-r$ 次中必定是 n 次取了甲盒的，$n-r$ 次取了乙盒的，最后第 $2n-r+1$ 次必定是取甲盒的，否则不知其为空盒. 故概率为

$$p_1 = \frac{1}{2}C_{2n-r}^n\left(\frac{1}{2}\right)^n\left(\frac{1}{2}\right)^{n-r} = \frac{1}{2}C_{2n-r}^n\left(\frac{1}{2}\right)^{2n-r}.$$

同理，最后乙盒空而甲盒剩 r 根火柴的概率 $p_2 = p_1$，故所求概率为

$$p = p_1 + p_2 = C_{2n-r}^n\left(\frac{1}{2}\right)^{2n-r} = \frac{C_{2n-r}^n}{2^{2n-r}}.$$

例 1.26　为了估计湖中有多少条鱼，捕捉了 1000 条鱼，将它们做上标记然后放回到湖中. 问湖中恰有多少条鱼才能使得重新捕捉到的 150 条鱼中遇到 10 条是做了标记的鱼的概率达到最大?

解　设湖中有 x 条鱼，则从湖中任捕一条鱼是做了标记的概率为 $\dfrac{1000}{x}$，捕到 150 条鱼，其中 10 条做了标记的概率为

$$p(x) = C_{150}^{10}\left(\frac{1000}{x}\right)^{10}\left(1-\frac{1000}{x}\right)^{140}.$$

于是

$$\frac{\mathrm{d}p}{\mathrm{d}x} = C_{150}^{10}\times 10\times\left(\frac{1000}{x}\right)^9\times\left(-\frac{1000}{x^2}\right)\times\left(1-\frac{1000}{x}\right)^{140}$$

$$+ C_{150}^{10}\left(\frac{1000}{x}\right)^{10}\times 140\times\left(1-\frac{1000}{x}\right)^{139}\left(\frac{1000}{x^2}\right).$$

令 $\dfrac{\mathrm{d}p}{\mathrm{d}x} = 0$，得 $10\cdot\dfrac{1000}{x^2}\left(1-\dfrac{1000}{x}\right) = 140\left(\dfrac{1000}{x}\right)\left(\dfrac{1000}{x^2}\right)$，解出 $x = 15000$. 可以验证 $\dfrac{\mathrm{d}^2p}{\mathrm{d}x^2}\bigg|_{x=15000} < 0$，因此湖中有 15000 条鱼时，在捕到的 150 条鱼中恰有 10 条做了标记的概率最大.

1.3　习题

填空与选择题

1. 某同学既不喜欢唱歌也不喜欢游泳的对立事件为(　　).

2. 设事件 A,B,C 都是某个随机试验中的随机事件,事件 E 表示 A,B,C 至少一个发生,则 E＝(　　).

(A) $A \cup B \cup C$ 　　　　　　(B) $\Omega - \overline{ABC}$

(C) $A \cup (B-C) \cup [C-(A \cup B)]$ 　　(D) $AB\overline{C} + \overline{A}B\overline{C} + \overline{A}\,\overline{B}C$

3. 设 A 和 B 是两个概率不为 0 的不相容事件,则下列结论中肯定正确的是(　　).

(A) $\overline{A}$ 与 $\overline{B}$ 不相容 　　　　(B) $\overline{A}$ 与 $\overline{B}$ 相容

(C) $P(AB)=P(A)P(B)$ 　　　　(D) $P(A-B)=P(A)$

4. 设事件 A 与 B 的概率均大于 0 小于 1,且 A 与 B 相互独立,则有(　　).

(A) A 与 B 互不相容 　　　　(B) A 与 B 一定相容

(C) $\overline{A}$ 与 $\overline{B}$ 互不相容 　　　(D) $\overline{A}$ 与 $\overline{B}$ 一定相容

5. 设随机事件 A,B 及其和 $A \cup B$ 的概率分别为 0.4,0.3 和 0.6,则 $P(A\overline{B})=$(　　).

6. 已知 $P(A)=0.7,P(A-B)=0.3$,则 $P(\overline{AB})=$(　　).

7. 设随机事件 A,B 互不相容,已知 $P(A)=p,P(B)=q$,则 $P(A \cup B)=$(　　),$P(\overline{A} \cup B)=$(　　),$P(A \cup \overline{B})=$(　　),$P(\overline{A}B)=$(　　),$P(A\overline{B})=$(　　),$P(\overline{A}\,\overline{B})=$(　　),$P(AB)=$(　　).

8. 设 A,B 为任意两个事件,则 $P\{(\overline{A}+B)(A+B)(\overline{A}+\overline{B})(A+\overline{B})\}=$(　　).

9. 设 $P(A)=0.3,P(A \cup B)=0.6$.

(1) 若 A 和 B 互不相容,则 $P(B)=$(　　);

(2) 若 A 和 B 相互独立,则 $P(B)=$(　　);

(3) 若 $A \subset B$,则 $P(B)=$(　　);

(4) 若 $P(AB)=0.2$,则 $P(B)=$(　　).

10. 已知 $P(A)=P(B)=P(C)=\dfrac{1}{4},P(AB)=0,P(AC)=P(BC)=\dfrac{1}{16}$,则 A,B,C 全不发生的概率为(　　).

11. 已知事件 A,B,C 两两独立,其概率分别为 $0.2,0.4,0.6,P(A \cup B \cup C)=0.76$,则 $P(\overline{A} \cup \overline{B} \cup \overline{C})=$(　　);$P(A|BC)=$(　　).

12. 假设一批产品中一、二、三等品各占 60%,30%,10%,从中随机取出一件,结果不是三等品,则取出的是一等品的概率为(　　).

13. 一批产品共 10 个正品和 2 个次品,从中任取两次,每次取一个,取后不放回,则第二次抽出的是次品的概率为(   ).

14. 事件 A 与 B 相互独立,已知 $P(A)=0.4$,$P(A \cup B)=0.7$,则 $P(AB)=($ $)$;$P(\overline{B}|A)=($ $)$.

15. 设 $P(A_1)=P(A_2)=P(A_3)=\dfrac{1}{3}$,$A_1,A_2,A_3$ 相互独立,则

(1) A_1,A_2,A_3 至少出现一个的概率为(   );

(2) A_1,A_2,A_3 恰好出现一个的概率为(   );

(3) A_1,A_2,A_3 最多出现一个的概率为(   ).

16. 如果 $P(A)>0$,$P(B)>0$,$P(A|B)=P(A)$,则(   )成立.

(A) $P(B|A)=P(B)$　　　　　　　　(B) $P(\overline{A}|\overline{B})=P(\overline{A})$

(C) A,B 相容　　　　　　　　　　(D) A,B 不相容

17. 由甲、乙、丙三个学生解答某门课程的一份试卷,已知甲、乙、丙各获得 90 分以上的概率分别为 $\dfrac{2}{3}$,$\dfrac{3}{5}$,$\dfrac{1}{2}$,则至少有两人取得 90 分以上的概率为(   ).

18. 设 $P(A)=\dfrac{1}{3}$,$P(B|A)=\dfrac{1}{4}$,$P(A|B)=\dfrac{1}{2}$,则 $P(A \cup B)=($ $)$.

19. 掷三颗骰子,已知所得三个点数都不一样,这三个点数含有 1 点的概率为(   ).

20. 射手射靶 5 次,各次命中的概率为 0.6,则:(1)前 3 次中靶,后两次脱靶的概率为(   );(2)第 1,3,5 次中靶,第 2,4 次脱靶的概率为(   );(3)5 次中恰有 3 次中靶的概率为(   ).

21. 某电路由元件 A 与两个并联元件 B,C 串联而成,若 A,B,C 断路与否相互独立,且它们断路的概率分别为 0.3,0.2,0.3,则此电路断路的概率为(   ).

22. 四个人独立地猜一谜语,他们能够猜破的概率都是 1/4,则此谜语能被猜破的概率为(   ).

23. 某射手在 3 次射击中至少命中 1 次的概率为 0.875,则这名射手在 1 次射击中命中的概率为(   ).

24. 同时抛掷 3 枚质地均匀的硬币,出现 3 个正面的概率是(   );恰出现 1 个正面的概率是(   ).

25. n 张奖券中含有 m 张有奖券,k 个人购买,每人一张,其中至少有 1 个人中奖的概率是(   ).

(A) $\dfrac{m}{C_n^k}$　　　　(B) $1-\dfrac{C_{n-m}^k}{C_n^k}$　　　　(C) $\dfrac{C_m^1 C_{n-m}^{k-1}}{C_n^k}$　　　　(D) $\sum\limits_{i=1}^{k} \dfrac{C_m^i}{C_n^k}$

计算与证明题

1. 已知事件 A,B 是对立事件,求证 $\overline{A}$ 与 $\overline{B}$ 也是对立事件.

2. 从 $1,2,\cdots,15$ 中随意取出 3 个数,试求下列事件的概率:

$A_1 = \{3$ 个数中最大者为 $10\}$；

$A_2 = \{3$ 个数中大于、等于和小于 7 者各一个$\}$；

$A_3 = \{3$ 个数中有两个大于 7，另一个小于 7$\}$.

3. 现有 10 人分别佩戴从 1 号到 10 号的纪念章，任选 3 人，记录其纪念章的号码，求：

(1) 最小号码为 5 的概率 P_1；　　　(2) 最大号码为 5 的概率 P_2.

4. 电话号码由 8 个数字组成，每个数字可以是 0 到 9 中的任一个数，求电话号码后面 4 个数是由完全不相同的数字组成的概率.

5. 某市有 2 万辆自行车，其牌照号码从 00001 到 20000，求事件"市内偶然遇到的一辆自行车，其牌照号码中有数字 8"的概率.

6. 将 3 个相同的球放到 4 个盒子中，假设每个盒子能容纳的球数不限，而且各种不同的放法的出现是等可能的，试求盒子中球数的最大值分别为 1，2，3 的概率.

7. 设 7 本不同的图书随机地陈列在书架上排成一列，计算下列事件的概率：

(1) $A = \{$某指定的一本书放在正中间$\}$；

(2) $B = \{$某指定的两本书放在两端$\}$；

(3) $C = \{$某指定的两本书放在相邻位置$\}$；

(4) $D = \{$某指定的一本书既不在中间也不在两端位置$\}$.

8. 从 $0,1,2,\cdots,9$ 共 10 个数字中，每次任取出一个，取后放回，先后取出 7 个数字，计算下列事件的概率：

(1) $A = \{7$ 个数字不全相同$\}$；　　　(2) $B = \{7$ 个数字全不相同$\}$；

(3) $C = \{7$ 个数字都是奇数$\}$；　　　(4) $D = \{7$ 个数字组成一个奇数$\}$；

(5) $E = \{$数字 9 恰好被取出两次$\}$；　　　(6) $F = \{$数字 9 至少被取出两次$\}$.

9. 一楼房共 14 层，假设电梯在一楼启动时有 10 名乘客，且乘客在各层下电梯是等可能的. 试求下列事件的概率：

$A_1 = \{10$ 人在同一层下$\}$；　　　　　$A_2 = \{10$ 人在不同层下$\}$；

$A_3 = \{10$ 人都在第 14 层下$\}$；　　　$A_4 = \{10$ 人中恰有 4 人在第 8 层下$\}$.

10. 从 5 副不同的手套中任取 4 只，求其中至少有 2 只手套配成一副的概率 p.

11. 假设一班的 n 名学生中有 $k(k < n/2)$ 名女生，现从名单上随意挑选 k 个学生去参加一项活动. 试求这 k 名学生都是男生的概率 p.

12. 从区间 $(0,1)$ 内任取两个数，求这两数之积小于 $\dfrac{1}{4}$ 的概率.

13. 两人约定上午 9 点到 10 点在公园会面，试求一人要等另一人半小时以上的概率.

14. 随机地向半圆 $0 < y < \sqrt{2ax - x^2}$（a 为正常数）内掷一点，点落在半圆内任何区域的概率与区域的面积成正比，求事件"原点和该点的连线与 x 轴的夹角小于 $\dfrac{\pi}{4}$"的概率.

15. 匣中有 3 个白球、5 个黑球和 4 个红球,现在从匣中一个接一个地抽出所有球,试求红球比白球出现得早的概率.

16. 一间宿舍中,有 3 名同学的学生证混放在一起,现 3 名同学任取一个,求每个人都没拿到自己学生证的概率.

17. 假设有 2n 名学生,其中男女各 n 名,将这些学生随意分成 n 组,每组两人.试求各组都恰好男女生各一名的概率.

18. 一批灯泡共 100 只,次品率为 10%,不放回抽取 3 次,每次取 1 只,求第三次才取到合格品的概率.

19. 若 A 与 B 互不相容,且 $0 < P(B) < 1$,试证: $P(A \mid \bar{B}) = \dfrac{P(A)}{1 - P(B)}$.

20. 假设某学校学生四级英语考试的及格率为 90%,其中 40% 的学生通过了六级考试,试求随意选出的一名学生通过六级考试的概率.

21. 设有 10 件产品,其中 4 件为不合格品,从中任取两件,已知两件中有一件是不合格品,求另一件也是不合格品的概率.

22. 盒内装有 $2n-1$ 个白球与 $2n$ 个黑球,一次任意取出 n 个球,如果已知取出的球都是同一种颜色,试计算这颜色是黑色的概率.

23. 假设目标出现在射程之内的概率为 0.7,这时射击的命中率为 0.6,试求两次独立射击至少有一次命中目标的概率 p.

24. 盒子中有 10 个球,其中 8 个白球和 2 个红球,由 10 个人依次取球不放回,求第二人取出红球的概率.

25. 盒中原有 10 个考签,其中 3 个难签,现已被抽走 2 个签,问从剩下的签中任取一签不是难签的概率是多少?

26. 某仓库有同样规格的产品 6 箱,其中甲、乙、丙三个厂生产的各有 3 箱、2 箱和 1 箱,且三个厂的次品率分别为 $\dfrac{1}{10}, \dfrac{1}{15}, \dfrac{1}{20}$,现从这 6 箱中任取一箱,再从取到的一箱中任取一件,试求取到的一件是次品的概率.

27. 从 $\{0, 1, 2, \cdots, 9\}$ 中随机地取出两个数字,求其和大于 10 的概率.

28. 设每次射击命中目标的概率为 p,而 $k \geqslant 1$ 次命中击毁目标的概率为 $1 - q^k$,射击 n 次,目标被击毁的概率是多少?

29. 每天进入商店的人数为 n 的概率为 $\dfrac{\lambda^n}{n!} e^{-\lambda} (\lambda > 0, n = 0, 1, 2, \cdots)$,每个进入商店的人以概率 p 购物 $(0 < p < 1)$,且每个人是否购物彼此间没有关系.(1)求进入商店的人中恰有 k 个人购物的概率;(2)若某天购物的人数为 k,试求该天进入商店的人数为 n 的概率.

30. 某工厂生产的产品以 100 件为一批,进行抽样检查时,是从每批中任取 10 件来检查,若发现其中有次品则认为这批产品是不合格的,假设每批产品的次品数不超过4个,且次品数为0,1,2,3,4是等可能的.已知一批产品通过检查,求这批产品中次品数分别是0,1,2,3,4的概率.

31. 某城市下雨的日子占全年的一半,而有雨时气象台预报有雨的概率为0.8.某人每天上班很为下雨烦恼,凡是气象台预报下雨他就带伞,即使预报无雨,他也有一半的时候带伞.求他没带伞而遇雨的概率.

32. 甲、乙、丙三人各自独立地对同一目标进行射击,3人击中目标的概率分别为0.4,0.5,0.7.设一人击中目标时目标被击毁的概率为0.3,两人以上击中时目标必被摧毁.求:

(1)目标被击毁的概率;　　　(2)已知目标被击毁,求只由丙击中的概率.

33. 已知100件产品中有10件绝对可靠的正品,每次使用这些正品时,肯定不会发生故障,而在每次使用非正品时,均有0.1的可能性发生故障.现从100件中随机抽取1件,若使用了n次均未发生故障,问n多大时,才能有70%的把握认为所取的产品为正品?

34. 一大楼装有5个同类型的独立供水设备,调查表明,在任一时刻t,每个设备被使用的概率为0.1,问在同一时刻

(1)恰有两个设备被使用的概率是多少?

(2)至少有3个设备被使用的概率是多少?

(3)至多有3个设备被使用的概率是多少?

(4)配置3台设备,不够用的概率是多少?

35. 甲、乙两个乒乓球运动员进行乒乓球比赛,已知每一局甲胜的概率为0.6,乙胜的概率为0.4,比赛可以采用三局二胜制或五局三胜制,问在两种赛制下,甲获胜的可能性各是多少?

36. 某射手射击一发子弹命中10环的概率为0.7,命中9环的概率为0.3.求该射手射击3发子弹而得到不少于29环的概率.

37. 设A,B,C三事件相互独立,求证$A \cup B, A \cap B, A-B$都与C独立.

38. 假设有4张卡片,其中3张分别标有1,2,3,另一张卡片上同时标有1,2,3三个数.设$A_i = \{$随机抽取的一张卡片上标有数字$i\}, i=1,2,3$.证明:A_1, A_2, A_3两两独立但不相互独立.

39. 将一颗骰子重复掷n次,求掷出的最大点数为5的概率.

40. 掷均匀硬币$n+m$次,已知至少出现一个正面,求第一次正面出现在第n次试验的概率.

考研题选练

1. (2014年,数一、三) 设随机事件A与B相互独立,且$P(B)=0.5, P(A-B)=$

0.3,则 $P(B-A)=$ _____.

    (A) 0.1 (B) 0.2 (C) 0.3 (D) 0.4

    2. (2012 年,数一、三) 设 A,B,C 是随机事件,A,C 互不相容,$P(AB)=\dfrac{1}{2}$,

$P(C)=\dfrac{1}{3}$,则 $P(AB|\bar{C})=$ _____.

    3. (2009 年,数三) 设事件 A,B 互不相容,则 _____.

    (A) $P(\bar{A}\bar{B})=0$ (B) $P(AB)=P(A)P(B)$

    (C) $P(\bar{A})=1-P(B)$ (D) $P(\bar{A}\cup\bar{B})=1$

1.4   习题参考答案

填空与选择题

1. 喜欢唱歌或游泳.   2. (A),(B),(C).

3. (D).   4. (B),(D).

5. 0.3.   6. 0.6.

7. $p+q,1-p,1-q,q,p,1-p-q,0$.   8. 0.

9. (1) 0.3; (2) $\dfrac{3}{7}$; (3) 0.6; (4) 0.5.   10. $\dfrac{3}{8}$.

11. 1;0.提示:$\bar{A}\cup\bar{B}\cup\bar{C}=\overline{ABC}$,

    $P(A\cup B\cup C)=P(A)+P(B)+P(C)-P(AB)-P(AC)-P(BC)+P(ABC)$.

12. $\dfrac{2}{3}$.

13. $\dfrac{1}{6}$.提示:$P(A_2)=P(A_1A_2\cup\bar{A}_1A_2)$.

14. 0.2;0.5.提示:$P(A\cup B)=P(A)+P(\bar{A}B)$.

15. (1) $\dfrac{19}{27}$; (2) $\dfrac{4}{9}$; (3) $\dfrac{20}{27}$.   16. (A),(B),(C).

17. $19/30$.   18. $5/12$.

19. $1/2$. 20. (1) 0.03456; (2) 0.03456; (3) 0.6912.   21. 0.132.

22. 0.6836.   23. 0.5.

24. $\dfrac{1}{8}$;$\dfrac{3}{8}$.   25. (B)

计算与证明题

1. 略.

2. $P(A_1)=\dfrac{C_1^1 C_9^2}{C_{15}^3}\approx0.0791$; $P(A_2)=\dfrac{C_6^1 C_1^1 C_8^1}{C_{15}^3}=0.1055$; $P(A_3)=\dfrac{C_6^1 C_8^2}{C_{15}^3}\approx0.3692$.

3. (1) $P_1=\dfrac{C_6^3-C_5^3}{C_{10}^3}=\dfrac{1}{12}$; (2) $P_2=\dfrac{C_5^3-C_4^3}{C_{10}^3}=\dfrac{1}{20}$.

4. 0.504.

5. 0.34385. 提示：$p=1-\dfrac{1+2\times9\times9\times9\times9}{20000}$.

6. $\dfrac{3}{8}$；$\dfrac{9}{16}$；$\dfrac{1}{16}$.

7. (1) $P(A)=\dfrac{6!}{7!}=\dfrac{1}{7}$； (2) $P(B)=\dfrac{2\times5!}{7!}=\dfrac{1}{21}$；

(3) $P(C)=\dfrac{2\times6!}{7!}=\dfrac{2}{7}$（将指定的两本书看做一个整体）； (4) $P(D)=\dfrac{4\times6!}{7!}=\dfrac{6}{7}$.

8. (1) $P(A)=1-\dfrac{10}{10^7}=0.999999$； (2) $P(B)=\dfrac{P_{10}^7}{10^7}=0.060$；

(3) $P(C)=\dfrac{5^7}{10^7}=\dfrac{1}{2^7}$；   (4) $P(D)=0.5$；

(5) $P(E)=\dfrac{C_7^2\times9^5}{10^7}\approx0.124$； (6) $P(F)=1-\dfrac{9^7+C_7^1\times9^6}{10^7}\approx0.150$.

9. $P(A_1)=\dfrac{1}{13^9}\approx9.43\times10^{-11}$；$P(A_2)=\dfrac{P_{13}^{10}}{13^{10}}\approx1.24\times10^{-7}$；

$P(A_3)=\dfrac{1}{13^{10}}=7.25\times10^{-12}$；$P(A_4)=\dfrac{C_{10}^4\times12^6}{13^{10}}=4.55\times10^{-3}$.

10. $p=1-\dfrac{10\times8\times6\times4}{10\times9\times8\times7}\approx0.62$ 或 $p=1-\dfrac{C_5^4C_2^1C_2^1C_2^1C_2^1}{C_{10}^4}\approx0.62$.

11. $p=\dfrac{C_{n-k}^k}{C_n^k}$. 12. $\dfrac{1}{4}+\dfrac{1}{2}\ln2$. 13. $\dfrac{1}{4}$. 14. $\dfrac{1}{2}+\dfrac{1}{\pi}$.

15. $\dfrac{4}{7}$. 提示：设 $A=\{$红球比白球出现得早$\}$，以 B 和 R 分别表示抽到黑球和红球，则 $A=R+BR+BBR+BBBR+BBBBR+BBBBBR$.

16. $\dfrac{1}{3}$.

17. $\dfrac{n!}{(2n-1)!!}$. 提示：设 $A_i=\{$第 i 组男女生各一名$\}$，利用乘法公式.

18. 约等于 0.0083. 19. 略. 20. 0.36. 21. $P(\overline{AB}|\overline{A}+\overline{B})=\dfrac{1}{5}$. 22. $\dfrac{2}{3}$.

23. 0.588. 提示：设 $A=\{$目标进入射程$\}$，$B_i=\{$第 i 次命中目标$\}$，$i=1,2$. 则所求事件概率为
$P(B_1+B_2)=P(AB_1+AB_2)$.

24. 0.2. 25. 0.7. 26. 0.08. 27. 0.32.

28. $1-[1-p(1-q)]^n$.

提示：设 $A_k=\{n$ 次射击中 k 次命中目标$\}$，$B=\{$目标被摧毁$\}$，则

$$P(B)=P(A_1B+A_2B+\cdots+A_nB)=P(A_1B)+P(A_2B)+\cdots+P(A_nB)$$

$$=\sum_{k=1}^{n}C_n^kp^k(1-p)^{n-k}(1-q^k).$$

再利用二项式公式.

29. (1) $\dfrac{(\lambda p)^k}{k!}e^{-\lambda p}, k=0,1,2,\cdots$; (2) $\dfrac{[\lambda(1-p)]^{n-k}}{(n-k)!}e^{-\lambda(1-p)}, n=k, k+1,\cdots$.

30. 0.245; 0.220; 0.198; 0.178; 0.159.

31. $\dfrac{1}{20}$. 提示：设 $A=\{$下雨$\}, B=\{$预报下雨$\}, C=\{$带伞$\}$. 则

$$P(A\overline{C})=P[A\overline{C}(B\cup\overline{B})]=P(AB\overline{C})+P(A\overline{B}\,\overline{C})$$
$$=P(A)P(B\mid A)P(\overline{C}\mid AB)+P(A)P(\overline{B}\mid A)P(\overline{C}\mid A\overline{B}).$$

32. (1) 0.658; (2) 0.041.

33. $n\geqslant 29$. 提示：设 $A=\{$取出正品$\}, B=\{$使用 n 次无故障$\}$，则 $P(B\mid A)=1, P(B\mid\overline{A})=0.9^n$，由全概率公式得

$$P(B)=P(A)P(B\mid A)+P(\overline{A})P(B\mid\overline{A})=0.1+0.9^{n+1},$$

由贝叶斯公式求 n，使 $P(A\mid B)\geqslant 0.70$.

34. (1) 0.0729; (2) 0.00856; (3) 0.99954; (4) 0.00046.

35. 0.648; 0.682.   36. 0.784.   37~38. 略.

39. $\dfrac{5^n-4^n}{6^n}$.

提示：解法 1：n 次投掷中恰有 1 次 5 点，2 次 5 点，……，n 次 5 点，即

$$p=\sum_{k=1}^{n}C_n^k\left(\frac{1}{6}\right)^k\left(\frac{4}{6}\right)^{n-k}.$$

解法 2：设 $A=\{$掷 n 次出现 5$\}, B=\{$掷 n 次出现 6$\}, C=\{$掷 n 次最大点数为 5$\}$，则 $C=A\overline{B}=(\Omega-\overline{A})\overline{B}=\overline{B}-\overline{A}\,\overline{B}$.

40. 提示：$P($第一次正面出现在第 n 次$\mid$至少出现一个正面$)$

$$=\frac{P(\text{前 } n-1 \text{ 次出现反面第 } n \text{ 次出现正面以后 } m \text{ 次任意})}{1-P(\text{出现 } n+m \text{ 次反面})}$$

$$=\frac{\left(\dfrac{1}{2}\right)^{n-1}\times\dfrac{1}{2}\times\sum\limits_{k=0}^{m}C_m^k\left(\dfrac{1}{2}\right)^k\left(\dfrac{1}{2}\right)^{m-k}}{1-\left(\dfrac{1}{2}\right)^{n+m}}=\frac{2^m}{2^{m+n}-1}.$$

考研题选练

1. (B)   2. $\dfrac{3}{4}$ 3. (D)

第 2 章
随机变量及其概率分布

2.1 内容提要

对于随机试验的每一个基本的可能结果,我们都可以赋予一个实数与之对应.由于随机试验的不确定性,该试验随着试验结果的不同而变化,并且一旦试验实现了,该实数的取值也就被确定了.我们称这种依赖于某个随机试验的结果,并且由试验结果完全确定的变量为随机变量.它有两个基本特点:一是变异性,即对于不同的试验结果,它可能取不同的值,因此是变量而不是常量;二是随机性,这是由于试验中究竟出现哪种结果是随机的,因此该变量取何值是在试验之前事先无法确定的.直观上,可以理解为随机变量就是取值具有随机性的变量.

本章主要内容有:离散型随机变量的概率分布;连续型随机变量的概率分布;随机变量的分布函数;随机变量函数的概率分布等.

1. 随机变量的概率分布

随机变量 X 的分布函数:	注意:
$F(x) = P(X \leqslant x), \quad -\infty < x < +\infty$ 性质: (1) $0 \leqslant F(x) \leqslant 1$; (2) $F(x_1) \leqslant F(x_2)$ $(x_1 < x_2)$; (3) $\lim\limits_{x \to -\infty} F(x) = 0, \quad \lim\limits_{x \to +\infty} F(x) = 1$; (4) $F(x+0) = F(x)$,即 $F(x)$ 是右连续的.	(1) $F(x)$ 是实函数,其定义域是整个数轴,故求 $F(x)$ 时,要就 x 落在整个数轴上讨论. $F(x)$ 的值域是闭区间 $[0,1]$. (2) 由于 $\{x_1 < X \leqslant x_2\} = \{X \leqslant x_2\} - \{X \leqslant x_1\}$,故有 $P(x_1 < X \leqslant x_2) = P(X \leqslant x_2) - P(X \leqslant x_1)$ $\qquad\qquad\qquad = F(x_2) - F(x_1)$.
<div align="center">X 为离散型</div>	<div align="center">X 为连续型</div>
概率分布律: $\qquad P(X = x_k) = p_k, \quad k = 1, 2, \cdots.$ 分布律: <table><tr><td>X</td><td>x_1</td><td>x_2</td><td>$\cdots$</td><td>x_k</td><td>$\cdots$</td></tr><tr><td>P</td><td>p_1</td><td>p_2</td><td>$\cdots$</td><td>p_k</td><td>$\cdots$</td></tr></table>	概率密度 $\qquad p(x), \quad -\infty < x < +\infty.$

续表

分布律的性质： (1) $0\leqslant p_k\leqslant 1, k=1,2,\cdots$； (2) $\sum\limits_k p_k=1$. 分布函数 $F(x)=\sum\limits_{x_k\leqslant x}p_k$.	性质： (1) $p(x)\geqslant 0$； (2) $\int_{-\infty}^{+\infty}p(x)\mathrm{d}x=1$； (3) $P(x_1<X\leqslant x_2)=\int_{x_1}^{x_2}p(x)\mathrm{d}x$； (4) $F'(x)=p(x)$，x 为 $p(x)$ 的连续点； (5) 连续型随机变量取某一数值 a 的概率为 0，即 $P(X=a)=0$. 分布函数 $F(x)=\int_{-\infty}^{x}p(x)\mathrm{d}x$.
注意： (1) 凡满足分布律性质(1)与(2)的函数 $\qquad p_k=P(X=x_k)$，$\quad k=1,2,\cdots$ 一定是某离散型随机变量的分布律； (2) 分布函数 $F(x)=\sum\limits_{x_k\leqslant x}p_k$，这里的和式是对于所有 $x_k\leqslant x$ 的 k 求和； (3) 求离散型随机变量的分布函数有两种方法： 方法 1：按定义 $F(x)=P(X\leqslant x)$ 直接求； 方法 2：先求分布律，然后利用上述(2)式中公式求 $F(x)$.	注意： (1) 若函数满足上述性质(1)与(2)，则它一定是某连续型随机变量的概率密度； (2) 由上述性质(5)知，对于连续型随机变量 X，有 $\qquad P(x_1<X\leqslant x_2)=P(x_1\leqslant X\leqslant x_2)$ $\qquad =P(x_1\leqslant X<x_2)=P(x_1<X<x_2)$ $\qquad =\int_{x_1}^{x_2}p(x)\mathrm{d}x$； (3) 概率密度不是概率.

2. 随机变量函数 $Y=f(X)$ 的概率分布

设 X 为离散型随机变量，其概率分布律为 	X	x_1	x_2	$\cdots$	x_k	$\cdots$	 |---|---|---|---|---|---|
P	p_1	p_2	$\cdots$	p_k	$\cdots$ | 则 $Y=f(X)$ 的概率分布律为 (1) 当 $y_i=f(x_i)(i=1,2,\cdots)$ 的各值 y_i 互不相等时，Y 的概率分布律为 | Y	y_1	y_2	$\cdots$	y_k	$\cdots$ | |---|---|---|---|---|---|
P	p_1	p_2	$\cdots$	p_k	$\cdots$ | (2) 当 $y_i=f(x_i)(i=1,2,\cdots)$ 的各值不是互不相等时，应把相等的值分别合并，并相应地将其概率相加，例如 $y_i=y_j$，则 Y 的概率分布律为 | Y	y_1	$\cdots$	y_i	$\cdots$	y_k	$\cdots$ | |---|---|---|---|---|---|
P	p_1	$\cdots$	p_i+p_j	$\cdots$	p_k	$\cdots$		(1) 分布函数法：用分布函数定义、分布函数和密度函数间的关系求 $p_Y(y)$： ① 先求出 $\qquad F_Y(y)=P(Y\leqslant y)=P(f(X)\leqslant y)$ $\qquad\qquad =P(X\in S)$， 其中 S 为所有使 $f(x)\leqslant y$ 成立的 x 值的集合. ② 再把 $F_Y(y)$ 对 y 求导，即 $\qquad p_Y(y)=\dfrac{\mathrm{d}F(y)}{\mathrm{d}y}$. (2) 公式法：设 X 为连续型随机变量，其概率密度函数为 $p(x)$，又 $y=f(x)$ 处处可导，且对任意的 x 有 $f'(x)>0$（或 $f'(x)<0$），则 $Y=f(X)$ 的密度函数为 $p_Y(y)=\begin{cases}p(f^{-1}(y))\,\lvert (f^{-1}(y))' \rvert，& A<y<B,\\0,&\text{其他},\end{cases}$ 其中 $f^{-1}(y)$ 是 $y=f(x)$ 的反函数， $\qquad A=\min\{f(-\infty),f(+\infty)\}$， $\qquad B=\max\{f(-\infty),f(+\infty)\}$， $[A,B]$ 是 $y=f(x)$ 的值域.

3. 几种常见的随机变量的概率分布

离散型	连续型
均匀分布：随机变量 X 等可能地取 $1,2,\cdots,n$，这时 X 的概率分布律为 $$P(X=k)=\frac{1}{n}, \quad k=1,2,\cdots,n.$$	均匀分布：随机变量 X 落在区间 $[a,b]$ 内任意子区间上的概率与该子区间长度成正比，而与子区间的位置无关，其密度函数为 $$p(x)=\begin{cases}\dfrac{1}{b-a}, & a\leqslant x\leqslant b, \\ 0, & \text{其他}.\end{cases}$$
两点分布：又称伯努利分布或 0-1 分布，随机变量 X 只取两个值，其概率分布律为 $$P(X=k)=p^k q^{1-k}, \quad k=0,1,$$ $$0<p<1, q=1-p.$$	指数分布：随机变量 X 的密度函数为 $$p(x)=\begin{cases}\lambda e^{-\lambda x}, & x>0, \\ 0, & x\leqslant 0,\end{cases}$$ 其中 $\lambda>0$，称 X 服从参数为 λ 的指数分布，记为 $X\sim e(\lambda)$.
二项分布：随机变量 X 的概率分布律为 $$P(X=k)=\mathrm{C}_n^k p^k q^{n-k}, \quad k=1,2,\cdots,n,$$ $$0<p<1, q=1-p,$$ 称之为服从参数为 (n,p) 的二项分布，记为 $X\sim B(n,p)$. 　　二项分布的最可能取值： $$k_0=\begin{cases}np+p \text{ 和 } np+p-1, & \text{当 } np+p \text{ 是整数时}, \\ [np+p], & \text{其他}.\end{cases}$$	正态分布：随机变量 X 的密度函数为 $$p(x)=\frac{1}{\sqrt{2\pi}\sigma}e^{-\frac{(x-\mu)^2}{2\sigma^2}}, \quad -\infty<x<+\infty,$$ 其中 $\sigma>0$，μ 与 σ 均为常数，称 X 服从正态分布，记为 $X\sim N(\mu,\sigma^2)$；
超几何分布：设 N 个元素分成两类，第一类有 M 个元素，第二类有 $N-M$ 个元素. 从中不放回地抽取 n 个，则其中抽到第一类元素的个数 X 服从超几何分布，其概率分布律为 $$P(X=m)=\frac{\mathrm{C}_M^m \mathrm{C}_{N-M}^{n-m}}{\mathrm{C}_N^n}, \quad m=0,1,\cdots,l,$$ 其中 $l=\min\{n,M\}$.	当 $\mu=0$，$\sigma^2=1$ 时，正态分布转化为标准正态分布，记为 $X\sim N(0,1)$，其密度函数为 $$\varphi(x)=\frac{1}{\sqrt{2\pi}}e^{-\frac{x^2}{2}}, \quad -\infty<x<+\infty.$$ 　　一般正态分布与标准正态分布之间的关系：令标准正态分布的分布函数为 $\Phi(x)$，若 $X\sim N(\mu,\sigma^2)$，则 $\dfrac{X-\mu}{\sigma}\sim N(0,1)$，即 $$P(X\leqslant x)=P\left(\frac{X-\mu}{\sigma}\leqslant\frac{x-\mu}{\sigma}\right)$$ $$=\Phi\left(\frac{x-\mu}{\sigma}\right).$$ $$\Phi(-x)=1-\Phi(x).$$
泊松分布：随机变量 X 的概率分布律为 $$P(X=k)=\frac{\lambda^k}{k!}e^{-\lambda}, \quad k=0,1,2,\cdots,$$ 其中 $\lambda>0$.	

　　注：(1) 当 $n=1$ 时，二项分布变成两点分布；

　　　　(2) 超几何分布、二项分布与泊松分布之间的关系：

$$\lim_{N\to\infty}\frac{\mathrm{C}_M^m \mathrm{C}_{N-M}^{n-m}}{\mathrm{C}_N^n}=\mathrm{C}_n^k p^k q^{n-k} \quad (N \text{ 很大}，n \text{ 相对于 } N \text{ 较小}，p=M/N),$$

$$\lim_{n\to\infty}\mathrm{C}_n^m p^m q^{n-m}=\frac{\lambda^m}{m!}e^{-\lambda} \quad (\text{令 } np=\lambda).$$

2.2 典型例题解析

题型 1：根据实际意义,用随机变量描述试验结果;

题型 2：确定概率分布(分布函数、概率分布律、密度函数)中的待定参数;

题型 3：确定离散型随机变量的概率分布律和分布函数;

题型 4：确定连续型随机变量的密度函数和分布函数;

题型 5：由已知概率分布求有关事件的概率;

题型 6：确定随机变量函数的概率分布.

例 2.1 设某项试验的成功率是失败率的 2 倍,试用一个随机变量描述该试验的结果.

解 设随机变量 X 表示一次试验的成功次数,则 X 只取 1 和 0 两个值,即事件$\{X=1\}$与$\{X=0\}$分别表示试验成功和试验失败,依题意

$$P(X=1)=2P(X=0).$$

根据
$$P(X=1)+P(X=0)=1$$

有
$$P(X=1)=\frac{2}{3}, \quad P(X=0)=\frac{1}{3}.$$

说明 (1) 一般地,只取两个可能值 x 和 y 的离散型随机变量的概率分布称为两点分布,其概率分布律为

$$P(X=x)=p, \quad P(X=y)=1-p=q, \quad 0<p<1.$$

特别地,当 $x=1$ 与 $y=0$ 时,称 X 服从参数为 p 的两点分布(0-1 分布).

(2) 两点分布通常用来描述两个对立结果的试验,即伯努利试验.习惯上,将伯努利试验的一种结果称作"成功",通常用 $X=1$ 表示,另一种结果称作"失败",通常用 $X=0$ 表示,这里 X 代表一次伯努利试验中成功的次数,显然,X 服从两点分布,参数 p 为试验的成功率.如检验一个产品的合格与否,一次射击命中目标与否等,都可以用两点分布的随机变量来描述.

例 2.2 一辆汽车行驶在某条街道上,要通过 4 个设有红绿信号灯的路口,每个信号灯为红或为绿与其他信号灯为红或为绿相互独立,且红绿两种信号显示的时间相等.用 X 表示该汽车第一次遇到红灯前已经过的路口个数,求 X 的概率分布律与分布函数.

解 随机变量 X 的所有可能取值为 0,1,2,3,4,设随机事件 $A_k=\{$汽车在第 k 个路口第一次遇到红灯$\}$ $(k=1,2,3,4)$,A_1,A_2,A_3,A_4 相互独立,且

$$P(A_k)=\frac{1}{2}, \quad k=1,2,3,4,$$

故
$$P(X=0)=P(A_1)=\frac{1}{2},$$

$$P(X=1)=P(\bar{A}_1 A_2)=P(\bar{A}_1)P(A_2)=\frac{1}{2^2}=\frac{1}{4},$$

$$P(X=2)=P(\bar{A}_1 \bar{A}_2 A_3)=\frac{1}{2^3}=\frac{1}{8},$$

$$P(X=3)=P(\bar{A}_1 \bar{A}_2 \bar{A}_3 A_4)=\frac{1}{2^4}=\frac{1}{16},$$

$$P(X=4)=P(\bar{A}_1 \bar{A}_2 \bar{A}_3 \bar{A}_4)=\frac{1}{2^4}=\frac{1}{16}.$$

X 的分布律为

X	0	1	2	3	4
P	$\frac{1}{2}$	$\frac{1}{4}$	$\frac{1}{8}$	$\frac{1}{16}$	$\frac{1}{16}$

X 的分布函数为

$$F(x)=\begin{cases} 0, & x<0, \\ \dfrac{1}{2}, & 0 \leqslant x<1, \\ \dfrac{3}{4}, & 1 \leqslant x<2, \\ \dfrac{7}{8}, & 2 \leqslant x<3, \\ \dfrac{15}{16}, & 3 \leqslant x<4, \\ 1, & x \geqslant 4. \end{cases}$$

说明 (1)离散型随机变量 X 的分布函数 $F(x)$ 是随机变量 X 的取值不超过 x 的所有概率之和,它是累积概率,比如:

$$\begin{aligned} F(3.2) &= P(X \leqslant 3.2) \\ &= P(X=0)+P(X=1)+P(X=2)+P(X=3) \\ &= \frac{1}{2}+\frac{1}{4}+\frac{1}{8}+\frac{1}{16}=\frac{15}{16}. \end{aligned}$$

(2) 本题中应将随机变量 X 与随机事件有机地联系起来,如 $\{X=2\}$ 代表该汽车在第一次遇到红灯前已经过两个路口,而在这两个路口处该汽车没遇到红灯,它与 $\bar{A}_1 \bar{A}_2 A_3$ 等价,因而有 $P(X=2)=P(\bar{A}_1 \bar{A}_2 A_3)$.

例 2.3 设 10 件产品中恰好有两件次品,现在接连进行非还原抽样,每次抽一件直到取到正品为止. 求

(1) 抽取次数 X 的概率分布律;

(2) X 的分布函数；

(3) $P(X=3.5), P(X>-2), P(1<X<3)$.

解 依题意，X 是离散型随机变量，当取到次品时，不放回继续抽取，若取到正品则停止抽取. 因为 10 件中只有两件次品，所以最多抽取 3 次就可以取到正品，因此 X 的可能取值为 $1, 2, 3$.

(1) $P(X=1) = \dfrac{8}{10} = \dfrac{4}{5}$；$P(X=2) = \dfrac{2 \times 8}{10 \times 9} = \dfrac{8}{45}$；$P(X=3) = \dfrac{2 \times 1 \times 8}{10 \times 9 \times 8} = \dfrac{1}{45}$.

(2) X 的分布函数为

$$F(x) = P(X \leqslant x) = \begin{cases} 0, & x < 1, \\ \dfrac{4}{5}, & 1 \leqslant x < 2, \\ \dfrac{44}{45}, & 2 \leqslant x < 3, \\ 1, & x \geqslant 3. \end{cases}$$

(3) 由 X 的概率分布律知，

$$P(X = 3.5) = 0,$$
$$P(X > -2) = P(X = 1) + P(X = 2) + P(X = 3) = 1,$$
$$P(1 < X < 3) = P(X = 2) = \frac{8}{45}.$$

例 2.4 袋中有 7 个白球和 3 个红球，每次从中任取一个，直到取到白球为止. 现有两种取法：(1)取到的红球均放回；(2)取到的红球均不放回. 分别求取球的次数 X 的概率分布律.

解 (1)首先考虑第一种取法，即每次取到的红球均放回，再从 10 个球中任取一个. 该试验显然是伯努利试验，取到白球的概率是 $7/10$，取到红球的概率为 $3/10$. 如果第一次取到白球，则停止抽取，其概率为 $7/10$；若第一次取到红球再放回，进行第二次抽取，重复以上抽法，直到取到白球为止，抽取的次数可以是任何自然数 n.

用 X 表示取到白球时的抽取次数，则 X 服从几何分布

$$P(X = n) = \frac{7}{10} \times \left(\frac{3}{10}\right)^{n-1}, \quad n = 1, 2, \cdots.$$

(2) 现在设每次取出红球均不再放回，引进事件：

$$A_1 = \{\text{第一次取到白球}\},$$
$$A_m = \{\text{前 } m-1 \text{ 次取到红球，第 } m \text{ 次取到白球}\},$$

出现白球时的抽取次数 X 的可能取值为 $1, 2, 3, 4$，其概率分布为

$$P(X = 1) = P(A_1) = \frac{7}{10},$$

$$P(X=2)=P(A_2)=\frac{3\times7}{10\times9}=\frac{7}{30},$$

$$P(X=3)=P(A_3)=\frac{3\times2\times7}{10\times9\times8}=\frac{7}{120},$$

$$P(X=4)=P(A_4)=\frac{3\times2\times1\times7}{10\times9\times8\times7}=\frac{1}{120}.$$

例 2.5 某射手每次击中目标的概率为 0.8,现在他连续向一个目标射击,直到第一次击中目标为止.求他射击次数不超过 5 次就能把目标击中的概率.

解 设 X 为到第一次击中目标为止所用射击次数,则由题意知

$$P(X=k)=pq^{k-1},\quad k=1,2,\cdots;\ p=0.8,q=1-p=0.2,$$

所求概率为

$$P(X\leqslant5)=\sum_{k=1}^{5}pq^{k-1}=p(1+q+q^2+q^3+q^4)$$

$$=p\times\frac{1-q^5}{1-q}=1-q^5=1-0.2^5=0.99968.$$

例 2.6 设某商店每月销售某种商品的数量(件数)服从参数为 7 的泊松分布,问在月初进货时应进多少件此种商品,才能保证当月此种商品不脱销的概率为 0.999?

解 设 X 为此商品月销售件数,则由题意知

$$P(X=k)=\frac{7^k}{k!}\mathrm{e}^{-7},\quad k=0,1,2,\cdots.$$

设 N 为月初进货件数,则不脱销的概率为

$$P(X\leqslant N)=\sum_{k=0}^{N}\frac{7^k}{k!}\mathrm{e}^{-7}\geqslant0.999.$$

查泊松分布表,要使 $N\geqslant16$,也就是说,月初进货件数不少于 16 件能使不脱销的概率大于等于 0.999.

例 2.7 同时投掷两颗骰子,直到至少有一颗骰子出现 6 点为止,试求投掷次数 X 的概率分布律.

解 X 的所有可能取值为 $1,2,3,\cdots$;在一次投掷中,两颗骰子都不出现 6 点的概率为

$$q=\left(\frac{5}{6}\right)^2=\frac{25}{36},$$

在一次投掷中,至少有一颗骰子出现 6 点的概率为

$$p=1-q=1-\left(\frac{5}{6}\right)^2=1-\frac{25}{36}=\frac{11}{36}.$$

由题意可以看出,X 服从几何分布,且有

$$P(X = k) = pq^{k-1} = \frac{11}{36} \times \left(\frac{25}{36}\right)^{k-1}, \quad k = 1, 2, \cdots.$$

例 2.8 甲、乙两人轮流投篮,甲先开始,直到有一人投中为止.假设甲和乙两人的命中率分别为 0.4 和 0.5,求:

(1) 两人投篮次数之和 Z 的概率分布律;

(2) 甲投篮次数 X 的概率分布律;

(3) 乙投篮次数 Y 的概率分布律.

解 设 $A_i = \{$甲第 i 次投篮命中$\}$,$B_j = \{$乙第 j 次投篮命中$\}$($i, j = 1, 2, \cdots$).由题意知,A_i 与 B_j 相互独立,且 $P(A_i) = 0.4, P(B_j) = 0.5$.显然,随机变量 X 和 Z 的一切可能取值为 $1, 2, \cdots$;Y 的一切可能取值为 $0, 1, 2, \cdots$.

(1) Z 的概率分布为

$$P(Z = 1) = P(A_1) = 0.4,$$

$$P(Z = 2) = P(\overline{A_1} B_1) = P(\overline{A_1}) P(B_1) = 0.6 \times 0.5 = 0.3,$$

$$P(Z = 3) = P(\overline{A_1}\, \overline{B_1} A_2) = P(\overline{A_1}) P(\overline{B_1}) P(A_2) = 0.6 \times 0.5 \times 0.4 = 0.3 \times 0.4,$$

$$P(Z = 4) = P(\overline{A_1}\, \overline{B_1}\, \overline{A_2} B_2) = 0.6 \times 0.5 \times 0.6 \times 0.5 = 0.3^2,$$

$$\vdots$$

利用数学归纳法,可以证明对任意自然数 $n = 1, 2, \cdots$ 有

$$P(Z = n) = \begin{cases} 0.4 \times 0.3^{m-1}, & n = 2m-1, \\ 0.3^m, & n = 2m, \end{cases}$$

其中 $m = 1, 2, \cdots$.

(2) X 的概率分布为

$$P(X = 1) = P(A_1) + P(\overline{A_1} B_1) = 0.4 + 0.6 \times 0.5 = 0.7,$$

$$P(X = 2) = P(\overline{A_1}\, \overline{B_1} A_2) + P(\overline{A_1}\, \overline{B_1}\, \overline{A_2} B_2),$$

$$= P(\overline{A_1}\, \overline{B_1}) P(A_2) + P(\overline{A_1}\, \overline{B_1}) P(\overline{A_2} B_2) = 0.3 \times 0.7,$$

$$P(X = 3) = P(\overline{A_1}\, \overline{B_1}\, \overline{A_2}\, \overline{B_2} A_3) + P(\overline{A_1}\, \overline{B_1}\, \overline{A_2}\, \overline{B_2}\, \overline{A_3} B_3)$$

$$= P(\overline{A_1}\, \overline{B_1}) P(\overline{A_2}\, \overline{B_2}) P(A_3) + P(\overline{A_1}\, \overline{B_1}) P(\overline{A_2}\, \overline{B_2}) P(\overline{A_3} B_3) = 0.3^2 \times 0.7,$$

$$\vdots$$

利用数学归纳法,可以证明对任意自然数 $n = 1, 2, \cdots$ 有

$$P(X = n) = 0.3^{n-1} \times 0.7.$$

(3) Y 的概率分布律为

$$P(Y = 0) = P(A_1) = 0.4,$$

$$P(Y=1) = P(\overline{A}_1 B_1) + P(\overline{A}_1 \, \overline{B}_1 A_2)$$

$$= P(\overline{A}_1)P(B_1) + P(\overline{A}_1 \, \overline{B}_1)P(A_2) = 0.6 \times 0.5 + 0.3 \times 0.4 = 0.42,$$

$$P(Y=2) = P(\overline{A}_1 \, \overline{B}_1 \, \overline{A}_2 B_2) + P(\overline{A}_1 \, \overline{B}_1 \, \overline{A}_2 \, \overline{B}_2 A_3)$$

$$= P(\overline{A}_1 \, \overline{B}_1)P(\overline{A}_2 B_2) + P(\overline{A}_1 \, \overline{B}_1)P(\overline{A}_2 \, \overline{B}_2)P(A_3) = 0.42 \times 0.3,$$

$$P(Y=3) = P(\overline{A}_1 \, \overline{B}_1 \, \overline{A}_2 \, \overline{B}_2 \, \overline{A}_3 B_3) + P(\overline{A}_1 \, \overline{B}_1 \, \overline{A}_2 \, \overline{B}_2 \, \overline{A}_3 \, \overline{B}_3 A_4)$$

$$= P(\overline{A}_1 \, \overline{B}_1)P(\overline{A}_2 \, \overline{B}_2)P(\overline{A}_3 B_3)$$

$$+ P(\overline{A}_1 \, \overline{B}_1)P(\overline{A}_2 \, \overline{B}_2)P(\overline{A}_3 \, \overline{B}_3)P(A_4) = 0.42 \times 0.3^2,$$

$$\vdots$$

利用数学归纳法,可以证明对任意自然数 $n=1,2,\cdots$ 有

$$P(Y=n) = 0.42 \times 0.3^{n-1},$$

于是,Y 的概率分布律为

$$P(Y=n) = \begin{cases} 0.4, & n=0, \\ 0.42 \times 0.3^{n-1}, & n=1,2,\cdots. \end{cases}$$

例 2.9   一房间有 3 扇同样大小的窗子,其中只有一扇是打开的.有一只鸟自开着的窗子飞入了房间,它只能从开着的窗子飞出去.鸟在房子里飞来飞去,试图飞出房间.假定鸟是没有记忆的,它飞向各扇窗子是随机的.

(1) 以 X 表示鸟为了飞出房间试飞的次数,求 X 的分布律.

(2) 户主声称,他养的一只鸟是有记忆的,它飞向任一窗子的尝试不多于一次.以 Y 表示这只聪明的鸟为了飞出房间试飞的次数.如户主所说是确实的,试求 Y 的分布律.

解   (1) 本题的试飞次数是指记录鸟儿飞向窗子的次数加上最后飞离房间的一次,其分布律为

$$P(X=k) = \left(\frac{2}{3}\right)^{k-1}\left(\frac{1}{3}\right), \quad k=1,2,\cdots.$$

(2) 由题意 Y 的可能值为 1,2,3.

$\{Y=1\}$ 表明鸟儿从 3 扇窗子中选对了一扇,因对鸟儿而言,3 扇窗是等可能被选取的,故 $P(Y=1)=\dfrac{1}{3}$.

$\{Y=2\}$ 表明第一次试飞失败(选错了窗子),失败方式有 2,故第一次失败概率为 $\dfrac{2}{3}$.第二次,鸟儿舍弃已飞过的那扇窗,而从余下的一开一关的两窗选一,成功机会为 $\dfrac{1}{2}$,故

$$P(Y=2) = \left(\frac{2}{3}\right)\left(\frac{1}{2}\right) = \frac{1}{3}.$$

对有记忆的鸟儿来说，$\sum\limits_{i=1}^{3} P(Y=i)=1$，故 $P(Y=3)=\dfrac{1}{3}$.

即 Y 的分布律为 $P(Y=i)=\dfrac{1}{3}(i=1,2,3)$.

例 2.10 a 为何值时，下列函数成为某随机变量的概率分布律：

(1) $P(X=i)=2^i a$，$i=1,2,\cdots,100$.

(2) $P(X=j)=2a^j$，$j=1,2,\cdots$.

解 由 $0 \leqslant P(X=i) \leqslant 1$ 与 $\sum\limits_{i} P(X=x_i)=1$ 知，$0<a<1$.

(1) $\sum\limits_{i=1}^{100} P(X=i)=\sum\limits_{i=1}^{100} 2^i a=a \times \dfrac{2-2^{101}}{1-2}=a(2^{101}-2)=1$，于是，$a=\dfrac{1}{2^{101}-2}$.

(2) $\sum\limits_{j=1}^{\infty} P(X=j)=\sum\limits_{j=1}^{\infty} 2a^j=\dfrac{2a}{1-a}=1$，于是，$a=\dfrac{1}{3}$.

说明 尽管在确定离散型随机变量概率分布律时，性质 $\sum\limits_{i} P(X=x_i)=1$ 是最重要的依据，但是性质 $0 \leqslant P(X=x_i) \leqslant 1$ 也不能忽略，本例(2)中必须将两个性质结合在一起，才能得出 $0<a<1$ 的结论，才能应用几何级数求和公式确定 a 的值.

例 2.11 某汽车站有大量汽车通过，设每辆汽车在一天的某段时间内出事故的概率为 0.0001，在某天的该段时间内有 1000 辆汽车通过，问出事故的次数不小于 2 的概率是多少？

解 这可以看做 $n=1000$ 次的独立重复试验，每次试验事件发生的概率 $p=0.0001$.设 X 为出事故的次数，则 $X \sim B(n,p)$，且

$$P(X=k)=C_{1000}^k (0.0001)^k (0.9999)^{1000-k}, \quad k=0,1,\cdots,1000,$$
$$P(X \geqslant 2)=1-P(X=0)-P(X=1).$$

由于 n 很大而 p 相应地很小，且 $np=0.1<5$，故 $B(n,p) \approx P(np)$.所以本题可用泊松分布来近似求解.

令 $\lambda=np=0.1$，则有

$$P(X \geqslant 2)=1-P(X=0)-P(X=1)=1-e^{-0.1}-\dfrac{0.1^1}{1!}e^{-0.1} \approx 0.0047.$$

说明 当 n 很大而 p 很小(即 np 不大)时，二项分布 $B(n,p)$ 可以用泊松分布 $P(np)$ 来近似，即

$$P(X=k)=C_n^k p^k q^{n-k} \approx \dfrac{\lambda^k}{k!}e^{-\lambda}, \quad \lambda=np.$$

例 2.12 从发芽率为 0.999 的一大批种子里，随机地抽取 500 粒进行发芽试验，计算 500 粒种子中没有发芽的比例不超过 1% 的概率.

解 由于是从一大批种子(N 粒)中随机抽取 $M=500$ 粒，这 500 粒种子中不发芽的

种子数为 X, 则 X 服从超几何分布.

$$P(X=k) = \frac{C_{0.001N}^{k}C_{0.999N}^{500-k}}{C_N^{500}}, \quad k=0,1,\cdots,500.$$

这里 N 很大而 $M=500$ 相对 N 是很小的, 因此超几何分布可以用二项分布来近似计算, 其中 $n=500, p=0.001$, 因此, 500 粒中没有发芽的比例不超过 1% 的概率为

$$P\left(\frac{X}{500} \leqslant 0.01\right) = P(X \leqslant 5) \approx \sum_{k=0}^{5} C_{500}^{k} p^{k}(1-p)^{500-k}.$$

在上面的二项分布中, 由于 $n=500$ 较大, 而 $p=0.001$ 很小, 因此该二项分布又可以用泊松分布来近似计算, 其中 $\lambda=np=0.5$, 因而

$$P(X \leqslant 5) \approx \sum_{k=0}^{5} \frac{0.5^k}{k!} e^{-0.5} = 0.99999.$$

例 2.13   设事件 A 在每次试验中发生的概率为 0.3. A 发生不少于 3 次时, 指示灯发出信号.

(1) 进行了 5 次重复独立试验, 求指示灯发出信号的概率.

(2) 进行了 7 次重复独立试验, 求指示灯发出信号的概率.

解   (1) 以 X 表示在 5 次试验中事件 A 发生的次数, 则 $X \sim B(5, 0.3)$. 指示灯发出信号这一事件可表示为 $\{X \geqslant 3\}$, 故所求概率为

$$P(X \geqslant 3) = C_5^3 0.3^3(1-0.3)^2 + C_5^4 0.3^4(1-0.3) + 0.3^5 = 0.163.$$

(2) 以 Y 表示在 7 次试验中事件 A 发生的次数, 则 $Y \sim B(7, 0.3)$. 故指示灯发出信号的概率为

$$P(Y \geqslant 3) = 1 - P(Y=0) - P(Y=1) - P(Y=2)$$
$$= 1 - (1-0.3)^7 - C_7^1(1-0.3)^6 0.3 + C_7^2(1-0.3)^5 0.3^2 = 0.353.$$

例 2.14   设 $F_1(x)$ 与 $F_2(x)$ 分别为随机变量 X_1 与 X_2 的分布函数, α 与 β 是满足 $\alpha+\beta=1$ 的两个非负常数, 求证 $F(x)=\alpha F_1(x)+\beta F_2(x)$ 也是某个随机变量的分布函数.

证明   只要证明 $F(x)=\alpha F_1(x)+\beta F_2(x)$ 满足分布函数的性质即可.

事实上, 首先, 因为 $F_1(x)$ 与 $F_2(x)$ 都是分布函数, 所以都是单调不减函数, 又由于 $\alpha \geqslant 0, \beta \geqslant 0$, 所以 $F(x)=\alpha F_1(x)+\beta F_2(x)$ 也是单调不减函数.

其次, 因为

$$\lim_{x \to -\infty} F(x) = \lim_{x \to -\infty} \alpha F_1(x) + \lim_{x \to -\infty} \beta F_2(x) = 0,$$
$$\lim_{x \to +\infty} F(x) = \lim_{x \to +\infty} \alpha F_1(x) + \lim_{x \to +\infty} \beta F_2(x) = \alpha + \beta = 1,$$

于是有 $0 \leqslant F(x) \leqslant 1$.

最后, 对于任意 $x \in (-\infty, +\infty)$, 有

$$F(x+0) = \alpha F_1(x+0) + \beta F_2(x+0) = \alpha F_1(x) + \beta F_2(x) = F(x),$$

可见 $F(x)$ 右连续.

综上所述，$F(x)$ 是某个随机变量的分布函数.

例 2.15 设印刷品中每页印刷错误数服从泊松分布,统计资料表明,有一个印刷错误的页数与有两个印刷错误的页数相同.求任意检验的 4 页中,各页都没有印刷错误的概率.

解 设 X 为每页印刷错误数;λ 为未知分布参数.根据一个错和两个错的页数相同,可以设 $P(X=1)=P(X=2)$,由此可得

$$\frac{\lambda^1}{1!}e^{-\lambda} = \frac{\lambda^2}{2!}e^{-\lambda},$$

从而 $\lambda=2$.

任意检验 4 页,可以视为 4 次伯努利试验,每次试验成功的概率为

$$p = P(X = 0) = e^{-2}.$$

假设 Y 表示 4 页中有印刷错误的页数,则 $Y \sim B(4, 1-e^{-2})$,因此,各页都没有印刷错误的概率为

$$P(Y = 0) = (e^{-2})^4 = e^{-8}.$$

例 2.16 假设一大型设备在任何长为 t 的时间内发生故障的次数 $N(t)$ 服从参数为 λt 的泊松分布.

(1) 求相继两次故障之间时间间隔 T 的概率分布;

(2) 求在设备已经无故障运行 8h 的情况下,再无故障运行 8h 的概率 p.

解 $P(N(t)=k) = \dfrac{(\lambda t)^k}{k!}e^{-\lambda t}$, $k=0,1,2,\cdots$.

(1) 由于 T 是非负随机变量,所以,当 $t \leqslant 0$ 时,T 的分布函数

$$F_T(t) = P(T \leqslant t) = 0.$$

当 $t > 0$ 时,$\{T > t\}$ 与 $\{N(t)=0\}$ 等价,所以有

$$F_T(t) = P(T \leqslant t) = 1 - P(T > t) = 1 - P(N(t) = 0) = 1 - e^{-\lambda t}.$$

因此,T 的分布函数为

$$F_T(t) = \begin{cases} 1 - e^{-\lambda t}, & t > 0, \\ 0, & t \leqslant 0. \end{cases}$$

(2) $p = P(T \geqslant 16 \mid T \geqslant 8) = \dfrac{P(T \geqslant 16, T \geqslant 8)}{P(T \geqslant 8)} = \dfrac{P(T \geqslant 16)}{P(T \geqslant 8)} = \dfrac{e^{-16\lambda}}{e^{-8\lambda}} = e^{-8\lambda}$.

例 2.17 假设一厂家生产的每台仪器以概率 0.70 可以直接出厂,以概率 0.3 需进一步调试.经调试后以概率 0.8 可以出厂,以概率 0.2 定为不合格不能出厂.现该厂新生产 $n(n \geqslant 2)$ 台仪器(假定各台仪器的生产相互独立).

(1) 求 n 台仪器全部都能出厂的概率 α;

(2) 求恰好有两台仪器不能出厂的概率 β;

(3) 求其中至少有两台仪器不能出厂的概率 θ.

解 设 $A=\{$仪器需进一步调试$\},B=\{$仪器能出厂$\}$,则 $\bar{A}=\{$仪器不需调试$\},AB=$ $\{$仪器经调试后能出厂$\}$. 则

$$B=B(\bar{A}+A)=\bar{A}B+AB=\bar{A}+AB,$$

$$P(\bar{A})=0.7,\quad P(A)=1-P(\bar{A})=0.3,$$

$$P(B\mid A)=0.8,\quad P(AB)=P(A)P(B\mid A)=0.3\times0.8=0.24,$$

而

$$P(B)=P(\bar{A}+AB)=P(\bar{A})+P(AB)=0.7+0.24=0.94.$$

这说明该厂生产一台仪器能出厂的概率是 0.94.

设该厂生产 n 台仪器能出厂的台数为 X,则 X 作为 n 次独立试验的成功(仪器能出厂)次数,服从参数为 $(n,0.94)$ 的二项分布:

$$P(X=k)=\mathrm{C}_n^k\times0.94^k\times0.06^{n-k},\quad k=0,1,\cdots,n.$$

则　(1) $\alpha=P(X=n)=0.94^n$;

(2) $\beta=P(X=n-2)=\mathrm{C}_n^2\times0.94^{n-2}\times0.06^2$;

(3) $\theta=P(X\leqslant n-2)=1-P(X=n-1)-P(X=n)=1-n\times0.94^{n-1}\times0.06$ -0.94^n.

例 2.18 设连续型随机变量 X 的分布函数为

$$F(x)=\begin{cases}0,&x<-a,\\A+B\mathrm{arcsin}\dfrac{x}{a},&-a\leqslant x\leqslant a,\quad a>0,\\1,&x>a.\end{cases}$$

求:(1)A 和 B;(2)X 的密度函数.

解 (1) 由于 X 为连续型随机变量,所以分布函数 $F(x)$ 是连续函数,于是

$$F(-a-0)=F(-a),\quad F(a+0)=F(a),$$

即

$$0=A+B\mathrm{arcsin}(-1),\quad 1=A+B\mathrm{arcsin}1,$$

也就是 $A-\dfrac{\pi}{2}B=0,A+\dfrac{\pi}{2}B=1$,从而 $A=\dfrac{1}{2},B=\dfrac{1}{\pi}$.

(2) $p(x)=F'(x)=\begin{cases}\dfrac{1}{\pi\sqrt{a^2-x^2}},&|x|<a,\\0,&|x|\geqslant a.\end{cases}$

说明 (1) 连续型随机变量的分布函数 $F(x)$ 是连续函数,往往由此可导出 $F(x)$ 中的待定参数;

(2) 对于连续型随机变量 X,其分布函数与密度函数之间有关系式 $p(x)=F'(x)$(在 $F(x)$ 的相应的开区间内),而区间端点处不必处理,最后将 $p(x)$ 写成分段函数即可.

例 2.19 设随机变量 X 的密度函数为

$$p(x) = \begin{cases} Ax\mathrm{e}^{-2x}, & x \geqslant 0, \\ 0, & x < 0. \end{cases}$$

求：(1) A；(2) X 的分布函数 $F(x)$；(3) $P\left(-\dfrac{1}{2} \leqslant X < 1\right)$ 和 $P\left(X = \dfrac{3}{2}\right)$.

解 (1) 由于 $\displaystyle\int_{-\infty}^{+\infty} p(x)\mathrm{d}x = 1$，所以

$$1 = \int_0^{+\infty} Ax\mathrm{e}^{-2x}\mathrm{d}x = \frac{A}{4},$$

于是 $A = 4$.

(2) 分布函数为 $F(x) = \displaystyle\int_{-\infty}^{x} p(x)\mathrm{d}x.$

当 $x < 0$ 时，$F(x) = \displaystyle\int_{-\infty}^{x} 0\mathrm{d}x = 0$；

当 $x \geqslant 0$ 时，$F(x) = \displaystyle\int_{-\infty}^{0} 0\mathrm{d}x + \int_0^x 4x\mathrm{e}^{-2x}\mathrm{d}x = 1 - 2x\mathrm{e}^{-2x} - \mathrm{e}^{-2x}.$

故 X 的分布函数为

$$F(x) = \begin{cases} 1 - 2x\mathrm{e}^{-2x} - \mathrm{e}^{-2x}, & x \geqslant 0, \\ 0, & x < 0. \end{cases}$$

(3) $P\left(-\dfrac{1}{2} \leqslant X < 1\right) = \displaystyle\int_{-\frac{1}{2}}^{1} p(x)\mathrm{d}x = \int_{-\frac{1}{2}}^{0} 0\mathrm{d}x + \int_0^1 4x\mathrm{e}^{-2x}\,\mathrm{d}x = 1 - 3\mathrm{e}^{-2},$

$P\left(X = \dfrac{3}{2}\right) = 0.$

说明 (1) 确定密度函数 $p(x)$ 中的未知参数需用性质 $p(x) \geqslant 0$ 和 $\displaystyle\int_{-\infty}^{+\infty} p(x)\mathrm{d}x = 1$；

(2) 当密度函数为分段函数时，其分布函数 $F(x)$ 也是分段函数，且

$$F(x) = \int_{-\infty}^{x} p(x)\mathrm{d}x,$$

注意积分下限永远是 $-\infty$；

(3) 连续型随机变量取常值的概率恒为 0.

例 2.20 设顾客在某银行的窗口等待服务的时间 $X(\min)$ 服从指数分布，其概率密度为

$$p(x) = \begin{cases} \dfrac{1}{5}\mathrm{e}^{-\frac{1}{5}x}, & x > 0, \\ 0, & \text{其他}. \end{cases}$$

某顾客在窗口等待服务，若超过 10min 他就离开. 他一个月要到银行 5 次. 以 Y 表示一个月内他未等到服务而离开窗口的次数. 写出 Y 的分布律，并求 $P(Y \geqslant 1)$.

解   顾客在窗口等待服务超过 10min 的概率为

$$p = \int_{10}^{\infty} p(x)\mathrm{d}x = \int_{10}^{\infty} \frac{1}{5}\mathrm{e}^{-\frac{1}{5}x}\mathrm{d}x = \mathrm{e}^{-2}.$$

故顾客去银行一次因未等到服务而离开的概率为 e^{-2}，从而 $Y \sim B(5, \mathrm{e}^{-2})$. Y 的分布律为

$$P(Y = k) = \mathrm{C}_5^k\,(\mathrm{e}^{-2})^k\,(1 - \mathrm{e}^{-2})^{5-k}, \quad k = 0, 1, \cdots, 5.$$

$$P(Y \geqslant 1) = 1 - P(Y = 0) = 1 - (1 - \mathrm{e}^{-2})^5 = 0.5167.$$

例 2.21   设随机变量 X 在 $[2,5]$ 上服从均匀分布，现对 X 进行 3 次独立观测，试求至少有两次观测值大于 3 的概率.

解   因为区间 $[2,5]$ 的长度为 3，故随机变量 X 的密度函数为

$$p(x) = \begin{cases} \dfrac{1}{3}, & 2 \leqslant x \leqslant 5, \\[2mm] 0, & \text{其他}. \end{cases}$$

设 $A = \{X$ 的观测值大于 $3\}$，即 $A = \{X > 3\}$，则

$$P(A) = P(X > 3) = \int_3^5 \frac{1}{3}\mathrm{d}x = \frac{2}{3}.$$

设 Y 表示 3 次独立观测中观测值大于 3 的次数，显然 $Y \sim B\left(3, \dfrac{2}{3}\right)$，于是

$$P(Y \geqslant 2) = \mathrm{C}_3^2\left(\frac{2}{3}\right)^2\left(\frac{1}{3}\right) + \mathrm{C}_3^3\left(\frac{2}{3}\right)^3\left(\frac{1}{3}\right)^0 = \frac{20}{27}.$$

说明   本例中首先求出随机变量 X 大于 3 的概率，然后再求 3 次独立测量中有至少两次满足大于 3 的概率，这是一个典型的连续型随机变量同离散型随机变量相联系的例子.

例 2.22   某仪器装有 1 个独立工作的同型号的电子元件，其寿命（单位：h）都服从参数为 $\lambda = \dfrac{1}{600}$ 的指数分布，试求本仪器使用的最初 200h 内，至少有 1 个电子元件损坏的概率.

解   对任意一个电子元件来说，其使用寿命 X 的密度函数为

$$p(x) = \begin{cases} \dfrac{1}{600}\mathrm{e}^{-\frac{x}{600}}, & x > 0, \\[2mm] 0, & x \leqslant 0. \end{cases}$$

该元件在最初 200h 内损坏的概率为

$$p = P(X \leqslant 200) = \int_0^{200} \frac{1}{600}\mathrm{e}^{-\frac{x}{600}}\mathrm{d}x = 1 - \mathrm{e}^{-\frac{1}{3}},$$

因而 3 个同种元件在最初 200h 内至少有 1 个损坏的概率为

$$P = C_3^1 p (1-p)^2 + C_3^2 p^2 (1-p) + C_3^3 p^3 (1-p)^0$$

$$= 1 - C_3^0 p^0 (1-p)^3 = 1 - (1 - 1 + e^{-\frac{1}{3}})^3 = 1 - \frac{1}{e}.$$

例 2.23 设随机变量 $X \sim N(5,4)$，试计算 $P(X \leqslant 0), P(X \leqslant 5), P(|X-5|<2)$ 和 $P(|X|<4)$.

解 应用一般正态分布的分布函数 $F(x)$ 与标准正态分布的分布函数 $\Phi(x)$ 间的关系 $F(x) = \Phi\left(\dfrac{x-\mu}{\sigma}\right)$，可得

$$P(X \leqslant 0) = P\left(\frac{X-5}{2} \leqslant \frac{0-5}{2}\right) = \Phi(-2.5) = 1 - \Phi(2.5) = 0.006;$$

$$P(X \leqslant 5) = P\left(\frac{X-5}{2} \leqslant \frac{5-5}{2}\right) = \Phi(0) = 0.5;$$

$$P(|X-5|<2) = P\left(\left|\frac{X-5}{2}\right|<1\right) = 2\Phi(1) - 1 = 0.6826;$$

$$P(|X|<4) = P(-4<X<4) = P\left(\frac{-4-5}{2} < \frac{X-5}{2} < \frac{4-5}{2}\right)$$

$$= \Phi(-0.5) - \Phi(-4.5) = 1 - \Phi(0.5) - [1 - \Phi(4.5)]$$

$$= \Phi(4.5) - \Phi(0.5) = 0.3085.$$

例 2.24 假设某科考试成绩 X 近似服从正态分布 $N(70, 10^2)$. 已知第 100 名的成绩为 60 分，问第 20 名的成绩约为多少分？

解 由条件及正态分布概率表可以看出

$$P(X \geqslant 60) = 1 - P(X < 60)$$

$$= 1 - P\left(\frac{X-70}{10} < \frac{60-70}{10}\right) = 1 - \Phi(-1) = \Phi(1) \approx 0.8413.$$

这说明成绩在 60 分和 60 分以上的考生（共 100 名）在全体考生中占 84.13%，因此，考生总数大致为 $\dfrac{100}{0.8413} \approx 119$ 名，故前 20 名考生在全体考生中的比例大致为 $\dfrac{20}{119} \approx 0.1681$.

设 x 为第 20 名考生的成绩，它满足

$$P(X \geqslant x) = 1 - P(X < x)$$

$$= 1 - P\left(\frac{X-70}{10} < \frac{x-70}{10}\right) = 1 - \Phi\left(\frac{x-70}{10}\right) \approx 0.1681,$$

从而 $\Phi\left(\dfrac{x-70}{10}\right) \approx 0.8319$，查表得 $\dfrac{x-70}{10} \approx 0.96$，于是，第 20 名考生的分数 $x \approx 79.6$.

例 2.25 已知随机变量 X 的概率分布律为

X	-1	0	1	2
P	0.20	0.25	0.30	0.25

试求 $Y=-3X+1$ 及 $Z=X^2+1$ 的概率分布律.

解 随机变量 Y 的所有可能取值为 $-5,-2,1,4$；随机变量 Z 的所有可能取值为 $1,2,5$. 由此可得出 X,Y,Z 的概率分布如下表所示：

X	-1	0	1	2
Y	4	1	-2	-5
Z	2	1	2	5
P	0.20	0.25	0.30	0.25

所以 Y 的概率分布为

Y	-5	-2	1	4
P	0.25	0.30	0.25	0.20

Z 的概率分布为

Z	1	2	5
P	0.25	0.50	0.25

例 2.26 设随机变量 $X \sim N(0,1)$，求下列各随机变量的密度函数.

(1) $Y=e^X$；   (2) $Y=2X^2+1$；   (3) $Y=|X|$.

解 由于 $X \sim N(0,1)$，所以

$$p_X(x) = \frac{1}{\sqrt{2\pi}} e^{-\frac{x^2}{2}}, \quad -\infty < x < +\infty.$$

(1) 由 $y=e^x$ 是单调函数，其反函数为 $x=\ln y\ (y>0)$，$x'=\dfrac{1}{y}$，所以 $Y=e^X$ 的密度函数为

$$p_Y(y) = p_X(\ln y)|x'| = \frac{1}{\sqrt{2\pi}\,y} e^{-\frac{1}{2}(\ln y)^2}, \quad y > 0.$$

(2) 由于 $y=2x^2+1$ 不是单调函数，所以我们利用分布函数的定义求 Y 的分布函数.

由于 $F_Y(y)=P(Y\leqslant y)=P(2X^2+1\leqslant y)=P\left(X^2\leqslant\dfrac{y-1}{2}\right)$，所以

当 $\dfrac{y-1}{2}\leqslant 0$，即 $y\leqslant 1$ 时，$F_Y(y)=0$；

当 $\dfrac{y-1}{2} > 0$，即 $y > 1$ 时，

$$F_Y(y) = P\left(-\sqrt{\dfrac{y-1}{2}} < X \leqslant \sqrt{\dfrac{y-1}{2}}\right) = F_X\left(\sqrt{\dfrac{y-1}{2}}\right) - F_X\left(-\sqrt{\dfrac{y-1}{2}}\right),$$

$$p_Y(y) = p_X\left(\sqrt{\dfrac{y-1}{2}}\right)\dfrac{1}{2\sqrt{2}\ \sqrt{y-1}} + p_X\left(-\sqrt{\dfrac{y-1}{2}}\right)\dfrac{1}{2\sqrt{2}\ \sqrt{y-1}}$$

$$= \dfrac{1}{\sqrt{2\pi}}e^{-\frac{1}{2}\frac{y-1}{2}}\dfrac{1}{2\sqrt{2}\ \sqrt{y-1}} + \dfrac{1}{\sqrt{2\pi}}e^{-\frac{1}{2}\frac{y-1}{2}}\dfrac{1}{2\sqrt{2}\ \sqrt{y-1}} = \dfrac{1}{2\ \sqrt{\pi(y-1)}}e^{-\frac{y-1}{4}}.$$

故 $Y = 2X^2 + 1$ 的密度函数为

$$p_Y(y) = \begin{cases} \dfrac{1}{2\ \sqrt{\pi(y-1)}}e^{-\frac{y-1}{4}}, & y > 1, \\ 0, & y \leqslant 1. \end{cases}$$

（3）$F_Y(y) = P(Y \leqslant y) = P(\,|X| \leqslant y)$.

当 $y \leqslant 0$ 时，$F_Y(y) = 0$；

当 $y > 0$ 时，$F_Y(y) = P(-y \leqslant X \leqslant y) = F_X(y) - F_X(-y)$.

$$p_Y(y) = p_X(y) + p_X(-y) = \dfrac{2}{\sqrt{2\pi}}e^{-\frac{y^2}{2}}.$$

故 $Y = |X|$ 的密度函数为

$$p_Y(y) = \begin{cases} \dfrac{2}{\sqrt{2\pi}}e^{-\frac{y^2}{2}} & y > 0, \\ 0, & y \leqslant 0. \end{cases}$$

例 2.27　假设随机变量 X 服从参数为 2 的指数分布，试证明：$Y = 1 - e^{-2X}$ 在区间 $(0,1)$ 上服从均匀分布.

证明　由题设知 X 的分布函数为

$$F_X(x) = \begin{cases} 1 - e^{-2x}, & x > 0, \\ 0, & x \leqslant 0. \end{cases}$$

区间 $(0,1)$ 上均匀分布的分布函数为

$$F(t) = \begin{cases} 0, & t \leqslant 0, \\ t, & 0 < t \leqslant 1, \\ 1, & t \geqslant 1. \end{cases}$$

设随机变量 $Y = 1 - e^{-2X}$ 的分布函数为 $F_Y(y)$，则由分布函数的定义有

$$F_Y(y) = P(Y \leqslant y) = P(1 - e^{-2X} \leqslant y) = P(e^{-2X} \geqslant 1 - y).$$

由此可以看出：

当 $1 - y \leqslant 0$，即 $y \geqslant 1$ 时，$F_Y(y) = 1$；

当 $1-y>0$,即 $y<1$ 时,$F_Y(y)=P\left(X\leqslant-\dfrac{1}{2}\ln(1-y)\right)$;

当 $-\dfrac{1}{2}\ln(1-y)\leqslant 0$,即 $y\leqslant 0$ 时,$F_Y(y)=0$;

当 $0<y<1$ 时,

$$F_Y(y)=F_X\left(-\dfrac{1}{2}\ln(1-y)\right)=1-\mathrm{e}^{-2\left[-\frac{1}{2}\ln(1-y)\right]}=1-(1-y)=y.$$

综上所述,随机变量 $Y=1-\mathrm{e}^{-2X}$ 的分布函数为

$$F_Y(y)=\begin{cases}0,& y\leqslant 0,\\ y,& 0<y\leqslant 1,\\ 1,& y\geqslant 1.\end{cases}$$

因此,随机变量 Y 在区间 $(0,1)$ 上服从均匀分布.

例 2.28　设随机变量 X 服从 $[1,5]$ 上的均匀分布,求 $Y=X^2$ 的密度函数.

解　显然 X 的密度函数为

$$p_X(x)=\begin{cases}\dfrac{1}{4},& x\in[1,5],\\ 0,& x\notin[1,5].\end{cases}$$

$Y=X^2$ 的分布函数

$$F_Y(y)=P(Y\leqslant y)=P(X^2\leqslant y).$$

当 $y\leqslant 0$ 时,$F_Y(y)=0$,$p_Y(y)=0$.

当 $y>0$ 时,$F_Y(y)=P(-\sqrt{y}\leqslant X\leqslant\sqrt{y})=F_X(\sqrt{y})-F_X(-\sqrt{y})$,

$$p_Y(y)=p_X(\sqrt{y})\dfrac{1}{2\sqrt{y}}+p_X(-\sqrt{y})\dfrac{1}{2\sqrt{y}}=p_X(\sqrt{y})\dfrac{1}{2\sqrt{y}}.$$

当 $0<\sqrt{y}<1$,即 $0<y<1$ 时,$p_Y(y)=0$,当 $\sqrt{y}>5$,即 $y>25$ 时,$p_Y(y)=0$,当 $1\leqslant\sqrt{y}\leqslant 5$,即 $1\leqslant y\leqslant 25$ 时,$p_Y(y)=\dfrac{1}{8\sqrt{y}}$.

故 $Y=X^2$ 的密度函数为

$$p_Y(y)=\begin{cases}\dfrac{1}{8\sqrt{y}},& y\in[1,25],\\ 0,& y\notin[1,25].\end{cases}$$

例 2.29　设随机变量 X 在 $[-\pi/2,\pi/2]$ 上服从均匀分布,求随机变量 $Y=\cos X$ 的密度函数.

解　随机变量 X 的密度函数为

$$p_X(x)=\begin{cases}\dfrac{1}{\pi},& -\dfrac{\pi}{2}\leqslant x\leqslant\dfrac{\pi}{2},\\ 0,& \text{其他}.\end{cases}$$

先求随机变量 $Y=\cos X$ 的分布函数 $F_Y(y)$.

由于随机变量 X 只在 $[-\pi/2,\pi/2]$ 上取值,所以 $Y=\cos X$ 的取值区间为 $[0,1]$,故对于 $y<0(Y<y)$ 是不可能事件,因而

当 $y\leqslant 0$ 时,有

$$F_Y(y) = P(Y \leqslant y) = 0, \quad p_Y(y) = 0.$$

当 $y\geqslant 1$ 时,有

$$F_Y(y) = P(Y \leqslant y) = 1, \quad p_Y(y) = 0.$$

当 $0<y<1$ 时,有

$$F_Y(y) = P(Y \leqslant y) = P(\cos X \leqslant y)$$

$$= P\left(-\frac{\pi}{2} \leqslant X \leqslant -\arccos y\right) + P\left(\arccos y \leqslant X \leqslant \frac{\pi}{2}\right)$$

$$= F_X(-\arccos y) - F_X(\arccos y) - F_X\left(-\frac{\pi}{2}\right) + F_X\left(\frac{\pi}{2}\right),$$

从而

$$p_Y(y) = p_X(-\arccos y)\frac{1}{\sqrt{1-y^2}} + p_X(\arccos y)\frac{1}{\sqrt{1-y^2}}$$

$$= \frac{1}{\pi}\frac{1}{\sqrt{1-y^2}} + \frac{1}{\pi}\frac{1}{\sqrt{1-y^2}} = \frac{2}{\pi}\frac{1}{\sqrt{1-y^2}}.$$

综上所述,随机变量 $Y=\cos X$ 的密度函数为

$$p_Y(y) = \begin{cases} \dfrac{2}{\pi\sqrt{1-y^2}}, & 0 < y < 1, \\ 0, & \text{其他}. \end{cases}$$

例 2.30 设随机变量 X 的密度函数为

$$p_X(x) = \frac{2}{\pi}\frac{1}{e^x + e^{-x}}, \quad -\infty < x < +\infty.$$

试求随机变量 $Y=g(X)$ 的概率分布,其中

$$g(x) = \begin{cases} -1, & x < 0, \\ 1, & x \geqslant 0. \end{cases}$$

解 Y 的所有可能取值为 -1 和 1,

$$P(Y=-1) = P(X<0) = \int_{-\infty}^{0} \frac{2}{\pi}\frac{1}{e^x + e^{-x}}dx$$

$$= \frac{2}{\pi}\int_{-\infty}^{0} \frac{e^x}{1+e^{2x}}dx = \frac{2}{\pi}\arctan e^x \Big|_{-\infty}^{0} = \frac{1}{2};$$

$$P(Y=1) = P(X\geqslant 0) = 1 - P(Y=1) = \frac{1}{2}.$$

于是 Y 的概率分布律为

Y	-1	1
P	$\frac{1}{2}$	$\frac{1}{2}$

2.3　习题

填空与选择题

1. 抛掷一枚不均匀硬币,直到正反面都出现为止,设随机变量 X 为抛掷硬币次数,如果出现正面的概率为 $p(0<p<1)$,则 X 的概率分布律为(　　).

2. 设某批电子元件的正品率为 $\frac{4}{5}$,现对这批元件进行测试,只要测得一个正品就停止测试,则测试次数的概率分布律为(　　).

3. 设 X 为离散型随机变量,其概率分布律为 $P(X=k)=C_n^k p^k (2p)^{n-k}(k=0,1,2,\cdots,n;n$ 为任意正整数),则常数 $p=$(　　).

4. 设随机变量 X 的概率分布律为 $P(X=k)=a\dfrac{\lambda^k}{k!}$ $(k=0,1,2,\cdots;\lambda>0)$,则 $a=$(　　).

5. 常数 $b=$(　　)时,$p_k=\dfrac{b}{k(k+1)}(k=1,2,\cdots)$ 为离散型随机变量的概率分布律.

6. 已知随机变量 X 只取 $-1,0,1,2$ 四个值,其相应的概率为 $\dfrac{1}{2c},\dfrac{3}{4c},\dfrac{5}{8c},\dfrac{2}{16c}$,则 $c=$(　　).

7. 在一次试验中,事件 A 发生的概率为 $p(0<p<1)$,现进行 n 次独立重复试验,则 A 至少发生一次的概率为(　　),A 至多发生一次的概率为(　　).

8. 在三次独立试验中,事件 A 出现的概率都相等,若已知 A 至少出现一次的概率为 $19/27$,则事件 A 在一次试验中出现的概率为(　　).

9. 设 $X\sim B(2,p)$,$Y\sim B(3,p)$,若 $P(X\geqslant 1)=\dfrac{5}{9}$,则 $P(Y\geqslant 1)=$(　　).

10. 设 $X\sim P(\lambda)$,且已知 $P(X=1)=P(X=2)$,则 $P(X=4)=$(　　).

11. 若 $P(X\leqslant x_2)=1-\beta$,$P(X\geqslant x_1)=1-\alpha$,其中 $x_1<x_2$,则 $P(x_1\leqslant X\leqslant x_2)=$(　　).

12. 设离散型随机变量 X 的分布律为 $P(X=0)=0.2$,$P(X=1)=0.3$,$P(X=2)=0.5$.则 $P(X\leqslant 1.5)=$(　　).

13. 设随机变量 X 的分布函数为

$$F(x) = \begin{cases} 0, & x < 0, \\ 0.2, & 0 \leqslant x < 1, \\ a, & 1 \leqslant x < 2, \\ 1, & x \geqslant 2. \end{cases}$$

若已知 $P(X=1)=0.6$，则 $a = ($ $)$.

14. 下列 4 个函数中不能作为随机变量的分布函数的是(   ).

(A) $F_1(x) = \begin{cases} 0, & x < 0, \\ \dfrac{1}{3}, & 0 \leqslant x < 1, \\ \dfrac{1}{2}, & 1 \leqslant x < 2, \\ 1, & x \geqslant 2. \end{cases}$
   (B) $F_2(x) = \begin{cases} 0, & x < 0, \\ \dfrac{1}{4}, & 0 \leqslant x < 2, \\ 1, & x \geqslant 2. \end{cases}$

(C) $F_3(x) = \begin{cases} 0, & x < 0, \\ \dfrac{\ln(x+1)}{x+1}, & x \geqslant 0. \end{cases}$
   (D) $F_4(x) = \begin{cases} 1 - e^{-x}, & x \geqslant 0, \\ 0, & x < 0. \end{cases}$

15. 设 $F_1(x)$ 与 $F_2(x)$ 分别为随机变量 X_1, X_2 的分布函数，为使

$$F(x) = \frac{3}{5}F_1(x) - aF_2(x)$$

是某个随机变量的分布函数，a 应取值(   ).

16. 设随机变量 X 的分布函数为

$$F(x) = \begin{cases} 0, & x < 0, \\ A\sin x, & 0 \leqslant x \leqslant \dfrac{\pi}{2}, \\ 1, & x > \dfrac{\pi}{2}. \end{cases}$$

则常数 $A = ($ $)$；$P\left(|X| < \dfrac{\pi}{6}\right) = ($ $)$；X 的密度函数为 $p(x) = ($ $)$.

17. 设连续型随机变量 X 的概率密度函数 $p(x)$ 是一个偶函数，$F(x)$ 为 X 的分布函数，则对任意 $x \in \mathbb{R}$，有 $F(x) + F(-x)$ 等于(   ).

18. 已知随机变量 X 的分布函数为 $F(x) = A + B\arctan x$，则 $A = ($ $)$，$B = ($ $)$，$P(|X| < 1) = ($ $)$，X 的概率密度 $p(x) = ($ $)$.

19. 随机变量 X 的密度函数为

$$p(x) = \begin{cases} \dfrac{1}{3}, & x \in [0,1], \\ \dfrac{2}{9}, & x \in [3,6], \\ 0, & \text{其他}. \end{cases}$$

若 k 使得 $P(X \geqslant k) = \dfrac{2}{3}$，则 k 的取值范围是（　　）．

20. 设随机变量 X 的概率密度为

$$p(x) = \begin{cases} A\cos x, & |x| < \dfrac{\pi}{2}, \\ 0, & |x| \geqslant \dfrac{\pi}{2}. \end{cases}$$

则常数 $A = $（　　）；$X$ 落在 $\left(0, \dfrac{\pi}{4}\right)$ 内的概率为（　　），X 的分布函数 $F(x) = $（　　）．

21. 设 $X \sim N(0,1)$，且已知 $\Phi(-2) = 0.0228$，则 $P(-2 \leqslant X < 0) = $（　　）；$P(X \geqslant 2) = $（　　）．

22. 如果随机变量 $X \sim N(\mu, \sigma^2)$，则 $Y = aX + b \sim$（　　）．

23. 若随机变量 $X \sim N(5,4)$，且 $P(X < a) = 0.95$，则 $a = $（　　）．

24. 已知随机变量 $X \sim N(2, 3^2)$，且 $P(X < C) = P(X \geqslant C)$，则 $C = $（　　）．

25. 设随机变量 $X \sim N(\mu, \sigma^2)$，则 σ 增大时，概率 $P(|X - \mu| < \sigma)$ 的变化规律是（　　）．

26. 设随机变量 X 的概率分布律为

X	-2	-1	0	1	2
P	0.1	0.2	0.4	0.2	0.1

则 $Y = 2X^2 + 1$ 的概率分布律为（　　）．

27. 设随机变量 X 服从参数为 $\lambda = 1$ 的指数分布，若

$$Y = \begin{cases} 0, & X > 1, \\ 1, & X \leqslant 1, \end{cases}$$

则 Y 的概率分布律为（　　）．

28. 设随机变量 X 服从 $[0,1]$ 上的均匀分布，则 $Y = 2X + 1$ 的密度函数为（　　）．

29. 已知随机变量 X 的分布函数是 $F(x)$，若 $y = g(x)$ 是单调递减函数，则随机变量 $Y = g(X)$ 的分布函数 $G(y) = $（　　）．

30. 设 X 是在 $[0,1]$ 上取值的连续型随机变量，且 $P(X \leqslant 0.29) = 0.75$，如果 $Y = 1 - X$，且有 $P(Y \leqslant k) = 0.25$，则 $k = $（　　）．

计算与证明题

1. 设某种零件的合格品率为 0.9,不合格品率为 0.1,现对这种零件逐一有放回地进行测试,直到测得一个合格品为止,求测试次数的概率分布律.

2. 有 3 个小球和 2 个杯子,将小球随机地放入杯中,设 X 为有小球的杯子数,求 X 的概率分布律.

3. 一袋中有 8 个球,5 个新的,3 个旧的.每次从中任取一个,有下列两种方式进行抽取,X 表示直到取得新球为止所进行的抽取次数.

(1) 不放回地抽取； (2) 有放回地抽取.

求 X 的概率分布律.

4. 某射手有 5 发子弹,每次射击命中目标的概率为 0.8,如果命中了就停止射击,如果不命中就一直射击到子弹用尽,求子弹剩余数的概率分布律.

5. 某晶体管厂生产的晶体管一级品率是 0.8,现随机地从该厂产品中抽取 6 个进行检验,令 X 表示 6 个晶体管一级品的个数,试写出 X 的概率分布律.

6. 一批灯泡共有 40 只,其中有 3 只坏的,其余 37 只是好的,现从中随机地抽取 4 只进行检验,令 X 表示 4 只灯泡中坏的只数,试写出 X 的概率分布律.

7. 某射手每次击中目标的概率为 0.8,现在他连续射击 30 次,求他至少击中两次的概率.

8. 一批灯泡有 150 只,其中次品 40 只,正品 110 只,现在从中每次取一只,不放回地取 20 只,求至少有 2 只次品的概率.

9. 从学校乘汽车到火车站的途中有 3 个交通岗,假设在每个交通岗遇到红灯的事件是相互独立的,并且概率都是 2/5,求途中遇到红灯数 X 的概率分布律及分布函数.

10. 电话分机网络有用户 6 家,平均每小时每户用电话 6min,而且各户是否用电话相互独立,求：

(1) 刚好有 2 户用电话的概率；

(2) 至少有 2 户用电话的概率；

(3) 最多有 2 户用电话的概率.

11. 设某机器加工一种产品的次品率为 0.1,检验员每天检验 4 次,每次随机地抽取 5 件产品进行检验,如果发现多于一件次品,就要调整机器,求一天中调整机器次数 X 的概率分布律.

12. 某车间有 5 台同类型的机床,每台机床配备的电动功率为 10kW,已知每台机床工作时,平均每小时实际开动 20min(即有 1/3 时间用电),且各台机床开动与否是相互独立的,现在因电力供应紧张,供电部门只提供 30kW 的电力给这 5 台机床,问这 5 台机床能正常工作的概率是多少?

13. 已知离散型随机变量 X 的概率分布律为 $P(X=k)=(k+1)p^{k+1}(k=0,1)$.试确

定 p 的值.

14. 设随机变量 X 的可能取值为一切非负整数,它的概率分布律为

$$P(X=k) = \frac{a^k}{(1+a)^{k+1}}, \quad a > 0.$$

试确定 a 的值.

15. 已知离散型随机变量 X 的概率分布律为 $P(X=k) = p^{k+1}(k=0,1)$,试确定 p 的值.

16. 已知离散型随机变量 X 的分布函数为

$$F(x) = \begin{cases} 0, & x < -1, \\ 0.3, & -1 \leqslant x < 0, \\ 0.6, & 0 \leqslant x < 1, \\ 0.8, & 1 \leqslant x < 3, \\ 1, & x \geqslant 3. \end{cases}$$

试求 X 的概率分布律,并计算 $P(X<1)$ 及 $P(X<1 \mid X \neq 0)$.

17. 一电话交换台有 300 台分机,假设每台分机要外线的概率为 3%,问需要设几条外线,才能使每台分机呼叫外线以 70% 的概率及时得到满足?

18. 某高速公路一天的事故数 X 服从参数为 $\lambda=3$ 的泊松分布,求一天没有事故发生的概率.

19. 设一女工照看 800 个纱锭,若每一纱锭在单位时间内纱线被扯断的概率为 0.005,试求单位时间内扯断次数不大于 10 的概率;并求最可能的扯断次数及对应的概率.

20. 随机变量 X 的分布密度为

$$p(x) = A\mathrm{e}^{-|x|}.$$

求:常数 A 的值;X 落在 $(0,1)$ 内的概率;X 的分布函数.

21. 设随机变量 X 的分布函数为

$$F(x) = \begin{cases} 1-A\mathrm{e}^{-x}, & x \geqslant 0, \\ 0, & x < 0. \end{cases}$$

试求:A 的值;$P(X \leqslant 2)$;$P(X>3)$ 及 X 的密度函数.

22. 设连续型随机变量 X 的分布函数为

$$F(x) = \begin{cases} 0, & x < -1, \\ a + b\arcsin x, & -1 \leqslant x \leqslant 1, \\ 1, & x > 1. \end{cases}$$

试确定 a 与 b 的值,并计算 $P\left(-2 \leqslant X \leqslant -\dfrac{1}{2}\right)$ 及密度函数.

23. 以 X 表示某商店从早晨开始营业起直到第一个顾客到达的等待时间(以分计)，X 的分布函数是

$$F(x) = \begin{cases} 1 - e^{-0.4x}, & x > 0, \\ 0, & x \leqslant 0. \end{cases}$$

求下述概率：

(1) $P($至多 3min$)$;

(2) $P($至少 4min$)$;

(3) $P($3min 至 4min 之间$)$;

(4) $P($至多 3min 或至少 4min$)$;

(5) $P($恰好 2.5min$)$.

24. 设 X 的密度函数为

$$p(x) = \begin{cases} \dfrac{3}{8}x^2, & x \in [a, b], \\ 0, & x \notin [a, b], \end{cases}$$

又已知 $P\left(a \leqslant X \leqslant \dfrac{a+b}{2}\right) = \dfrac{1}{8}$,试确定常数 a 和 b 的值,并求分布函数 $F(x)$.

25. 设随机变量 X 的概率密度为

$$p(x) = \begin{cases} 2x, & 0 < x < 1, \\ 0, & \text{其他}. \end{cases}$$

现在对 X 进行 n 次独立重复观测,以 Y 表示观测值不大于 0.1 的次数,试求 Y 的概率分布.

26. 设 X 在 $(0,5)$ 上服从均匀分布,求方程 $4x^2 + 4Xx + X + 2 = 0$ 有实根的概率.

27. 若 $X \sim N(0,1)$,求：

(1) $P(0 \leqslant X \leqslant 3)$;　　　(2) $P(X \geqslant 3)$;　　　(3) $P(|X| \leqslant 3)$;

(4) $P(X \geqslant 0)$;　　　(5) $P(-1 \leqslant X \leqslant 3)$;

(6) $P(|X| \leqslant d) = 0.9109, d = ?$

28. 若 $X \sim N(10, 2^2)$,求：

(1) $P(8 \leqslant X \leqslant 12)$;　　　(2) $P(X \geqslant 10)$;　　　(3) $P(|X-10| \leqslant 6.3)$;

(4) $P(X = 12)$;　　　(5) $P(|X-10| \leqslant d) = 0.95, d = ?$

29. 测量到某一目标的距离时,发生的随机误差 X(单位：m)具有概率密度

$$p(x) = \dfrac{1}{40\sqrt{2\pi}} e^{-\frac{(x-20)^2}{3200}}.$$

求在三次测量中,至少有一次误差的绝对值不超过 30m 的概率.

30. 假设某居民区每个居民户煤气的月用量服从正态分布,平均用量为 39.5m^3,标准

差为 $10\mathrm{m}^3$，试求随意调查的三户中有两户的月实际用量都介于 $25\sim50\mathrm{m}^3$ 之间的概率.

31. 从城市 A 区乘车至 B 区去有两条路线可走，第一条路线过市区，路程较短但交通拥挤，所需时间 T_1 服从 $N(50,10^2)$；沿第二条路线环城走路线长但阻塞较少，所需时间 $T_2\sim(60,4^2)$. 问：若急于某事需要 $65\mathrm{min}$ 内到达 B 区，应选哪条路线更有保障？

32. 设随机变量 X 的概率分布律为

X	-2	-1	0	1	2	3
P	0.10	0.20	0.25	0.20	0.15	0.10

求：(1) 随机变量 $Y=-2X$ 的概率分布；(2) 随机变量 $Y=X^2$ 的概率分布.

33. 设 X 的密度函数为

$$p(x) = \begin{cases} 2x, & 0 < x < 1, \\ 0, & \text{其他}. \end{cases}$$

求：(1) $Y=3X+1$ 的密度函数；(2) $Y=\mathrm{e}^{-X}$ 的密度函数.

34. 设 X 的密度函数为

$$p(x) = \frac{1}{\pi(1+x^2)},$$

求 $Y=\arctan X$ 的密度函数.

35. 设随机变量 X 服从区间 $[0,1]$ 上的均匀分布，求 $Y=\mathrm{e}^X$ 及 $Z=|\ln X|$ 的密度函数.

考研题选练

1. (2011 年，数一、三)　设 $F_1(x)$，$F_2(x)$ 为两个分布函数，其相应的概率密度 $f_1(x)$，$f_2(x)$ 是连续函数，则必为概率密度的是_____.

(A) $f_1(x)f_2(x)$　　　　　　　　(B) $2f_2(x)F_2(x)$

(C) $f_1(x)F_2(x)$　　　　　　　　(D) $f_1(x)F_2(x)+f_2(x)F_1(x)$

2. (2010 年，数一、三)　设随机变量 X 的分布函数为

$$F(x) = \begin{cases} 0, & x < 0, \\ \dfrac{1}{2}, & 0 \leqslant x < 1, \\ 1-\mathrm{e}^{-x}, & x \geqslant 1, \end{cases}$$

则 $P(X=1)=$_____.

(A) 0　　　　　(B) $\dfrac{1}{2}$　　　　　(C) $\dfrac{1}{2}-\mathrm{e}^{-1}$　　　　　(D) $1-\mathrm{e}^{-1}$

3. (2010 年，数一、三)　设 $f_1(x)$ 为标准正态分布的概率密度，$f_2(x)$ 为 $[-1,3]$ 上的均匀分布的概率密度，若

$$f(x) = \begin{cases} af_1(x), & x \leqslant 0, \\ bf_2(x), & x > 0, \end{cases} \quad a > 0, b > 0$$

为概率密度,则 a,b 应满足_____.

(A) $2a+3b=4$ (B) $3a+2b=4$ (C) $a+b=1$ (D) $a+b=2$

4.(2007 年,数三) 某人向同一目标独立重复射击,每次射击命中目标的概率为 $p(0<p<1)$,则此人第 4 次射击恰好第 2 次命中目标的概率为_____.

(A) $3p(1-p)^2$ (B) $6p(1-p)^2$ (C) $3p^2(1-p)^2$ (D) $6p^2(1-p)^2$

2.4 习题参考答案

填空与选择题

1. $P(X=n)=pq^{n-1}+qp^{n-1}(n=2,3,\cdots)$,其中 $q=1-p$.   2. $P(X=k)=\left(\dfrac{1}{5}\right)^{k-1}\left(\dfrac{4}{5}\right), k=1,2,\cdots$.

3. $\dfrac{1}{3}$.   4. $e^{-\lambda}$.   5. 1.   6. 2.   7. $1-(1-p)^n$; $(1-p)^n+np(1-p)^{n-1}$.   8. 1/3.   9. 19/27.

10. $\dfrac{2}{3}e^{-2}$.   11. $1-(\alpha+\beta)$.   12. 0.5.   13. 0.8.   14. (C).   15. $-2/5$.

16. $A=1, P\left(|X|<\dfrac{\pi}{6}\right)=\dfrac{1}{2}, p(x)=\begin{cases} \cos x, & x\in\left[0,\dfrac{\pi}{2}\right], \\ 0, & x\notin\left[0,\dfrac{\pi}{2}\right]. \end{cases}$

17. 1.

18. $A=1/2, B=1/\pi, P(X|<1)=1/2, p(x)=\dfrac{1}{\pi(1+x^2)}$ $(-\infty<x<+\infty)$.

19. $[1,3]$.

20. $\dfrac{1}{2}, \dfrac{\sqrt{2}}{4}, F(x)=\begin{cases} 0, & x<-\dfrac{\pi}{2}, \\ \dfrac{\sin x+1}{2}, & -\dfrac{\pi}{2}\leqslant x\leqslant\dfrac{\pi}{2}, \\ 1, & x>\dfrac{\pi}{2}. \end{cases}$

21. 0.4772,0.0228.   22. $N(a\mu+b, a^2\sigma^2)$.   23. 8.28.   24. 2.   25. 保持不变.

26.

Y	1	3	9
P	0.4	0.4	0.2

27.

Y	0	1
P	e^{-1}	$1-e^{-1}$

28. $p_Y(y)=\begin{cases}\dfrac{1}{2}, & y\in[1,3],\\[2mm] 0, & y\notin[1,3].\end{cases}$

29. $G(y)=1-F[g^{-1}(y)]+P(X=g^{-1}(y))$.   30. 0.71.

计算与证明题

1. $P(X=k)=0.1^{k-1}\times0.9\ (k=1,2,\cdots)$.

2. $P(X=1)=\dfrac{1}{4},P(X=2)=\dfrac{3}{4}$.

3. (1) $P(X=1)=\dfrac{5}{8},P(X=2)=\dfrac{15}{56},P(X=3)=\dfrac{5}{56},P(X=4)=\dfrac{1}{56}$;

   (2) $P(X=k)=\left(\dfrac{3}{8}\right)^{k-1}\times\dfrac{5}{8}\ (k=1,2,\cdots)$.

4. $P(X=0)=0.0016,P(X=1)=0.0064,P(X=2)=0.032,P(X=3)=0.16,P(X=4)=0.8$.

5. $P(X=k)=C_6^k\times0.8^k\times0.2^{6-k}\ (k=0,1,2,\cdots,6)$.

6. $P(X=k)=\dfrac{C_3^k C_{37}^{4-k}}{C_{40}^4}\ (k=0,1,2,3)$.

7. $P(X\geqslant2)=1-0.2^{30}-30\times0.8\times0.2^{29}=1-24.2\times0.2^{29}$.

8. $P(X\geqslant2)=1-\dfrac{C_{110}^{20}+C_{110}^{19}}{C_{150}^{20}}$.

9. $P(X=k)=C_3^k\left(\dfrac{2}{5}\right)^k\left(\dfrac{3}{5}\right)^{3-k}$, $k=0,1,2,3$.

$$F(x)=\begin{cases}0, & x<0,\\ 0.064, & 0\leqslant x<1,\\ 0.352, & 1\leqslant x<2,\\ 0.784, & 2\leqslant x<3,\\ 1, & x\geqslant3.\end{cases}$$

10. (1) 0.098;(2) 0.114;(3) 0.994.

11. $P(X=k)=C_4^k\times0.082^k\times0.918^{4-k}\ (k=0,1,2,3,4)$.

12. 0.95.   13. $p=\dfrac{1}{2}$.   14. a 为大于零的任意实数.   15. $p=\dfrac{-1+\sqrt{5}}{2}$.

16.

X	-1	0	1	3
P	0.3	0.3	0.2	0.2

$P(X<1)=0.6,P(X<1\mid X\neq0)=\dfrac{3}{7}$.

17. 10 条外线.   18. e^{-3}.   19. 0.997,4,0.195.

20. $\dfrac{1}{2}$,0.316,$F(x)=\begin{cases}\dfrac{1}{2}e^x, & x<0,\\[2mm] 1-\dfrac{1}{2}e^{-x}, & x\geqslant0.\end{cases}$

21. $A=1, P(X \leqslant 2)=1-\mathrm{e}^{-2}, P(X>3)=\mathrm{e}^{-3}.$ $\quad p(x)=\begin{cases} \mathrm{e}^{-x}, & x \geqslant 0, \\ 0, & x<0. \end{cases}$

22. $a=\dfrac{1}{2}, b=\dfrac{1}{\pi}, P\left(-2 \leqslant X \leqslant-\dfrac{1}{2}\right)=\dfrac{1}{6}.$ $\quad p(x)=\begin{cases} \dfrac{1}{\pi} \dfrac{1}{\sqrt{1-x^2}}, & |x| \leqslant 1, \\ 0, & |x|>1. \end{cases}$

23. (1) $1-\mathrm{e}^{-1.2}$; (2) $\mathrm{e}^{-1.6}$; (3) $\mathrm{e}^{-1.2}-\mathrm{e}^{-1.6}$; (4) $1-\mathrm{e}^{-1.2}+\mathrm{e}^{-1.6}$; (5) 0.

24. $a=-\sqrt[3]{\dfrac{8}{9}}, b=2\sqrt[3]{\dfrac{8}{9}}.$ $\quad F(x)=\begin{cases} 0, & x<a, \\ \dfrac{1}{8}\left(x^3+\dfrac{8}{9}\right), & a \leqslant x \leqslant b, \\ 1, & x>b. \end{cases}$

25. $P(Y=m)=\mathrm{C}_n^m \times 0.01^m \times 0.99^{n-m} \quad(m=0,1,2,\cdots,n).$ 26. $\dfrac{3}{5}.$

27. (1) 0.4986; (2) 0.00135; (3) 0.9973; (4) 0.5; (5) 0.84; (6) 1.7.

28. (1) 0.6826; (2) 0.5; (3) 0.99834; (4) 0; (5) 3.92.

29. 0.87. 30. 0.4019. 31. 选第一条路线.

32. (1)

Y	-6	-4	-2	0	2	4
P	0.10	0.15	0.20	0.25	0.20	0.10

(2)

Y	0	1	4	9
P	0.25	0.40	0.25	0.10

33. (1) $p_Y(y)=\begin{cases} \dfrac{2}{9}(y-1), & y \in (1,4), \\ 0, & y \notin (1,4); \end{cases}$ (2) $p_Y(y)=\begin{cases} -2\dfrac{\ln y}{y}, & y \in \left(\dfrac{1}{\mathrm{e}},1\right), \\ 0, & y \notin \left(\dfrac{1}{\mathrm{e}},1\right). \end{cases}$

34. $p_Y(y)=\begin{cases} \dfrac{1}{\pi}, & y \in \left(-\dfrac{\pi}{2}, \dfrac{\pi}{2}\right), \\ 0, & y \notin \left(-\dfrac{\pi}{2}, \dfrac{\pi}{2}\right). \end{cases}$

35. $p_Y(y)=\begin{cases} \dfrac{1}{y}, & y \in [1,\mathrm{e}), \\ 0, & y \notin [1,\mathrm{e}); \end{cases}$ $\quad p_Z(z)=\begin{cases} \mathrm{e}^{-z}, & z>0, \\ 0, & z \leqslant 0. \end{cases}$

考研题选练

1. (D) 2. (C) 3. (A) 4. (C)

第 3 章
多维随机变量及其概率分布

3.1 内容提要

多维随机变量——两个或两个以上随机变量联合在一起构成的随机向量. 研究多维随机变量, 不仅要单独研究其各个分量, 更重要的是研究其分量的联合特征.

本章主要内容是: 二维随机变量的联合概率分布、边缘分布、条件分布、随机变量的独立性及二维随机变量函数的概率分布等.

1. 二维随机变量的概率分布

二维随机变量 (X,Y) 的联合分布函数 $F(x,y)$:
$$F(x,y) = P(X \leqslant x, Y \leqslant y).$$
联合分布函数的性质:

(1) $0 \leqslant F(x,y) \leqslant 1$;

(2) $F(x,y)$ 是 x(或 y)的不减函数且对任意固定的 x 和任意固定的 y 有
$$F(-\infty, y) = F(x, -\infty) = F(-\infty, -\infty) = 0, \quad F(+\infty, +\infty) = 1;$$

(3) $F(x,y)$ 关于 x 右连续, 关于 y 右连续, 即
$$F(x,y) = F(x+0, y), \quad F(x,y) = F(x, y+0);$$

(4) 随机点落在矩形域: $x_1 < X \leqslant x_2, y_1 < Y \leqslant y_2$ 上的概率为
$$P(x_1 < X \leqslant x_2, y_1 < Y \leqslant y_2) = F(x_2, y_2) - F(x_2, y_1) - F(x_1, y_2) + F(x_1, y_1),$$
且 $F(x_2, y_2) - F(x_2, y_1) - F(x_1, y_2) + F(x_1, y_1) \geqslant 0$.

(X,Y) 为离散型	(X,Y) 为连续型
(X,Y) 的联合概率分布律: $P(X=x_i, Y=y_j) = p_{ij}, \quad i,j=1,2,\cdots,$	(X,Y) 的联合密度函数为 $p(x,y)$. 性质: (1) $p(x,y) \geqslant 0$; (2) $\int_{-\infty}^{+\infty} \int_{-\infty}^{+\infty} p(x,y) \mathrm{d}x \mathrm{d}y = 1$; (3) $\dfrac{\partial^2 F(x,y)}{\partial x \partial y} = p(x,y)$, (x,y) 为 $p(x,y)$ 的连续点;

X＼Y	y_1	y_2	$\cdots$	y_j	$\cdots$
x_1	p_{11}	p_{12}	$\cdots$	p_{1j}	$\cdots$
x_2	p_{21}	p_{22}	$\cdots$	p_{2j}	$\cdots$
$\vdots$	$\vdots$	$\vdots$	$\cdots$	$\vdots$	$\cdots$
x_i	p_{i1}	p_{i2}	$\cdots$	p_{ij}	$\cdots$
$\vdots$	$\vdots$	$\vdots$	$\cdots$	$\vdots$	

续表

(X,Y) 为离散型	(X,Y) 为连续型
性质：(1) $p_{ij} \geqslant 0$；(2) $\sum\limits_{i}\sum\limits_{j} p_{ij} = 1$. 分布函数： $$F(x,y) = P(X \leqslant x, Y \leqslant y)$$ $$= \sum\limits_{x_i \leqslant x} \sum\limits_{y_j \leqslant y} p_{ij}.$$	(4) 设 G 是 xOy 面上的区域，点 (X,Y) 落在 G 内的概率为 $$P((X,Y) \in G) = \iint\limits_{G} p(x,y)\mathrm{d}x\mathrm{d}y.$$ 分布函数： $$F(x,y) = \int_{-\infty}^{y} \int_{-\infty}^{x} p(u,v)\mathrm{d}u\mathrm{d}v.$$

2. 二维随机变量的边缘分布

设 (X,Y) 的联合分布函数为 $F(x,y)$.

关于 X 的边缘分布函数：
$$F_X(x) = P(X \leqslant x) = P(X \leqslant x, Y < +\infty) = F(x, +\infty);$$

关于 Y 的边缘分布函数：
$$F_Y(y) = P(Y \leqslant y) = P(X < +\infty, Y \leqslant y) = F(+\infty, y).$$

(X,Y) 为离散型	(X,Y) 为连续型
设 (X,Y) 的联合分布律为 $$p_{ij} = P(X = x_i, Y = y_j), \quad i,j = 1,2,\cdots.$$ (X,Y) 关于 X 的边缘分布律为 $$P(X = x_i) = \sum\limits_{j=1}^{+\infty} p_{ij} = p_{i\cdot}.(联合分布律中第 i 行$$ 各元素相加)； (X,Y) 关于 Y 的边缘分布律为 $$P(Y = y_j) = \sum\limits_{i=1}^{+\infty} p_{ij} = p_{\cdot j}.(联合分布律中第 j 列$$ 各元素相加). (X,Y) 关于 X 的边缘分布函数为 $$F_X(x) = \sum\limits_{x_i \leqslant x} \sum\limits_{j=1}^{+\infty} p_{ij};$$ (X,Y) 关于 Y 的边缘分布函数为 $$F_Y(y) = \sum\limits_{y_j \leqslant y} \sum\limits_{i=1}^{+\infty} p_{ij}.$$	设 (X,Y) 的联合密度函数为 $p(x,y)$. (X,Y) 关于 X 的边缘密度函数为 $$p_X(x) = \int_{-\infty}^{+\infty} p(x,y)\mathrm{d}y;$$ (X,Y) 关于 Y 的边缘密度函数为 $$p_Y(y) = \int_{-\infty}^{+\infty} p(x,y)\mathrm{d}x.$$ (X,Y) 关于 X 的边缘分布函数为 $$F_X(x) = \int_{-\infty}^{x} \left[\int_{-\infty}^{+\infty} p(x,y)\mathrm{d}y \right] \mathrm{d}x;$$ (X,Y) 关于 Y 的边缘分布函数为 $$F_Y(y) = \int_{-\infty}^{y} \left[\int_{-\infty}^{+\infty} p(x,y)\mathrm{d}x \right] \mathrm{d}y.$$

3. 条件分布

设 (X,Y) 为二维随机变量, 在 $Y=y$ 的条件下, X 的条件分布函数为

$$F_{X|Y}(x \mid y) = P(X \leqslant x \mid Y = y) = \lim_{\varepsilon \to 0^+} P(X \leqslant x \mid y - \varepsilon < Y \leqslant y + \varepsilon)$$

$$= \lim_{\varepsilon \to 0^+} \frac{P(X \leqslant x, y - \varepsilon < Y \leqslant y + \varepsilon)}{P(y - \varepsilon < Y \leqslant y + \varepsilon)}.$$

在 $X=x$ 的条件下, Y 的条件分布函数为

$$F_{Y|X}(y|x) = P(Y \leqslant y \mid X = x) = \lim_{\varepsilon \to 0^+} P(Y \leqslant y \mid x - \varepsilon < X \leqslant x + \varepsilon)$$

$$= \lim_{\varepsilon \to 0^+} \frac{P(x - \varepsilon < X \leqslant x + \varepsilon, Y \leqslant y)}{P(x - \varepsilon < X \leqslant x + \varepsilon)}.$$

(X,Y) 为离散型	(X,Y) 为连续型
二维随机变量 (X,Y) 在 $Y=y_j$ 的条件下 X 的条件分布律为 $$P(X = x_i \mid Y = y_j) = \frac{P(X = x_i, Y = y_j)}{P(Y = y_j)}$$ $$= \frac{p_{ij}}{p_{\cdot j}}, \quad i = 1, 2, \cdots.$$ 在 $X=x_i$ 的条件下 Y 的条件分布律为 $$P(Y = y_j \mid X = x_i) = \frac{P(X = x_i, Y = y_j)}{P(X = x_i)}$$ $$= \frac{p_{ij}}{p_{i\cdot}}, \quad j = 1, 2, \cdots.$$	设 (X,Y) 的联合密度函数为 $p(x,y)$, 在 $Y=y$ 的条件下, X 的条件分布密度为 $$p_{X|Y}(x \mid y) = \frac{p(x,y)}{p_Y(y)};$$ 在 $X=x$ 的条件下, Y 的条件分布密度为 $$p_{Y|X}(y \mid x) = \frac{p(x,y)}{p_X(x)}.$$

4. 随机变量的独立性

设随机变量 (X,Y) 的联合分布函数, 边缘分布函数分别为 $F(x,y)$ 及 $F_X(x), F_Y(y)$, 若对所有 x, y 有 $F(x,y) = F_X(x) F_Y(y)$, 则称随机变量 X 与 Y 相互独立.

(X,Y) 为离散型	(X,Y) 为连续型
X 与 Y 相互独立 $$\Leftrightarrow p_{ij} = p_{i\cdot} \cdot p_{\cdot j} \ (i, j = 1, 2, \cdots).$$ X 与 Y 相互独立 $\Leftrightarrow P(X = x_i \mid Y = y_j) = P(X = x_i)$; 或 X 与 Y 相互独立 $\Leftrightarrow P(Y = y_j \mid X = x_i) = P(Y = y_j) \ (i, j = 1, 2, \cdots).$	X 与 Y 相互独立 $$\Leftrightarrow p(x,y) = p_X(x) p_Y(y).$$ X 与 Y 相互独立 $\Leftrightarrow p_{X|Y}(x|y) = p_X(x)$; 或 X 与 Y 相互独立 $\Leftrightarrow p_{Y|X}(y|x) = p_Y(y).$

5. 二维连续型随机变量函数的分布

设随机变量 (X,Y) 的联合分布密度为 $p(x,y)$，则二维随机变量函数 $Z=f(X,Y)$ 的分布函数为

$$F_Z(z)=P(Z\leqslant z)=P(f(X,Y)\leqslant z)=\iint\limits_{f(x,y)\leqslant z}p(x,y)\mathrm{d}x\mathrm{d}y.$$

两个随机变量 和的分布	设随机变量 (X,Y) 的联合分布密度为 $p(x,y)$，则 $Z=X+Y$ 的分布函数为 $$F_Z(z)=P(Z\leqslant z)=P(X+Y\leqslant z)=\iint\limits_{x+y\leqslant z}p(x,y)\mathrm{d}x\mathrm{d}y$$ $$=\int_{-\infty}^{+\infty}\mathrm{d}x\int_{-\infty}^{z-x}p(x,y)\mathrm{d}y\Big(或=\int_{-\infty}^{+\infty}\mathrm{d}y\int_{-\infty}^{z-y}p(x,y)\mathrm{d}x\Big).$$ 其概率密度为 $p_Z(z)=\int_{-\infty}^{+\infty}p(x,z-x)\mathrm{d}x\Big(或\ p_Z(z)=\int_{-\infty}^{+\infty}p(z-y,y)\mathrm{d}y\Big).$

特例：当 $X_1,X_2,\cdots,X_n$ 是 n 个独立随机变量时，其分布函数分别为 $F_{X_1}(x_1),F_{X_2}(x_2),\cdots,$ $F_{X_n}(x_n)$，则 $X_{\max}=\max\{X_1,X_2,\cdots,X_n\}$ 与 $X_{\min}=\min\{X_1,X_2,\cdots,X_n\}$ 的分布函数分别为

$$F_{\max}(x)=F_{X_1}(x)F_{X_2}(x)\cdots F_{X_n}(x);$$
$$F_{\min}(x)=1-[1-F_{X_1}(x)][1-F_{X_2}(x)]\cdots[1-F_{X_n}(x)].$$

特别地，当 $X_1,X_2,\cdots,X_n$ 独立同分布时（其分布函数为 $F(x)$），则

$$F_{\max}(x)=[F(x)]^n;\qquad F_{\min}(x)=1-[1-F(x)]^n.$$

3.2　典型例题解析

题型 1：确定联合分布函数 $F(x,y)$ 与联合分布密度 $p(x,y)$ 中的待定常数；

题型 2：由联合分布求边缘分布及判断随机变量的独立性；

题型 3：求二维随机变量 (X,Y) 落在某一区域的概率；

题型 4：求随机变量满足一定条件的条件概率；

题型 5：求随机变量函数的分布（重点是求和的分布）.

例 3.1　在一箱子中装有 12 只开关，其中 2 只是次品，在其中取两次，每次任取一只，考虑两种试验：(1)放回抽样；(2)不放回抽样. 我们定义随机变量 X,Y 如下：

$$X=\begin{cases}0,若第一次取出的是正品，\\1,若第一次取出的是次品；\end{cases}\qquad Y=\begin{cases}0,若第二次取出的是正品，\\1,若第二次取出的是次品.\end{cases}$$

试分别就(1),(2)两种情况，写出 X 和 Y 的联合分布律.

解　(1)放回抽样. 第一次、第二次取到正品(或次品)的概率相同，且两次所得的结果相互独立，即有

$$P(X=0)=P(Y=0)=\frac{10}{12}=\frac{5}{6}, \quad P(X=1)=P(Y=1)=\frac{2}{12}=\frac{1}{6},$$

且 $P(X=i,Y=j)=P(X=i)P(Y=j)(i,j=0,1)$，于是得 X 和 Y 的联合分布律为

$$P(X=0,Y=0)=P(X=0)P(Y=0)=\frac{25}{36},$$

$$P(X=0,Y=1)=P(X=0)P(Y=1)=\frac{5}{36},$$

$$P(X=1,Y=0)=P(X=1)P(Y=0)=\frac{5}{36},$$

$$P(X=1,Y=1)=P(X=1)P(Y=1)=\frac{1}{36}.$$

（2）放回抽样. 由乘法公式

$$P(X=i,Y=j)=P(Y=j \mid X=i)P(X=i), \quad i,j=0,1,$$

从而得 X 和 Y 的联合分布律为

$$P(X=0,Y=0)=\frac{9}{11}\times\frac{10}{12}=\frac{45}{66}, \quad P(X=0,Y=1)=\frac{2}{11}\times\frac{10}{12}=\frac{10}{66},$$

$$P(X=1,Y=0)=\frac{10}{11}\times\frac{2}{12}=\frac{10}{66}, \quad P(X=1,Y=1)=\frac{1}{11}\times\frac{2}{12}=\frac{1}{66}.$$

例 3.2　设二维随机变量 (X,Y) 的联合分布律为

$$P(X=i,Y=j)=\frac{1}{42}(2i+j), \quad i=0,1,2；\quad j=0,1,2,3.$$

求随机变量 X 及 Y 的边缘概率分布.

解　由 $P(X=i)=\sum_j P(X=i,Y=j)$，可得

$$P(X=0)=P(X=0,Y=0)+P(X=0,Y=1)$$
$$+P(X=0,Y=2)+P(X=0,Y=3)$$
$$=6\times\frac{1}{42}=\frac{1}{7}.$$

同理可得

$$P(X=1)=\frac{1}{3}, \quad P(X=2)=\frac{11}{21}.$$

上述概率分布对应于相应行的概率之和.

$$P(Y=0)=P(X=0,Y=0)+P(X=1,Y=0)+P(X=2,Y=0)$$
$$=6c=\frac{1}{7}.$$

同理

$$P(Y=1)=\frac{3}{14}, \quad P(Y=2)=\frac{2}{7}, \quad P(Y=3)=\frac{5}{14}.$$

上述概率分别对应于相应列的概率之和. 因此, X 与 Y 的边缘概率分布可分别表示如下:

X	0	1	2
P	$\frac{1}{7}$	$\frac{1}{3}$	$\frac{11}{21}$

Y	0	1	2	3
P	$\frac{1}{7}$	$\frac{3}{14}$	$\frac{2}{7}$	$\frac{5}{14}$

例 3.3 设随机变量 X 在 $1,2,3,4$ 四个整数中等可能地取值, 另一随机变量 Y 在 $1 \sim X$ 中等可能地取一整数值. 试求: (1) (X,Y) 的分布律; (2) 边缘分布律.

解 (1) $\{X=i, Y=j\}$ 的取值情况是: $i=1,2,3,4$, j 是不大于 i 的正整数. 由概率的乘法公式有

$$P(X=i, Y=j) = P(X=i)P(Y=j \mid X=i) = \frac{1}{4} \cdot \frac{1}{i}, \quad i=1,2,3,4, j \leqslant i.$$

于是, (X,Y) 的分布律为

Y ＼ X	1	2	3	4
1	1/4	1/8	1/12	1/16
2	0	1/8	1/12	1/16
3	0	0	1/12	1/16
4	0	0	0	1/16

(2) 边缘分布律为

X	1	2	3	4
$p_{i.}$	1/4	1/4	1/4	1/4

Y	1	2	3	4
$p_{.j}$	25/48	13/48	7/48	3/48

例 3.4 设连续型随机变量 X 和 Y 的联合密度函数为

$$p(x,y) = \begin{cases} c(x^2+y^2), & x,y \in [0,1], \\ 0, & x,y \notin [0,1]. \end{cases}$$

求: (1) 常数 c 的值; (2) $P\left(X<\frac{1}{2}, Y>\frac{1}{2}\right)$; (3) $P\left(\frac{1}{4}<X<\frac{3}{4}\right)$; (4) $P\left(Y<\frac{1}{2}\right)$.

解 (1) 由 $\int_{-\infty}^{+\infty}\int_{-\infty}^{+\infty} p(x,y)\mathrm{d}x\mathrm{d}y = 1$ 得

$$1 = \iint\limits_{\substack{0 \leqslant x \leqslant 1 \\ 0 \leqslant y \leqslant 1}} c(x^2+y^2)\mathrm{d}x\mathrm{d}y = c\int_0^1 \mathrm{d}x\int_0^1 (x^2+y^2)\mathrm{d}y = \frac{2}{3}c,$$

所以 $c=\frac{3}{2}$.

(2) $P\left(X < \dfrac{1}{2}, Y > \dfrac{1}{2}\right) = \iint\limits_{x<\frac{1}{2}, y>\frac{1}{2}} p(x,y)\mathrm{d}x\mathrm{d}y = \dfrac{3}{2}\int_0^{\frac{1}{2}}\mathrm{d}x\int_{\frac{1}{2}}^1 (x^2 + y^2)\mathrm{d}y = \dfrac{1}{4}.$

(3) $P\left(\dfrac{1}{4} < X < \dfrac{3}{4}\right) = P\left(\dfrac{1}{4} < X < \dfrac{3}{4}, -\infty < Y < +\infty\right)$

$$= \iint\limits_{\substack{\frac{1}{4}<x<\frac{3}{4} \\ -\infty<y<+\infty}} p(x,y)\mathrm{d}x\mathrm{d}y = \dfrac{3}{2}\int_{\frac{1}{4}}^{\frac{3}{4}}\mathrm{d}x\int_0^1 (x^2 + y^2)\mathrm{d}y = \dfrac{29}{64}.$$

(4) $P\left(Y < \dfrac{1}{2}\right) = P\left(Y < \dfrac{1}{2}, -\infty < X < +\infty\right)$

$$= \iint\limits_{\substack{-\infty<x<+\infty \\ -\infty<y<\frac{1}{2}}} p(x,y)\mathrm{d}x\mathrm{d}y = \dfrac{3}{2}\int_0^1 \mathrm{d}x\int_0^{\frac{1}{2}} (x^2 + y^2)\mathrm{d}y = \dfrac{5}{16}.$$

说明 (1) X 与 Y 的联合密度中的待定常数是由 $\displaystyle\int_{-\infty}^{+\infty}\int_{-\infty}^{+\infty} p(x,y)\mathrm{d}x\mathrm{d}y = 1$ 来确定的.

(2) $P(X \in I) = P(X \in I, -\infty < y < +\infty) = \iint\limits_{\substack{x \in I \\ -\infty<y<+\infty}} p(x,y)\mathrm{d}x\mathrm{d}y.$

例 3.5 求例 3.4 中随机变量 X 与 Y 的边缘概率密度.

解 由 $p_X(x) = \displaystyle\int_{-\infty}^{+\infty} p(x,y)\mathrm{d}y$ 得,当 $0 \leqslant x \leqslant 1$ 时,

$$p_X(x) = \int_0^1 \dfrac{3}{2}(x^2 + y^2)\mathrm{d}y = \dfrac{3}{2}x^2 + \dfrac{1}{2}.$$

当 x 取其他范围的值时,$p_X(x) = 0$. 故 X 的边缘概率密度为

$$p_X(x) = \begin{cases} \dfrac{3}{2}x^2 + \dfrac{1}{2}, & x \in [0,1], \\ 0, & x \notin [0,1]. \end{cases}$$

由 $p_Y(y) = \displaystyle\int_{-\infty}^{+\infty} p(x,y)\mathrm{d}x$ 得,当 $0 \leqslant y \leqslant 1$ 时,

$$p_Y(y) = \int_0^1 \dfrac{3}{2}(x^2 + y^2)\mathrm{d}x = \dfrac{3}{2}y^2 + \dfrac{1}{2},$$

当 y 取其他范围的值时,$p_Y(y) = 0$. 故 Y 的边缘概率密度为

$$p_Y(y) = \begin{cases} \dfrac{3}{2}y^2 + \dfrac{1}{2}, & y \in [0,1], \\ 0, & y \notin [0,1]. \end{cases}$$

例 3.6 求例 3.4 中随机变量 (X,Y) 的联合分布函数 $F(x,y)$.

解 由 $F(x,y) = P(X \leqslant x, Y \leqslant y) = \displaystyle\int_{-\infty}^y\int_{-\infty}^x p(s,t)\mathrm{d}s\mathrm{d}t$ 得:

当 $x<0$ 或 $y<0$ 时，

$$F(x,y) = P(X \leqslant x, Y \leqslant y) = 0;$$

当 $0 \leqslant x \leqslant 1, 0 \leqslant y \leqslant 1$ 时，

$$F(x,y) = \int_{-\infty}^{x} \int_{-\infty}^{y} p(s,t) \mathrm{d}t \mathrm{d}s = \int_{0}^{x} \left[\int_{0}^{y} \frac{3}{2}(s^2 + t^2) \mathrm{d}t \right] \mathrm{d}s = \frac{1}{2} xy(x^2 + y^2);$$

当 $x>1, 0 \leqslant y \leqslant 1$ 时，

$$F(x,y) = \int_{-\infty}^{x} \int_{-\infty}^{y} p(s,t) \mathrm{d}t \mathrm{d}s = \int_{0}^{1} \left(\int_{0}^{y} \frac{3}{2}(s^2 + t^2) \mathrm{d}t \right) \mathrm{d}s = \frac{1}{2} y(1 + y^2);$$

当 $y>1, 0 \leqslant x \leqslant 1$ 时，

$$F(x,y) = \int_{-\infty}^{x} \int_{-\infty}^{y} p(s,t) \mathrm{d}t \mathrm{d}s = \int_{0}^{1} \left(\int_{0}^{x} \frac{3}{2}(s^2 + t^2) \mathrm{d}s \right) \mathrm{d}t = \frac{1}{2} x(1 + x^2);$$

当 $x>1, y>1$ 时，$F(x,y)=1$.

所以，随机变量 (X,Y) 的联合分布函数 $F(x,y)$ 为

$$F(x,y) = \begin{cases} 0, & x<0 \text{ 或 } y<0, \\ \dfrac{1}{2} xy(x^2 + y^2), & 0 \leqslant x \leqslant 1, 0 \leqslant y \leqslant 1, \\ \dfrac{1}{2} y(1 + y^2), & x>1, 0 \leqslant y \leqslant 1, \\ \dfrac{1}{2} x(1 + x^2), & y>1, 0 \leqslant x \leqslant 1, \\ 1, & x>1, y>1. \end{cases}$$

例 3.7 求例 3.4 中随机变量 X 与 Y 的边缘分布函数.

解 由 $F_X(x) = \int_{-\infty}^{x} \int_{-\infty}^{+\infty} p(s,t) \mathrm{d}t \mathrm{d}s$ 可得，当 $x<0$ 时，$F_X(x)=0$；当 $0 \leqslant x \leqslant 1$ 时，

$$F_X(x) = \int_{0}^{x} \mathrm{d}s \int_{0}^{1} \frac{3}{2}(s^2 + t^2) \mathrm{d}t = \frac{1}{2} x(x^2 + 1) = 0.5x(1 + x^2);$$

当 $x>1$ 时，$F_X(x)=1$.

因而 X 的分布函数为

$$F_X(x) = \begin{cases} 0, & x<0, \\ 0.5x(1 + x^2), & 0 \leqslant x \leqslant 1, \\ 1, & x>1. \end{cases}$$

同理可求 Y 的分布函数为

$$F_Y(y) = \begin{cases} 0, & y<0, \\ 0.5y(1 + y^2), & 0 \leqslant y \leqslant 1, \\ 1, & y>1. \end{cases}$$

例 3.8 设二维随机变量 (X,Y) 在区域 $D = \{(x,y) \mid 0<x<1, |y|<x\}$ 内服从均匀

分布. 求：(1) 关于 X,Y 的边缘概率密度；(2) 概率 $P(X+Y \leqslant 1)$.

解   由于区域 D 的面积为 1，故 (X,Y) 的联合概率密度为

$$p(x,y) = \begin{cases} 1, & 0 < x < 1, \ |\,y\,| < x, \\ 0, & \text{其他}. \end{cases}$$

(1) 关于 X 的边缘概率密度为

$$p_X(x) = \int_{-\infty}^{+\infty} p(x,y)\mathrm{d}y = \begin{cases} \displaystyle\int_{-x}^{x} 1\mathrm{d}y, & 0 < x < 1, \\ 0, & \text{其他}, \end{cases}$$

即

$$p_X(x) = \int_{-\infty}^{+\infty} p(x,y)\mathrm{d}y = \begin{cases} 2x, & 0 < x < 1, \\ 0, & \text{其他}. \end{cases}$$

关于 Y 的边缘概率密度为

$$p_Y(y) = \begin{cases} \displaystyle\int_{y}^{1} 1\mathrm{d}x, & 0 < y < 1, \\ \displaystyle\int_{-y}^{1} 1\mathrm{d}x, & -1 < y < 0, \\ 0, & \text{其他}, \end{cases}$$

即

$$p_Y(y) = \begin{cases} 1+y, & -1 < y < 0, \\ 1-y, & 0 < y < 1, \\ 0, & \text{其他}. \end{cases}$$

(2) $P(X+Y \leqslant 1) = \displaystyle\iint_{x+y \leqslant 1} p(x,y)\mathrm{d}x\mathrm{d}y$

积分区域由满足 $P(x,y) \neq 0$ 及 $x+y \leqslant 1$ 的两部分 D_1 和 D_2 构成（如图 3.1），其中

$$D_1: 0 < x < \frac{1}{2}, \ -x < y < x,$$

$$D_2: \frac{1}{2} < x < 1, \ -x < y \leqslant 1-x.$$

故

$$P(X+Y \leqslant 1) = \int_{0}^{\frac{1}{2}} \mathrm{d}x \int_{-x}^{x} 1\mathrm{d}y + \int_{\frac{1}{2}}^{1} \mathrm{d}x \int_{-x}^{1-x} 1\mathrm{d}y = \frac{3}{4}.$$

例 3.9   已知随机变量 X 和 Y 的联合概率密度为

$$p(x,y) = \begin{cases} kxy, & 0 \leqslant x \leqslant 1, 0 \leqslant y \leqslant 1, \\ 0, & \text{其他}. \end{cases}$$

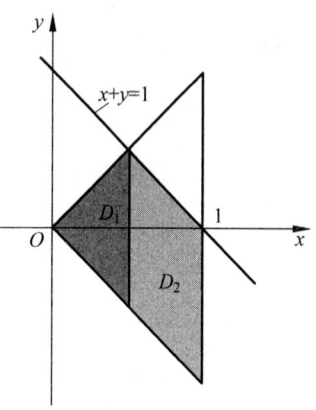

图   3.1

(1) 求常数 k；(2) 求 X 与 Y 的联合分布函数；(3) 计算 $P(Y \leqslant X)$.

解   (1) $1 = \int_{-\infty}^{+\infty} \int_{-\infty}^{+\infty} p(x,y) \mathrm{d}x \mathrm{d}y = k \int_0^1 x \mathrm{d}x \int_0^1 y \mathrm{d}y = \dfrac{k}{4}$，故 $k = 4$；

(2) 当 $x < 0$ 或 $y < 0$ 时，$F(x,y) = 0$；

当 $0 \leqslant x < 1$ 且 $0 \leqslant y < 1$ 时，$F(x,y) = \int_0^x \int_0^y 4uv \mathrm{d}v \mathrm{d}u = x^2 y^2$；

当 $0 \leqslant x \leqslant 1$ 且 $y > 1$ 时，$F(x,y) = \int_0^x \int_0^1 4uv \mathrm{d}v \mathrm{d}u = x^2$；

当 $x > 1$ 且 $0 \leqslant y \leqslant 1$ 时，$F(x,y) = \int_0^1 \int_0^y 4uv \mathrm{d}v \mathrm{d}u = y^2$；

当 $x > 1$ 且 $y > 1$ 时，$F(x,y) = \int_0^1 \mathrm{d}x \int_0^1 4xy \mathrm{d}y = 1$.

故 X 和 Y 的联合分布函数为

$$F(x,y) = \begin{cases} 0, & x < 0 \text{ 或 } y < 0, \\ x^2 y^2, & 0 \leqslant x < 1, 0 \leqslant y < 1, \\ x^2, & 0 \leqslant x \leqslant 1, y > 1, \\ y^2, & x > 1, 0 \leqslant y \leqslant 1, \\ 1, & x > 1, y > 1. \end{cases}$$

(3) $P(Y \leqslant X) = \int_0^1 \mathrm{d}x \int_0^x 4xy \mathrm{d}y = \dfrac{1}{2}$.

例 3.10   求例 3.4 中随机变量 X 与 Y 的条件分布密度 $p_{X|Y}(x|y)$ 及 $p_{Y|X}(y|x)$.

解   当 $0 \leqslant y \leqslant 1$ 时，

$$p_{X|Y}(x \mid y) = \frac{p(x,y)}{p_Y(y)} = \begin{cases} \dfrac{3(x^2 + y^2)}{3y^2 + 1}, & 0 \leqslant x \leqslant 1, \\ 0, & \text{其他}, \end{cases}$$

当 y 取其他值时，$p_{X|Y}(x|y)$ 没有意义.

同理，当 $0 \leqslant x \leqslant 1$ 时，

$$p_{Y|X}(y \mid x) = \frac{p(x,y)}{p_X(x)} = \begin{cases} \dfrac{3(x^2 + y^2)}{3x^2 + 1}, & 0 \leqslant y \leqslant 1, \\ 0, & \text{其他}, \end{cases}$$

当 x 取其他值时，$p_{Y|X}(y|x)$ 没有意义.

例 3.11   求例 3.4 中 $P(Y \leqslant 0.5 \mid X \leqslant 0.5)$ 及 $P(Y \leqslant 0.5 \mid X = 0.5)$.

解 $P(Y \leqslant 0.5 \mid X \leqslant 0.5) = \dfrac{P(Y \leqslant 0.5, X \leqslant 0.5)}{P(X \leqslant 0.5)} = \dfrac{F(0.5, 0.5)}{F_X(0.5)}$

$$= \frac{\dfrac{1}{2} \times 0.5 \times 0.5 \times (0.5^2 + 0.5^2)}{\dfrac{1}{2} \times 0.5 \times (0.5^2 + 1)} = \frac{1}{5}.$$

$$P(Y \leqslant 0.5 \mid X = 0.5) = F_{Y|X}(0.5 \mid 0.5) = \int_0^{0.5} p_{Y|X}(y \mid 0.5) \mathrm{d}y$$

$$= \int_0^{0.5} \frac{3(0.5^2 + y^2)}{3 \times 0.5^2 + 1} \mathrm{d}y = \frac{2}{7}.$$

例 3.12　已知随机变量 X 和 Y 的概率分布

$$X \sim \begin{bmatrix} -1 & 0 & 1 \\ \dfrac{1}{4} & \dfrac{1}{2} & \dfrac{1}{4} \end{bmatrix}, \quad Y \sim \begin{bmatrix} 0 & 1 \\ \dfrac{1}{2} & \dfrac{1}{2} \end{bmatrix},$$

而且 $P(XY=0)=1$.

(1) 求 X 和 Y 的联合分布；

(2) 问 X 与 Y 是否相互独立？为什么？

解　(1) 由 $P(XY=0)=1$,易知

$$P(X=-1,Y=1) = P(X=1,Y=1) = 0,$$

因此,X 与 Y 的联合分布和边缘分布有如下形式：

X \ Y	-1	0	1	$P(Y=y_j)$
0	*	*	*	1/2
1	0	*	0	1/2
$P(X=x_i)$	1/4	1/2	1/4	

(2) 根据联合分布与边缘分布的关系,容易把上表打"*"号位置的数值求出,于是得 X 与 Y 的联合分布为

X \ Y	-1	0	1	
0	1/4	0	1/4	1/2
1	0	1/2	0	1/2
	1/4	1/2	1/4	

因 $P(X=-1,Y=0)=\dfrac{1}{4}$,而 $P(X=-1)P(Y=0)=\dfrac{1}{4} \times \dfrac{1}{2} \neq \dfrac{1}{4}$,所以 X 与 Y 不独立.

例 3.13　设随机变量 X 与 Y 相互独立,其概率密度函数分别为

$$p_X(x) = \begin{cases} 2x, & 0 < x < 1, \\ 0, & 其他, \end{cases} \quad p_Y(y) = \begin{cases} \mathrm{e}^{-y}, & y > 0, \\ 0, & y \leqslant 0. \end{cases}$$

求：(1) X 和 Y 的联合概率密度；(2) $P(X+Y \leqslant 2)$.

解　(1) 由 X 与 Y 相互独立知,X 与 Y 的联合概率密度为

$$p(x,y) = p_X(x)p_Y(y) = \begin{cases} 2x\mathrm{e}^{-y}, & 0 < x < 1, y > 0, \\ 0, & 其他. \end{cases}$$

(2) $P(X+Y\leqslant 2)=\iint\limits_{x+y\leqslant 2}p(x,y)\mathrm{d}x\mathrm{d}y=\int_0^1\mathrm{d}x\int_0^{2-x}2x\mathrm{e}^{-y}\mathrm{d}y=1-2\mathrm{e}^{-2}.$

例 3.14 设随机变量 X 与 Y 相互独立,已知 X 服从参数为1的指数分布,Y 服从$[1,3]$上的均匀分布,随机变量

$$X_k=\begin{cases}0, & X-Y\leqslant k,\\ 1, & X-Y>k,\end{cases} \quad k=1,2.$$

求(X_1,X_2)的联合分布.

解 由题设 X,Y 的概率密度函数分别为

$$p(x)=\begin{cases}\mathrm{e}^{-x}, & x>0,\\ 0, & \text{其他},\end{cases} \quad p(y)=\begin{cases}\dfrac{1}{2}, & 1\leqslant y\leqslant 3,\\ 0, & \text{其他},\end{cases}$$

而 X 与 Y 相互独立,所以随机变量(X,Y)的联合概率密度函数为

$$p(x,y)=p(x)p(y)=\begin{cases}\dfrac{1}{2}\mathrm{e}^{-x}, & x>0,1\leqslant y\leqslant 3,\\ 0, & \text{其他}.\end{cases}$$

(X_1,X_2)的所有可能取值对是$(0,0),(0,1),(1,0)$和$(1,1)$,对应的概率分别为

$$P(X_1=0,X_2=0)=P(X-Y\leqslant 1,X-Y\leqslant 2)=P(X-Y\leqslant 1)$$
$$=\iint\limits_{x-y\leqslant 1}p(x,y)\mathrm{d}x\mathrm{d}y=\int_1^3\mathrm{d}y\int_0^{1+y}\frac{1}{2}\mathrm{e}^{-x}\mathrm{d}x=1+\frac{1}{2}\mathrm{e}^{-4}-\frac{1}{2}\mathrm{e}^{-2},$$

$$P(X_1=0,X_2=1)=P(X-Y\leqslant 1,X-Y>2)=0,$$
$$P(X_1=1,X_2=0)=P(X-Y>1,X-Y\leqslant 2)=P(1<X-Y\leqslant 2)$$
$$=\iint\limits_{1<x-y\leqslant 2}p(x,y)\mathrm{d}x\mathrm{d}y=\int_1^3\mathrm{d}y\int_{1+y}^{2+y}\frac{1}{2}\mathrm{e}^{-x}\mathrm{d}x=\frac{1}{2}(\mathrm{e}^{-2}-\mathrm{e}^{-3}-\mathrm{e}^{-4}+\mathrm{e}^{-5}),$$

$$P(X_1=1,X_2=1)=1-P(X_1=0,X_2=0)-P(X_1=0,X_2=1)-P(X_1=1,X_2=0)$$
$$=\frac{1}{2}(\mathrm{e}^{-3}-\mathrm{e}^{-5}).$$

例 3.15 设随机变量 X_1,X_2,X_3,X_4 相互独立,其中 X_1,X_2 都服从参数为 $n=2$,$p=0.4$ 的二项分布,即 $X_i\sim B(2,0.4),i=1,2$;X_3,X_4 都服从参数为 $p=0.5$ 的两点分布,求行列式 $X=\begin{vmatrix}X_1 & X_2\\ X_3 & X_4\end{vmatrix}$的概率分布.

解 由于

$$X=\begin{vmatrix}X_1 & X_2\\ X_3 & X_4\end{vmatrix}=X_1X_4-X_2X_3,$$

所以令

$$Y_1 = X_1 X_4, \quad Y_2 = X_2 X_3,$$

显然 Y_1 与 Y_2 独立同分布.下面先求 Y_1 的概率分布.

Y_1 的所有可能取值为 $0,1,2$.对应的概率分别为

$$\begin{aligned} P(Y_1 = 0) &= P(X_1 = 0, X_4 = 0) + P(X_1 = 0, X_4 = 1) \\ &\quad + P(X_1 = 1, X_4 = 0) + P(X_1 = 2, X_4 = 0) \\ &= P(X_1 = 0)P(X_4 = 0) + P(X_1 = 0)P(X_4 = 1) \\ &\quad + P(X_1 = 1)P(X_4 = 0) + P(X_1 = 2)P(X_4 = 0) \\ &= 0.6^2 \times 0.5 + 0.6^2 \times 0.5 + C_2^1 \times 0.4 \times 0.6 \times 0.5 + 0.4^2 \times 0.5 = 0.68, \end{aligned}$$

$$\begin{aligned} P(Y_1 = 1) &= P(X_1 = 1, X_4 = 1) = P(X_1 = 1)P(X_4 = 1) \\ &= C_2^1 \times 0.4 \times 0.6 \times 0.5 = 0.24, \end{aligned}$$

$$P(Y_1 = 2) = P(X_1 = 2, X_4 = 1) = P(X_1 = 2)P(X_4 = 1) = 0.4^2 \times 0.5 = 0.08.$$

由 $X = Y_1 - Y_2$ 知 X 的所有可能取值为 $-2, -1, 0, 1, 2$,对应的概率分别为

$$P(X = -2) = P(Y_1 = 0, Y_2 = 2) = P(Y_1 = 0)P(Y_2 = 2) = 0.68 \times 0.08 = 0.0544,$$

$$\begin{aligned} P(X = -1) &= P(Y_1 = 0, Y_2 = 1) + P(Y_1 = 1, Y_2 = 2) \\ &= P(Y_1 = 0)P(Y_2 = 1) + P(Y_1 = 1)P(Y_2 = 2) \\ &= 0.68 \times 0.24 + 0.24 \times 0.08 = 0.1824, \end{aligned}$$

$$\begin{aligned} P(X = 0) &= P(Y_1 = 0, Y_2 = 0) + P(Y_1 = 1, Y_2 = 1) + P(Y_1 = 2)P(Y_2 = 2) \\ &= 0.68 \times 0.68 + 0.24 \times 0.24 + 0.08 \times 0.08 = 0.5264, \end{aligned}$$

$$\begin{aligned} P(X = 1) &= P(Y_1 = 1, Y_2 = 0) + P(Y_1 = 2, Y_2 = 1) \\ &= 0.24 \times 0.68 + 0.08 \times 0.24 = 0.1824, \end{aligned}$$

$$P(X = 2) = P(Y_1 = 2, Y_2 = 0) = 0.08 \times 0.68 = 0.0544.$$

例 3.16　将两封信投入 3 个编号为 $1,2,3$ 的信箱,用 X, Y 分别表示投入第 $1,2$ 号信箱的信的数目.

(1) 求 (X, Y) 的联合分布律及分别关于 X, Y 的边缘分布律;判断 X 与 Y 是否独立?

(2) 求随机变量 $Z = 2X + Y, W = XY$ 的分布律.

解　(1) 两封信的投法总数为 $3^2 = 9$,X 和 Y 的可能取值都是 $0,1,2$.于是

$$P(X = 0, Y = 0) = \frac{1}{9}, \quad P(X = 0, Y = 1) = P(X = 1, Y = 0) = \frac{2}{9},$$

$$P(X = 1, Y = 1) = \frac{2}{9}, \quad P(X = 2, Y = 0) = P(X = 0, Y = 2) = \frac{1}{9},$$

$$P(X = 1, Y = 2) = P(X = 2, Y = 1) = P(X = 2, Y = 2) = 0.$$

故所求的分布律为

Y \ X	0	1	2	$P(Y=k)$
0	1/9	2/9	1/9	4/9
1	2/9	2/9	0	4/9
2	1/9	0	0	1/9
$P(X=k)$	4/9	4/9	1/9	1

表中按行相加得到关于 Y 的边缘分布(见表中最右边的一列);按列相加得到关于 X 的边缘分布(见表中最下边的一行).

因为

$$P(X=0, Y=0) = \frac{1}{9},$$

而

$$P(X=0) = P(Y=0) = \frac{4}{9},$$

所以

$$P(X=0, Y=0) \neq P(X=0)P(Y=0).$$

故 X 与 Y 不独立.

(2) 先求 $Z = 2X + Y$ 及 $W = XY$ 的可能值.

Z \ X / Y	0	1	2
0	0	2	4
1	1	3	5
2	2	4	6

W \ X / Y	0	1	2
0	0	0	0
1	0	1	2
2	0	2	4

由上表可知,Z 的可能值为 $0,1,2,3,4,5,6$;而 W 的可能值为 $0,1,2,4$.

$$P(Z=0) = P(X=0, Y=0) = \frac{1}{9},$$

$$P(Z=1) = P(X=0, Y=1) = \frac{2}{9},$$

$$P(Z=2) = P(X=1, Y=0) + P(X=0, Y=2) = \frac{1}{3},$$

$$P(Z=3) = P(X=1, Y=1) = \frac{2}{9},$$

$$P(Z=4) = P(X=2, Y=0) + P(X=1, Y=2) = \frac{1}{9},$$

$$P(Z=5) = P(X=2, Y=1) = 0,$$

$$P(Z=6) = P(X=2, Y=2) = 0.$$

于是,Z 的分布律为

Z	0	1	2	3	4
P	$\frac{1}{9}$	$\frac{2}{9}$	$\frac{3}{9}$	$\frac{2}{9}$	$\frac{1}{9}$

同样,

$$P(W=0)=P(X=0,Y=0)+P(X=0,Y=1)+P(X=0,Y=2)$$
$$+P(X=1,Y=0)+P(X=2,Y=0)=\frac{7}{9},$$

$$P(W=1)=P(X=1,Y=1)=\frac{2}{9}.$$

故得 W 的分布律为

W	0	1
P	$\frac{7}{9}$	$\frac{2}{9}$

例 3.17   设 X,Y 是两个相互独立且服从同一分布的随机变量,如果 X 的分布律为

$$P(X=i)=\frac{1}{3}, \quad i=1,2,3.$$

又设 $X_1=\max\{X,Y\}$, $X_2=\min\{X,Y\}$,求 X_1 及 X_2 的分布律.

解   先求出 (X,Y) 的联合分布律,因为 X 及 Y 相互独立,所以

$$P(X=i,Y=j)=P(X=i)\cdot P(Y=j).$$

(X,Y) 的分布律为

Y \ X	1	2	3
1	1/9	1/9	1/9
2	1/9	1/9	1/9
3	1/9	1/9	1/9

$$P(X_1=1)=P(\max\{X,Y\}=1)=P(X=1,Y=1)=\frac{1}{9},$$

$$P(X_1=2)=P(\max\{X,Y\}=2)$$
$$=P(X=2,Y=2)+P(X=2,Y=1)+P(X=1,Y=2)=\frac{1}{3},$$

$$P(X_1=3)=P(\max\{X,Y\}=3)$$
$$=P(X=1,Y=3)+P(X=2,Y=3)+P(X=3,Y=3)$$
$$+P(X=3,Y=2)+P(X=3,Y=1)=\frac{5}{9}.$$

于是,得 X_1 的分布律为

X_1	1	2	3
P	$\frac{1}{9}$	$\frac{1}{3}$	$\frac{5}{9}$

$$P(X_2 = 1) = P(\min\{X,Y\} = 1)$$
$$= P(X = 1, Y = 1) + P(X = 1, Y = 2) + P(X = 1, Y = 3)$$
$$+ P(X = 2, Y = 1) + P(X = 3, Y = 1) = \frac{5}{9},$$

$$P(X_2 = 2) = P(\min\{X,Y\} = 2)$$
$$= P(X = 2, Y = 2) + P(X = 2, Y = 3) + P(X = 3, Y = 2) = \frac{1}{3},$$

$$P(X_2 = 3) = P(\min\{X,Y\} = 3) = P(X = 3, Y = 3) = \frac{1}{9}.$$

于是,得 X_2 的分布律为

X_2	1	2	3
P	$\frac{5}{9}$	$\frac{1}{3}$	$\frac{1}{9}$

例 3.18 设随机变量 X_1, X_2 相互独立,且具有相同分布,
$$P(X_i = 1) = p, \quad P(X_i = 0) = 1 - p, \quad i = 1, 2.$$
又设
$$Z = \begin{cases} 0, & X_1 + X_2 \text{ 为偶数}, \\ 1, & X_1 + X_2 \text{ 为奇数}. \end{cases}$$
求 Z 的概率分布.

解 由 X_1 与 X_2 相互独立知
$$P(Z = 0) = P(X_1 + X_2 \text{ 为偶数}) = P(X_1 = 0, X_2 = 0) + P(X_1 = 1, X_2 = 1)$$
$$= P(X_1 = 0)P(X_2 = 0) + P(X_1 = 1)P(X_2 = 1)$$
$$= (1 - p)^2 + p^2 = 2p^2 - 2p + 1,$$
$$P(Z = 1) = P(X_1 + X_2 \text{ 为奇数}) = P(X_1 = 0, X_2 = 1) + P(X_1 = 1, X_2 = 0)$$
$$= P(X_1 = 0)P(X_2 = 1) + P(X_1 = 1)P(X_2 = 0)$$
$$= (1 - p)p + p(1 - p) = 2p - 2p^2.$$

例 3.19 设两个独立随机变量 X 与 Y 的分布律分别为

X	1	3
P	0.3	0.7

Y	2	4
P	0.6	0.4

求 $Z=X+Y$ 的分布律.

解　由 X,Y 相互独立知,$P(X=x_i,Y=y_j)=P(X=x_i)P(Y=y_j)$ 对一切 i,j 均成立,因而 (X,Y) 的联合分布律为

X＼Y	2	4
1	0.18	0.12
3	0.42	0.28

因此可得

(X,Y)	$(1,2)$	$(1,4)$	$(3,2)$	$(3,4)$
$X+Y$	3	5	5	7
P	0.18	0.12	0.42	0.28

因此 $Z=X+Y$ 的分布律为

Z	3	5	7
P	0.18	0.54	0.28

例 3.20　设 (X,Y) 的分布律为

X＼Y	-1	1	2
-1	1/10	2/10	3/10
2	2/10	1/10	1/10

试求：(1) $Z=X+Y$；(2) $Z=XY$；(3) $Z=\dfrac{X}{Y}$；(4) $Z=\max\{X,Y\}$ 的分布律.

解　与一维离散型随机变量函数的分布律的计算类似,本质上是利用事件及其概率的运算法则.注意,Z 的相同值的概率要合并.

P	1/10	2/10	3/10	2/10	1/10	1/10
(X,Y)	$(-1,-1)$	$(-1,1)$	$(-1,2)$	$(2,-1)$	$(2,1)$	$(2,2)$
$X+Y$	-2	0	1	1	3	4
XY	1	-1	-2	-2	2	4
X/Y	1	-1	$-1/2$	-2	2	1
$\max\{X,Y\}$	-1	1	2	2	2	2

于是,有

(1)

$X+Y$	-2	0	1	3	4
P	$\frac{1}{10}$	$\frac{2}{10}$	$\frac{5}{10}$	$\frac{1}{10}$	$\frac{1}{10}$

(2)

XY	-2	-1	1	2	4
P	$\frac{5}{10}$	$\frac{2}{10}$	$\frac{1}{10}$	$\frac{1}{10}$	$\frac{1}{10}$

(3)

X/Y	-2	-1	$-\frac{1}{2}$	1	2
P	$\frac{2}{10}$	$\frac{2}{10}$	$\frac{3}{10}$	$\frac{2}{10}$	$\frac{1}{10}$

(4)

$\max\{X,Y\}$	-1	1	2
P	$\frac{1}{10}$	$\frac{2}{10}$	$\frac{7}{10}$

例 3.21　设二维随机变量 (X,Y) 在矩形区域 $D=\{(x,y)\,|\,0\leqslant x\leqslant 2,0\leqslant y\leqslant 1\}$ 上服从均匀分布,试求边长为 X 和 Y 的矩形面积 S 的概率密度 $p_S(s)$.

解　因为矩形区域 D 的面积为 2,故 (X,Y) 的概率密度为

$$p(x,y)=\begin{cases}\dfrac{1}{2}, & (x,y)\in D,\\[2mm] 0, & (x,y)\notin D.\end{cases}$$

设 $F_S(s)=P(S\leqslant s)$ 为 S 的分布函数,则:

当 $s\leqslant 0$ 时, $F_S(s)=0$;

当 $s\geqslant 2$ 时, $F_S(s)=1$;

当 $0<s<2$ 时,

$$F_S(s)=P(S\leqslant s)=P(XY\leqslant s)=1-P(XY>s)$$

$$=1-\iint\limits_{xy>s}\frac{1}{2}\mathrm{d}x\mathrm{d}y=1-\frac{1}{2}\int_s^2\mathrm{d}x\int_{\frac{s}{x}}^1\mathrm{d}y=\frac{s}{2}(1+\ln2-\ln s).$$

于是,得

$$p_S(s)=\begin{cases}\dfrac{1}{2}(\ln2-\ln s), & 0<s<2,\\[2mm] 0, & \text{其他}.\end{cases}$$

例 3.22　设 X 与 Y 相互独立,且都服从 $(0,a)$ 上的均匀分布,试求 $Z=\dfrac{X}{Y}$ 的分布密度与分布函数.

解　由题意知,

$$p_X(x)=\begin{cases}\dfrac{1}{a}, & 0<x<a,\\[2mm] 0, & \text{其他}.\end{cases}\qquad p_Y(y)=\begin{cases}\dfrac{1}{a}, & 0<y<a,\\[2mm] 0, & \text{其他}.\end{cases}$$

由于 X 与 Y 相互独立,所以

$$p(x,y) = p_X(x)p_Y(y) = \begin{cases} \dfrac{1}{a^2}, & 0 < x < a, 0 < y < a, \\ 0, & \text{其他}. \end{cases}$$

$Z = X/Y$ 的分布函数

$$F_Z(z) = P(Z \leqslant z) = P\left(\frac{X}{Y} \leqslant z\right) = \iint\limits_{x/y \leqslant z} p(x,y)\mathrm{d}x\mathrm{d}y.$$

当 $z < 0$ 时, $F_Z(z) = 0$;

当 $0 \leqslant z < 1$ 时, $F_Z(z) = \dfrac{1}{a^2}\displaystyle\int_0^a \mathrm{d}y\int_0^{yz}\mathrm{d}x = \dfrac{z}{2}$;

当 $z \geqslant 1$ 时, $F_Z(z) = \dfrac{1}{a^2}\displaystyle\int_0^a \mathrm{d}x\int_{\frac{x}{z}}^a \mathrm{d}y = 1 - \dfrac{1}{2z}$.

综上得

$$F_Z(z) = \begin{cases} 0, & z < 0, \\ \dfrac{z}{2}, & 0 \leqslant z < 1, \\ 1 - \dfrac{1}{2z}, & z \geqslant 1. \end{cases}$$

于是

$$p_Z(z) = \begin{cases} 0, & z < 0, \\ \dfrac{1}{2}, & 0 \leqslant z < 1, \\ \dfrac{1}{2z^2}, & z \geqslant 1. \end{cases}$$

例 3.23　设 xOy 平面上随机点的坐标 (X,Y) 服从二维正态分布,概率密度为

$$p(x,y) = \frac{1}{2\pi}\mathrm{e}^{-\frac{x^2+y^2}{2}}, \quad -\infty < x < +\infty, -\infty < y < +\infty.$$

求随机点 (X,Y) 到原点距离的概率密度.

解　设随机点 (X,Y) 到原点的距离为 Z, 则 $Z = \sqrt{X^2+Y^2}$ 是随机变量.

当 $z > 0$ 时,

$$F_Z = P(Z \leqslant z) = P(\sqrt{x^2+y^2} \leqslant z) = \iint\limits_{\sqrt{x^2+y^2} \leqslant z} p(x,y)\mathrm{d}x\mathrm{d}y$$

$$= \frac{1}{2\pi}\iint\limits_{\sqrt{x^2+y^2} \leqslant z} \mathrm{e}^{-\frac{x^2+y^2}{2}}\mathrm{d}x\mathrm{d}y = \frac{1}{2\pi}\int_0^{2\pi}\mathrm{d}\theta\int_0^z \mathrm{e}^{-\frac{r^2}{2}}r\mathrm{d}r = 1 - \mathrm{e}^{-\frac{z^2}{2}};$$

当 $z \leqslant 0$ 时, $F_Z(z) = 0$.

将 $F_Z(z)$ 对 z 求导数,得 $Z = \sqrt{X^2+Y^2}$ 的概率密度为

$$p_Z(z) = \begin{cases} z e^{-\frac{z^2}{2}}, & z > 0, \\ 0, & z \leqslant 0. \end{cases}$$

例 3.24 设 X 和 Y 相互独立且分别服从参数为 $\lambda_1 = 2, \lambda_2 = 3$ 的指数分布,求 $Z = X + Y$ 的密度函数.

解 由题意知,随机变量 X 与 Y 的分布密度分别为

$$p_X(x) = \begin{cases} 2e^{-2x}, & x \geqslant 0, \\ 0, & x < 0; \end{cases} \qquad p_Y(y) = \begin{cases} 3e^{-3y}, & y \geqslant 0, \\ 0, & y < 0. \end{cases}$$

而

$$p_Z(z) = p_{X+Y}(z) = \int_{-\infty}^{+\infty} p(x, z-x) \mathrm{d}x = \int_{-\infty}^{+\infty} p_X(x) p_Y(z-x) \mathrm{d}x.$$

显然,上式中的被积函数 $p_X(x) p_Y(z-x) \neq 0$ 当且仅当 x 满足

$$\begin{cases} x \geqslant 0, \\ z - x \geqslant 0, \end{cases} \qquad 即 \qquad \begin{cases} x \geqslant 0, \\ z \geqslant x. \end{cases}$$

于是,当 $z < 0$ 时,$p_Z(z) = 0$;当 $z \geqslant 0$ 时,

$$p_Z(z) = \int_0^z 2e^{-2x} \cdot 3e^{-3(z-x)} \mathrm{d}x = 6(e^{-2z} - e^{-3z}).$$

综上所述,有

$$p_Z(z) = \begin{cases} 6(e^{-2z} - e^{-3z}), & z \geqslant 0, \\ 0, & z < 0. \end{cases}$$

本例也可另解. $Z = X + Y$ 的分布函数为

$$F_Z(z) = P(Z \leqslant z) = P(X + Y \leqslant z) = \iint_{x+y \leqslant z} p(x, y) \mathrm{d}x \mathrm{d}y = \iint_{x+y \leqslant z} p_X(x) p_Y(y) \mathrm{d}x \mathrm{d}y,$$

根据 $p_X(x)$ 及 $p_Y(y)$ 的特点,显然有:

当 $z < 0$ 时,$p_X(x) p_Y(y) = 0$,此时 $F_Z(z) = 0$,$p_Z(z) = 0$;

当 $z \geqslant 0$ 时,

$$F_Z(z) = \int_0^z \mathrm{d}x \int_0^{z-x} 2e^{-2x} \cdot 3e^{-3y} \mathrm{d}y = 2e^{-3z} - 3e^{-2z} + 1,$$

$$p_Z(z) = 6(e^{-2z} - e^{-3z}).$$

综上可知,$Z = X + Y$ 的密度函数为

$$p_Z(z) = \begin{cases} 6(e^{-2z} - e^{-3z}), & z \geqslant 0, \\ 0, & z < 0. \end{cases}$$

说明 本例可采用两种方法求解.前一种方法只适用于求 $X + Y$ 的密度函数,这时运用卷积公式

$$p_{X+Y}(z) = \int_{-\infty}^{+\infty} p(x, z-x) \mathrm{d}x, \quad p_{X+Y}(z) = \int_{-\infty}^{+\infty} p(z-y, y) \mathrm{d}y.$$

而另一种方法采用分布函数的定义及计算公式

$$F_Z(z) = P(Z \leqslant z) = P(X+Y \leqslant z) = \iint\limits_{x+y \leqslant z} p(x,y)\mathrm{d}x\mathrm{d}y,$$

然后求 $F_Z(z)$ 对 z 的导数即可. 从解题过程可看出,后一种方法带有普遍性.

例 3.25　设随机变量 X 与 Y 相互独立,其概率密度分别为

$$p_X(x) = \begin{cases} 1, & 0 \leqslant x \leqslant 1, \\ 0, & \text{其他}, \end{cases} \qquad p_Y(y) = \begin{cases} \mathrm{e}^{-y}, & y > 0, \\ 0, & y \leqslant 0. \end{cases}$$

求随机变量 $Z = X + Y$ 的概率密度.

解　随机变量 $Z = X + Y$ 的分布函数

$$F_Z(z) = P(Z \leqslant z) = P(X+Y \leqslant z)$$

$$= \iint\limits_{x+y \leqslant z} p(x,y)\mathrm{d}x\mathrm{d}y = \iint\limits_{x+y \leqslant z} p_X(x)p_Y(y)\mathrm{d}x\mathrm{d}y.$$

根据 X 与 Y 的密度函数的特点可知:

当 $z < 0$ 时, $F_Z(z) = 0, p_Z(z) = 0$;

当 $0 \leqslant z \leqslant 1$ 时,

$$F_Z(z) = \int_0^z \mathrm{d}x \int_0^{z-x} 1 \cdot \mathrm{e}^{-y}\mathrm{d}y = \mathrm{e}^{-z} + z - 1,$$

$$p_Z(z) = 1 - \mathrm{e}^{-z};$$

当 $z > 1$ 时,

$$F_Z(z) = \int_0^1 \mathrm{d}x \int_0^{z-x} 1 \cdot \mathrm{e}^{-y}\mathrm{d}y = 1 + \mathrm{e}^{-z} - \mathrm{e}\mathrm{e}^{-z},$$

$$p_Z(z) = (\mathrm{e}-1)\mathrm{e}^{-z}.$$

综上可知,随机变量 $Z = X + Y$ 的密度函数为

$$p_Z(z) = \begin{cases} 0, & z < 0, \\ 1 - \mathrm{e}^{-z}, & 0 \leqslant z \leqslant 1, \\ (\mathrm{e}-1)\mathrm{e}^{-z}, & z > 1. \end{cases}$$

例 3.26　假设随机变量 $X_1, X_2, \cdots, X_n$ 相互独立且同分布,其公共分布函数为 $F(x)$,记 $X = \min\{X_1, X_2, \cdots, X_n\}, Y = \max\{X_1, X_2, \cdots, X_n\}$. 求 X 的分布函数和 Y 的分布函数以及 X 与 Y 的联合分布函数.

解　X 的分布函数为

$$F_X(x) = P(X \leqslant x) = P(\min\{X_1, X_2, \cdots, X_n\} \leqslant x)$$

$$= 1 - P(\min\{X_1, X_2, \cdots, X_n\} > x)$$

$$= 1 - P(X_1 > x, X_2 > x, \cdots, X_n > x)$$

$$= 1 - P(X_1 > x)P(X_2 > x)\cdots P(X_n > x)$$

$$= 1 - [1 - F(x)]^n;$$

Y 的分布函数为

$$F_Y(y) = P(Y \leqslant y) = P(\max\{X_1, X_2, \cdots, X_n\} \leqslant y)$$
$$= P(X_1 \leqslant y, X_2 \leqslant y, \cdots, X_n \leqslant y)$$
$$= P(X_1 \leqslant y)P(X_2 \leqslant y)\cdots P(X_n \leqslant y)$$
$$= [F(y)]^n;$$

X 与 Y 的联合分布函数为

$$F(x,y) = P(X \leqslant x, Y \leqslant y)$$
$$= P(Y \leqslant y) - P(X \geqslant x, Y \leqslant y)$$
$$= \begin{cases} [F(y)]^n - [F(y) - F(x)]^n, & x < y, \\ [F(y)]^n, & x \geqslant y. \end{cases}$$

说明   上题在求 X 与 Y 的联合分布函数时,可令 $A = \{X \leqslant x\}, B = \{Y \leqslant y\}$,则

$$F(x,y) = P(AB) = P(B) - P(\overline{A}B),$$

且当 $x < y$ 时,

$$P(\overline{A}B) = P(\min\{X_1, X_2, \cdots, X_n\} > x, \max\{X_1, X_2, \cdots, X_n\} \leqslant y)$$
$$= P(x < X_1 \leqslant y, x < X_2 \leqslant y, \cdots, x < X_n \leqslant y)$$
$$= P(x < X_1 \leqslant y)P(x < X_2 \leqslant y)\cdots P(x < X_n \leqslant y)$$
$$= [F(y) - F(x)]^n;$$

当 $x \geqslant y$ 时,

$$P(\overline{A}B) = P(\min\{X_1, X_2, \cdots, X_n\} > x, \max\{X_1, X_2, \cdots, X_n\} \leqslant y)$$
$$= P(\varnothing) = 0.$$

3.3   习题

填空题

1. 袋中有 4 张卡片,分别写有 $1,2,3,4$. 用有放回抽样方式先后从袋中随机抽出两张,以 X, Y 分别表示抽到的两张卡片上数字的最小值与最大值,则 (X, Y) 的联合分布律为(   ).

2. 盒中有 3 个黑球,2 个红球,2 个白球,在其中任取 4 个球,以 X 表示取到黑球的个数,以 Y 表示取到红球的个数,则 (X, Y) 的联合分布律为(   ).

3. 已知 $P(X_1 = 0) = \dfrac{1}{2}, P(X_1 = 1) = \dfrac{1}{2}, P(X_2 = 0) = \dfrac{1}{3}, P(X_2 = 1) = \dfrac{2}{3}$,且 $P(X_1 = 0, X_2 = 1) = \dfrac{1}{3}$,则 $P(X_1 = 1, X_2 = 0) = ($ $)$.

4. 已知

$$(X,Y) \sim p(x,y) = \begin{cases} ce^{-2(x+y)}, & 0 < x < +\infty, 0 < y < +\infty, \\ 0, & \text{其他}. \end{cases}$$

则常数 $c = ($ $)$；(X,Y) 落在区域 $D = \{(x,y) \mid x > 0, y > 0, x+y \leqslant 1\}$ 内的概率是 (   ).

5. 设随机变量 (X,Y) 的密度函数为

$$p(x,y) = \begin{cases} ke^{-3x-4y}, & x > 0, y > 0 \\ 0, & \text{其他}. \end{cases}$$

则 $k = ($ $)$；$P(0 < X < 1, 0 < Y < 2) = ($ $)$.

6. 设随机变量 (X,Y) 的密度函数为

$$p(x,y) = \frac{A}{\pi^2(16+x^2)(25+y^2)}.$$

则 $A = ($ $)$；(X,Y) 的分布函数 $F(x,y) = ($ $)$.

7. 设随机变量 (X,Y) 的密度函数为

$$p(x,y) = \begin{cases} 1, & 0 < x < 1, 0 < y < 1, \\ 0, & \text{其他}. \end{cases}$$

则概率 $P(X < 0.5, Y < 0.6) = ($ $)$.

8. 设二维随机变量 (X,Y) 服从上半单位圆 $x^2 + y^2 = 1$ 内的均匀分布,Z 表示三次独立重复观察中事件 $\{X \geqslant Y\}$ 出现的次数,则 $P(Z=2) = ($ $)$.

9. 若

$$(X,Y) \sim p(x,y) = \begin{cases} \dfrac{1}{2}, & 0 \leqslant x \leqslant 1, 1 \leqslant y \leqslant 3, \\ 0, & \text{其他}. \end{cases}$$

则 (X,Y) 服从区域 $D = \{(x,y) \mid 0 \leqslant x \leqslant 1, 1 \leqslant y \leqslant 3\}$ 上的 (   ) 分布.

10. 设二维随机变量 (X,Y) 的分布函数为

$$F(x,y) = \frac{\pi}{2}\left(B + \arctan\frac{x}{2}\right)\left(\frac{\pi}{2} + \arctan\frac{y}{3}\right).$$

则常数 B 为 (   ).

11. 设 (X,Y) 的概率密度为

$$p(x,y) = \begin{cases} e^{-y}, & 0 < x < y, \\ 0, & \text{其他}. \end{cases}$$

则 X 的概率密度为 (   )，$P(X+Y \leqslant 1) = ($ $)$.

12. 设 (X,Y) 的概率分布律为

(X,Y)	$(1,1)$	$(1,2)$	$(1,3)$	$(2,1)$	$(2,2)$	$(2,3)$
P	$\dfrac{1}{6}$	$\dfrac{1}{9}$	$\dfrac{1}{18}$	$\dfrac{1}{3}$	α	β

若 X 与 Y 相互独立,则 $\alpha=(\quad)$,$\beta=(\quad)$.

13. 设 X 与 Y 相互独立,下表列出了二维随机变量 (X,Y) 的联合分布律及关于 X 和关于 Y 的边缘分布律中的部分数值,试将其余数值填入表中空白处.

X \ Y	y_1	y_2	y_3	$P(X=x_i)$
x_1		1/8		
x_2	1/8			
$P(Y=y_i)$	1/6			1

14. 设随机变量 X 与 Y 相互独立且具有相同的分布,其概率分布为

$$P(X=0)=\frac{1}{3}, \quad P(X=1)=\frac{2}{3}.$$

则 $P(X=Y)=(\quad)$.

15. 设 X 与 Y 是相互独立的随机变量,它们的分布函数分别是 $F_X(x)$ 和 $F_Y(y)$,则 $Z_1=\max\{X,Y\}$ 的分布函数是 $(\quad)$,$Z_2=\min\{X,Y\}$ 的分布函数是 $(\quad)$.

16. 将两封信投入编号为 Ⅰ,Ⅱ,Ⅲ 的三个邮筒中,设 X,Y 分别表示投入第 Ⅰ 号、第 Ⅱ 号邮筒中信的数目,则 (X,Y) 的联合分布为 $(\quad)$,X 与 Y 是否独立 $(\quad)$,当 $Y=0$ 时,X 的条件分布律为 $(\quad)$,$U=\max\{X,Y\}$ 的分布律为 $(\quad)$,而 $V=\min\{X,Y\}$ 的分布律为 $(\quad)$,(U,V) 的联合分布律为 $(\quad)$.

17. 设 X 与 Y 相互独立,分别服从参数为 λ_1,λ_2 的泊松分布,则 $X+Y$ 服从 $(\quad)$ 分布.

18. 设 X 与 Y 相互独立且分别服从参数为 (n_1,p) 和 (n_2,p) 的二项分布,则 $X+Y$ 服从 $(\quad)$ 分布.

19. 设 (X,Y) 的分布律为

X \ Y	-2	-1	0
-1	1/12	1/12	3/12
$1/2$	2/12	1/12	0
3	2/12	0	2/12

则 $X+Y$ 的分布律为 $(\quad)$,$X-Y$ 的分布律为 $(\quad)$,X^2+Y-2 的分布律为 $(\quad)$.

20. 设相互独立的随机变量 X 与 Y 的分布相同,且 X 的分布为

$$P(X=0) = P(X=1) = \frac{1}{2}.$$

则随机变量 $Z=\max\{X,Y\}$ 的概率分布是(   ).

21. 已知 $P(X=k)=\dfrac{a}{k}$, $P(Y=-k)=\dfrac{b}{k^2}$ $(k=1,2,3)$, X 与 Y 独立,则 $a=($ $)$, $b=($ $)$, (X,Y) 的联合分布为(   ), $X+Y$ 的分布为(   ).

22. 设随机变量 X 与 Y 相互独立,且 $X \sim N(\mu_1, \sigma_1^2)$, $Y \sim N(\mu_2, \sigma_2^2)$,则 $X+Y$ 服从(   )分布.

23. 若 $X_1, X_2, \cdots, X_n$ 独立同分布且均服从 $N(\mu, \sigma^2)$,则 $\dfrac{1}{n}(X_1+X_2+\cdots+X_n)$ 服从(   )分布.

24. 设随机变量 (X,Y) 的联合密度为

$$p(x,y) = \begin{cases} \mathrm{e}^{-(x+y)}, & x>0, y>0, \\ 0, & 其他. \end{cases}$$

则 X 与 Y 是否独立(   ), $\dfrac{X+Y}{2}$ 的分布密度为(   ).

25. 一电子仪器由两个部件构成,以 X 与 Y 分别表示两部件的寿命(单位:kh),已知 X 与 Y 的联合分布函数为

$$F(x,y) = \begin{cases} 1 - \mathrm{e}^{-\frac{1}{2}x} - \mathrm{e}^{-\frac{1}{2}y} + \mathrm{e}^{-\frac{1}{2}(x+y)}, & x \geqslant 0, y \geqslant 0, \\ 0, & 其他. \end{cases}$$

则 X 与 Y 是否独立(   ),两部件寿命都超过 100h 的概率为(   ).

计算与证明题

1. 随机投掷两颗骰子,设 X 表示第一颗骰子出现的点数,Y 表示这两颗骰子出现点数的最大值,试写出二维随机变量 (X,Y) 的联合分布以及 Y 的边缘分布.

2. 袋中有 N 个球,其中 a 个红球 b 个白球 c 个黑球 $(a+b+c=N)$,每次从袋中任取一球,共取 n 次,设 X,Y 分别表示取出的 n 个球中红球与白球的个数,试求下列两种情况下 (X,Y) 的联合分布:

(1) 每次取出的球仍放回(有放回抽样);(2) 每次取出的球不放回(无放回抽样).

3. 某箱装有产品,其中一、二、三等品分别为 80 件、10 件和 10 件,现从中随机抽取一件,记

$$X_i = \begin{cases} 1, & 若取到 i 等品, \\ 0, & 其他, \end{cases} \quad i=1,2,3.$$

试求 X_1 与 X_2 的联合分布及边缘分布.

4. 设连续型随机变量 (X,Y) 的联合分布密度为

$$p(x,y) = \begin{cases} cxy, & 0 < x < 4, 1 < y < 5, \\ 0, & \text{其他}. \end{cases}$$

求：(1) 常数 c 的值；(2) $P(1 \leqslant X \leqslant 2, 2 < Y < 3)$；(3) $P(X \geqslant 3, Y \leqslant 2)$.

5. 求第 4 题中随机变量 X 与 Y 的边缘概率密度.

6. 求第 4 题中随机变量 (X,Y) 的联合分布函数.

7. 求第 4 题中随机变量 X 与 Y 的边缘分布函数.

8. 求第 2 题中 $P(XY \leqslant 1)$.

9. 设连续型随机变量 X 和 Y 的联合密度函数为

$$p(x,y) = \begin{cases} c(2x + y), & 0 < x < 1, 0 < y < 2, \\ 0, & \text{其他}. \end{cases}$$

求：(1) 常数 c 的值；(2) $P\left(X > \dfrac{1}{2}, Y < \dfrac{3}{2}\right)$；(3) X 与 Y 的边缘概率密度.

10. 求第 4 题中随机变量 X 与 Y 的条件分布 $p_{X|Y}(x|y)$ 及 $p_{Y|X}(y|x)$.

11. 求第 4 题中 $P(X \leqslant 1|Y > 3)$ 及 $P(X > 2|Y = 3)$.

12. 设二维随机变量 (X,Y) 的联合分布由下表给出，且 X 与 Y 相互独立，试确定表中 a, b, c 的值.

X＼Y	-1	0	2
0	0.18	0.30	0.12
1	a	b	c

13. 箱子里装有 a 件正品和 b 件次品，依次从箱中任取一件，取两次，每次取后不放回，设随机变量如下定义：

$$X = \begin{cases} 1, & \text{如果第一次取出的是次品}, \\ 0, & \text{如果第一次取出的是正品}; \end{cases} \quad Y = \begin{cases} 1, & \text{如果第二次取出的是次品}, \\ 0, & \text{如果第二次取出的是正品}. \end{cases}$$

试写出随机变量 (X,Y) 的联合分布律、边缘分布律，并问 X 与 Y 是否相互独立？

14. 问第 4 题中的随机变量 X 与 Y 是否独立？

15. 设随机变量 (X,Y) 的概率密度为

$$p(x,y) = \begin{cases} k(6 - x - y), & 0 < x < 2, 2 < y < 4, \\ 0, & \text{其他}. \end{cases}$$

(1) 确定常数 k；(2) 求 $P(X < 1, Y < 3)$；(3) 求 $P(X < 1.5)$；(4) 求 $P(X + Y \leqslant 4)$.

16. 设 X 与 Y 的联合密度函数为

$$p(x,y) = \begin{cases} \dfrac{1}{y}, & 0 < x < y, 0 < y < 1, \\ 0, & \text{其他}. \end{cases}$$

(1) X 与 Y 是否独立；

(2) 求 $P\left(X>\dfrac{1}{2}\right)$，$P\left(X>\dfrac{1}{2}, Y<\dfrac{1}{3}\right)$，$P\left(X+Y>\dfrac{1}{2}\right)$.

17. 设 X 与 Y 的联合密度函数为

$$p(x,y) = \begin{cases} cxy, & 0<x<2, 0<y<x, \\ 0, & \text{其他}. \end{cases}$$

(1) X 与 Y 是否独立；

(2) 求 $P\left(\dfrac{1}{2}<X<1\right)$，$P(Y\geqslant 1)$，$P\left(\dfrac{1}{2}<X<1, Y\geqslant 1\right)$，$P(Y\leqslant X^2)$.

18. 设二维随机变量 (X,Y) 服从区域 D 上的均匀分布，试判断随机变量 X 与 Y 是否相互独立. 其中 D 为以下区域：

(1) $D=\{(x,y)\,|\,x^2+y^2\leqslant 2x\}$；

(2) $D=\{(x,y)\,|\,0\leqslant y\leqslant 1, y\leqslant x\leqslant y+1\}$.

19. 假设二维随机变量 (X,Y) 在矩形域 $G=\{(x,y)\,|\,0\leqslant x\leqslant 2, 0\leqslant y\leqslant 1\}$ 上服从均匀分布，记

$$U = \begin{cases} 0, & X\leqslant Y, \\ 1, & X>Y; \end{cases} \quad V = \begin{cases} 0, & X\leqslant 2Y, \\ 1, & X>2Y. \end{cases}$$

试求 (U,V) 的联合分布及关于 U 和 V 的边缘分布.

20. 已知随机变量 X 与 Y 的联合分布律为

(X,Y)	$(0,0)$	$(0,1)$	$(1,0)$	$(1,1)$	$(2,0)$	$(2,1)$
P	0.10	0.15	0.25	0.20	0.15	0.15

求：(1) 关于 X 的边缘分布律；(2) $Z=X+Y$ 的概率分布.

21. 设 (X,Y) 的联合概率分布律为

X \ Y	-1	0	1
1	1/9	2/9	0
2	0	1/9	1/9
3	2/9	0	2/9

求 $Z_1=X+Y$，$Z_2=X-Y$，$Z_3=XY$ 的分布律.

22. 设 X 与 Y 相互独立且概率分布律分别为

X	2	5
P	$\dfrac{1}{2}$	$\dfrac{1}{2}$

Y	-1	0	1
P	$\dfrac{1}{3}$	$\dfrac{1}{6}$	$\dfrac{1}{2}$

求 $Z_1 = X+Y, Z_2 = X-Y, Z_3 = XY$ 的分布律.

23. 设随机变量 (X,Y) 的密度为

$$p(x,y) = \begin{cases} x+y, & 0 \leqslant x,y \leqslant 1, \\ 0, & \text{其他}. \end{cases}$$

求随机变量 $Z = X+Y$ 的密度函数.

24. 设随机变量 X 与 Y 相互独立, X 在 $(0,1)$ 上服从均匀分布, Y 的概率密度为

$$P_Y(y) = \begin{cases} \dfrac{1}{2}e^{-\frac{y}{2}}, & y > 0, \\ 0, & y \leqslant 0. \end{cases}$$

求: (1) (X,Y) 的联合概率密度函数;

(2) $X+Y$ 及 X/Y 的密度函数;

(3) 方程 $a^2 + 2Xa + Y = 0$ 有实根的概率.

25. 设随机变量 X 和 Y 的联合概率密度为

$$p(x,y) = \begin{cases} 6x^2 y, & 0 \leqslant x \leqslant 1, 0 \leqslant y \leqslant 1, \\ 0, & \text{其他}. \end{cases}$$

求 $Z = X/Y$ 的概率密度.

26. 设随机变量 X 和 Y 相互独立, X 在 $(0,1)$ 上服从均匀分布, Y 的概率密度为

$$p_Y(y) = \begin{cases} y & 0 < y < 1, \\ 2-y, & 1 \leqslant y \leqslant 2, \\ 0, & \text{其他}. \end{cases}$$

求 $Z = X+Y$ 的概率密度.

27. 设 X 与 Y 是独立同分布的随机变量, X 的密度函数

$$p(x) = \frac{1}{\sqrt{2\pi}} e^{-\frac{x^2}{2}},$$

求 $Z = X^2 + Y^2$ 的密度函数.

28. 设二维随机变量 (X,Y) 的联合概率密度为

$$p(x,y) = \begin{cases} A(1-x)y, & 0 \leqslant x \leqslant 1, 0 \leqslant y \leqslant x, \\ 0, & \text{其他}. \end{cases}$$

(1) 求常数 A;

(2) 求 (X,Y) 的联合分布函数;

(3) 求关于 X,Y 的边缘密度函数;

(4) 判断 X 与 Y 的独立性;

(5) 求 $Z = X+Y$ 的密度函数.

考研题选练

1.（2013 年,数三）　设(X,Y)为二维连续型随机变量(X,Y),X的边缘概率密度为

$$f_X(x) = \begin{cases} 3x^2, & 0 < x < 1, \\ 0, & \text{其他}, \end{cases}$$

在给定 $X=x(0<x<1)$条件下,Y的条件概率密度

$$f_{Y|X}(y \mid x) = \begin{cases} \dfrac{3y^2}{x^3}, & 0 < y < x, \\ 0, & \text{其他}. \end{cases}$$

求：(1)(X,Y)的联合概率密度 $f(x,y)$;(2)关于 Y 的边缘密度 $f_Y(y)$;(3)$P(X>2Y)$.

2.（2012 年,数三）　设随机变量 X 与 Y 相互独立,且都服从$(0,1)$上的均匀分布,则 $P(X^2+Y^2\leqslant1)=$_____.

(A) $\dfrac{1}{4}$　　　　　(B) $\dfrac{1}{2}$　　　　　(C) $\dfrac{\pi}{8}$　　　　　(D) $\dfrac{\pi}{4}$

3.（2011 年,数三）　设(X,Y)在 G 上服从均匀分布,G 由 $x-y=0$,$x+y=2$ 与 $y=0$围成.

(1) 求边缘密度 $f_X(x)$;(2) 求 $f_{X|Y}(x|y)$.

4.（2010 年,数一、三）　设二维随机变量(X,Y)的概率密度为

$$f(x,y) = Ae^{-2x^2+2xy-y^2}, \quad -\infty < x < +\infty, -\infty < y < +\infty,$$

求常数 A 及条件概率密度 $f_{Y|X}(y|x)$.

5.（2009 年,数三）　设二维随机变量(X,Y)的概率密度为

$$f(x,y) = \begin{cases} e^{-x}, & 0 < y < x, \\ 0, & \text{其他}. \end{cases}$$

求：(1)条件概率密度 $f_{Y|X}(y|x)$;(2)条件概率 $P(X\leqslant1|Y\leqslant1)$.

6.（2009 年,数三）　袋中有一个红球,两个黑球,三个白球,现有放回地从袋中取两次,每次一个,以 X,Y,Z 分别表示两次所取的红、黑与白球的个数.求：

(1) $P(X=1|Z=0)$;(2) 二维随机变量(X,Y)的概率分布.

7.（2008 年,数三）　设随机变量 X,Y 独立同分布,且 X 的分布函数为 $F(x)$,则 $Z=\max\{X,Y\}$的分布函数为_____.

(A) $F^2(x)$　　　　　　　　　　　(B) $F(x)F(y)$

(C) $1-[1-F(x)]^2$　　　　　　　(D)$[1-F(x)][1-F(y)]$

8.（2007 年,数三）　在区间$(0,1)$中随机地取两个数,则这两个数之差的绝对值小于$\dfrac{1}{2}$的概率为_____.

3.4 习题参考答案

填空题

1.

X \ Y	1	2	3	4
1	1/16	1/8	1/8	1/8
2	0	1/16	1/8	1/8
3	0	0	1/16	1/8
4	0	0	0	1/16

2.

Y \ X	0	1	2	3
0	0	0	3/35	2/35
1	0	6/35	12/35	2/35
2	1/35	6/35	3/35	0

3. $1/6$.　4. 4; $1-3\mathrm{e}^{-2}$.　5. $k=12$; $1-\mathrm{e}^{-3}-\mathrm{e}^{-8}+\mathrm{e}^{-11}$.

6. 20; $\dfrac{1}{\pi^2}\left(\arctan\dfrac{x}{4}+\dfrac{\pi}{2}\right)\left(\arctan\dfrac{y}{5}+\dfrac{\pi}{2}\right)$.

7. 0.3.　8. $\dfrac{9}{64}$.　9. 均匀.　10. $\dfrac{\pi}{2}$.

11. $p_X(x)=\begin{cases}\mathrm{e}^{-x}, & x>0,\\ 0, & x\leqslant 0,\end{cases}$ $1+\mathrm{e}^{-1}-2\mathrm{e}^{-\frac{1}{2}}$.　12. $\alpha=\dfrac{2}{9}$, $\beta=\dfrac{1}{9}$.

13.

X \ Y	y_1	y_2	y_3	$P(X=x_i)$
x_1	1/24	1/8	1/12	1/4
x_2	1/8	3/8	1/4	3/4
$P(Y=y_i)$	1/6	1/2	1/3	1

14. $\dfrac{5}{9}$.

15. $F_{Z_1}(z)=F_X(z)F_Y(z)$, $F_{Z_2}(z)=1-[1-F_X(z)][1-F_Y(z)]$.

16.

X\Y	0	1	2
0	1/9	2/9	1/9
1	2/9	2/9	0
2	1/9	0	0

不独立.

X	0	1	2
P	1/4	1/2	1/4

U	0	1	2
P	1/9	6/9	2/9

V	0	1
P	7/9	2/9

V\U	0	1	2
0	1/9	4/9	2/9
1	0	2/9	0

17. 参数为 $\lambda_1 + \lambda_2$ 的泊松分布.　18. 参数为 $n_1 + n_2, p$ 的二项分布.

19.

X+Y	−3	−2	−1	−3/2	−1/2	1	3
P	1/12	1/12	3/12	2/12	1/12	2/12	2/12

X−Y	−1	0	1	3/2	5/2	3	5
P	3/12	1/12	1/12	1/12	2/12	2/12	2/12

X^2+Y-2	−15/4	−3	−11/4	−2	−1	5	7
P	2/12	1/12	1/12	1/12	3/12	2/12	2/12

20. $P(Z=0)=\dfrac{1}{4}, P(Z=1)=\dfrac{3}{4}$.　21. $a=\dfrac{6}{11}, b=\dfrac{36}{49}$.

X\Y	−1	−2	−3
1	ab	$ab/4$	$ab/9$
2	$ab/2$	$ab/8$	$ab/18$
3	$ab/3$	$ab/12$	$ab/27$

$X+Y$	-2	-1	0	1	2
P	24α	66α	251α	126α	72α

$\left(\alpha=\dfrac{1}{539}\right).$

22. $N(\mu_1+\mu_2,\sigma_1^2+\sigma_2^2).$ 23. $N\left(\mu,\dfrac{\sigma^2}{n}\right).$

24. 独立，$p_{\frac{X+Y}{2}}(z)=\begin{cases}4ze^{-2z}, & z>0,\\ 0, & z\leqslant0.\end{cases}$ 25. 独立，$e^{-0.1}.$

计算与证明题

1.

X ＼ Y	1	2	3	4	5	6	$p_i.$
1	1/36	1/36	1/36	1/36	1/36	1/36	6/36
2	0	2/36	1/36	1/36	1/36	1/36	6/36
3	0	0	3/36	1/36	1/36	1/36	6/36
4	0	0	0	4/36	1/36	1/36	6/36
5	0	0	0	0	5/36	1/36	6/36
6	0	0	0	0	0	6/36	6/36
$p._j$	1/36	3/36	5/36	7/36	9/36	11/36	1

2. (1) $P(X=i,Y=j)=\dfrac{n!}{i!\ j!\ (n-i-j)!}\left(\dfrac{a}{N}\right)^i\left(\dfrac{b}{N}\right)^j\left(\dfrac{c}{N}\right)^{n-i-j}(i,j=1,2,\cdots,n;\ i+j\leqslant n);$

(2) $P(X=i,Y=j)=\dfrac{C_a^i C_b^j C_c^{n-i-j}}{C_N^n}(i=0,1,\cdots,\min\{a,n\};\ j=0,1,\cdots,\min\{b,n\};\ n-c\leqslant i+j\leqslant n).$

3. (X_1,X_2) 的联合分布为
$$P(X_1=1,X_2=1)=0,\quad P(X_1=1,X_2=0)=0.8,$$
$$P(X_1=0,X_2=1)=0.1,\quad P(X_1=0,X_2=0)=0.1.$$
X_1 的边缘分布为 $P(X_1=1)=0.8,\quad P(X_1=0)=0.2.$
X_2 的边缘分布为 $P(X_2=1)=0.1,\quad P(X_2=0)=0.9.$

4. (1) $c=\dfrac{1}{96}$; (2) $\dfrac{5}{128}$; (3) $\dfrac{7}{128}.$

5. $p_X(x)=\begin{cases}\dfrac{1}{8}x, & 0\leqslant x\leqslant4,\\ 0, & \text{其他};\end{cases}$ $p_Y(y)=\begin{cases}\dfrac{1}{12}y, & 1<y<5,\\ 0, & \text{其他}.\end{cases}$

6. $F(x,y)=\begin{cases}0, & x<0\ \text{或}\ y<1,\\ x^2(y^2-1)/384, & 0\leqslant x\leqslant4,1<y<5,\\ (y^2-1)/24, & x>4,1<y<5,\\ x^2/16, & 0\leqslant x\leqslant4,y>5,\\ 1, & x>4,y>5.\end{cases}$

7. $F_X(x) = \begin{cases} 0, & x < 0, \\ \dfrac{1}{16}x^2, & 0 \leqslant x \leqslant 4, \\ 1, & x > 4; \end{cases}$ $F_Y(y) = \begin{cases} 0, & y < 1, \\ \dfrac{1}{24}(y^2 - 1), & 1 \leqslant y < 5, \\ 1, & y \geqslant 5. \end{cases}$

8. $P(XY \leqslant 1) = \dfrac{\ln 5}{192}$.

9. (1) $c = \dfrac{1}{4}$. (2) $P\left(X > \dfrac{1}{2}, Y < \dfrac{3}{2}\right) = \dfrac{27}{64}$.

   (3) $p_X(x) = \begin{cases} x + \dfrac{1}{2}, & 0 < x < 1, \\ 0, & \text{其他}; \end{cases}$ $p_Y(y) = \begin{cases} \dfrac{1}{4}(y+1), & 0 < y < 2, \\ 0, & \text{其他}. \end{cases}$

10. 当 $1 < y < 5$ 时，$p_{X|Y}(x|y) = \begin{cases} \dfrac{1}{8}x, & 0 \leqslant x \leqslant 4, \\ 0, & \text{其他}. \end{cases}$

当 y 取其他值时，$p_{X|Y}(x|y)$ 没有意义.

   当 $0 \leqslant x \leqslant 4$ 时，$p_{Y|X}(y|x) = \begin{cases} \dfrac{1}{12}y, & 1 < y < 5, \\ 0, & \text{其他}. \end{cases}$

当 x 取其他值时，$p_{Y|X}(y|x)$ 没有意义.

11. $P(X \leqslant 1 | Y > 3) = \dfrac{1}{16}$；$P(X > 2 | Y = 3) = \dfrac{3}{4}$.

12. $a = 0.12, b = 0.20, c = 0.08$.

13. 联合分布律为

$$P(X = 0, Y = 0) = \frac{a}{a+b} \cdot \frac{a-1}{a+b-1}, \quad P(X = 0, Y = 1) = \frac{a}{a+b} \cdot \frac{b}{a+b-1},$$

$$P(X = 1, Y = 0) = \frac{b}{a+b} \cdot \frac{a}{a+b-1}, \quad P(X = 1, Y = 1) = \frac{b}{a+b} \cdot \frac{b-1}{a+b-1}.$$

X 的边缘分布律为 $P(X=0) = \dfrac{a}{a+b}$, $P(X=1) = \dfrac{b}{a+b}$.

Y 的边缘分布律为 $P(Y=0) = \dfrac{a}{a+b}$, $P(Y=1) = \dfrac{b}{a+b}$.

X 与 Y 不相互独立.

14. X 与 Y 相互独立.

15. (1) $k = \dfrac{1}{8}$；(2) $\dfrac{3}{8}$；(3) $\dfrac{27}{32}$；(4) $\dfrac{2}{3}$.

16. (1) 不独立；(2) $\dfrac{1}{2}(1 - \ln 2)$，$\dfrac{1}{6} + \dfrac{1}{2}\ln 2, 1 - \dfrac{1}{2}\ln 2$.

17. (1) 不独立；(2) $\dfrac{15}{256}, \dfrac{9}{16}, 0, \dfrac{1}{24}$.

18. (1) X 与 Y 不独立；(2) X 与 Y 不独立.

19. (U, V) 的联合分布为

$$P(U=0,V=0) = \frac{1}{4}, \quad P(U=0,V=1) = 0,$$

$$P(U=1,V=0) = \frac{1}{4}, \quad P(U=1,V=1) = \frac{1}{2};$$

关于 U 的边缘分布为 $P(U=0) = \frac{1}{4}, \quad P(U=1) = \frac{3}{4}$;

关于 V 的边缘分布为 $P(V=0) = \frac{1}{2}, \quad P(V=1) = \frac{1}{2}$.

20. (1) 关于 X 的边缘分布律为

$$P(X=0) = 0.25, \quad P(X=1) = 0.45, \quad P(X=2) = 0.3;$$

(2) Z 的概率分布律为

$$P(Z=0) = 0.10, \quad P(Z=1) = 0.40, \quad P(Z=2) = 0.35, \quad P(Z=3) = 0.15.$$

21.

Z_1	0	1	2	3	4
P	$\frac{1}{9}$	$\frac{2}{9}$	$\frac{3}{9}$	$\frac{1}{9}$	$\frac{2}{9}$

Z_2	0	1	2	3	4
P	0	$\frac{3}{9}$	$\frac{4}{9}$	0	$\frac{2}{9}$

Z_3	-3	-2	-1	0	1	2	3
P	$\frac{2}{9}$	0	$\frac{1}{9}$	$\frac{3}{9}$	0	$\frac{1}{9}$	$\frac{2}{9}$

22.

Z_1	1	2	3	4	5	6
P	$\frac{1}{6}$	$\frac{1}{12}$	$\frac{1}{4}$	$\frac{1}{6}$	$\frac{1}{12}$	$\frac{1}{4}$

Z_2	1	2	3	4	5	6
P	$\frac{1}{4}$	$\frac{1}{12}$	$\frac{1}{6}$	$\frac{1}{4}$	$\frac{1}{12}$	$\frac{1}{6}$

Z_3	-5	-2	0	2	5
P	$\frac{1}{6}$	$\frac{1}{6}$	$\frac{1}{6}$	$\frac{1}{4}$	$\frac{1}{4}$

23. $p_Z(z)=\begin{cases} z^2, & 0\leqslant z\leqslant 1, \\ z(2-z), & 1<z\leqslant 2, \\ 0, & \text{其他}. \end{cases}$

24.

(1) $p(x,y)=\begin{cases} \dfrac{1}{2}e^{-\frac{y}{2}}, & 0<x<1, y>0, \\ 0, & \text{其他}; \end{cases}$

(2) $p_{X+Y}(z)=\begin{cases} 0, & z\leqslant 0, \\ 1-e^{-\frac{z}{2}}, & 0<z<1, \\ (\sqrt{e}-1)e^{-\frac{z}{2}}, & z\geqslant 1; \end{cases}$ $\quad p_{X/Y}(z)=\begin{cases} 2-\left(2+\dfrac{1}{z}\right)e^{-\frac{1}{2z}}, & z>0, \\ 0, & z\leqslant 0. \end{cases}$

(3) $1-\sqrt{2\pi}\left[\Phi(1)-\Phi(0)\right]=0.1445.$

25. $p_Z(z)=\begin{cases} 0, & z\leqslant 0, \\ \dfrac{6}{5}z^2, & 0<z\leqslant 1, \\ \dfrac{6}{5}z^{-3}, & z>1. \end{cases}$

26. $p_Z(z)=\begin{cases} \dfrac{1}{2}z^2, & 0<z<1, \\ -z^2+3z-\dfrac{3}{2}, & 1\leqslant z<2, \\ \dfrac{1}{2}z^2-3z+\dfrac{9}{2}, & 2\leqslant z<3, \\ 0, & \text{其他}. \end{cases}$

27. $p_Z(z)=\begin{cases} \dfrac{1}{2}e^{-\frac{z}{2}}, & z\geqslant 0, \\ 0, & z<0. \end{cases}$

28. (1) $A=24.$

(2) $F(x,y)=\begin{cases} 0, & x<0 \text{ 或 } y<0, \\ 12\left(x-\dfrac{1}{2}x^2\right)-8y^3+3y^4, & 0\leqslant x<1, 0\leqslant y<x, \\ 6y^2+8y^3+3y^4, & x\geqslant 1, 0\leqslant y<1, \\ 4x^3-3x^4, & 0\leqslant x<1, y\geqslant x, \\ 1, & x\geqslant 1, y\geqslant 1. \end{cases}$

(3) $p_X(x)=\begin{cases} 12x^2(1-x), & 0\leqslant x\leqslant 1, \\ 0, & \text{其他}; \end{cases}$ $\quad p_Y(y)=\begin{cases} 12y(1-y)^2, & 0\leqslant y\leqslant 1, \\ 0, & \text{其他}. \end{cases}$

(4) X 与 Y 不独立.

(5) $p_Z(z)=\begin{cases} 3z^2-2z^3, & 0\leqslant z<1, \\ 2z^3-9z^2+12z-4, & 1\leqslant z<2, \\ 0, & \text{其他}. \end{cases}$

考研题选练

1. (1) $f(x,y) = \begin{cases} \dfrac{9y^2}{x}, & 0 < x < 1, 0 < y < x, \\ 0, & \text{其他}; \end{cases}$

   (2) $f_Y(y) = \begin{cases} -9y^2 \ln y, & 0 < y < 1, \\ 0, & \text{其他}; \end{cases}$

   (3) $\dfrac{1}{8}$.

2. (D)

3. (1) $f_X(x) = \begin{cases} x, & 0 < x \leqslant 1, \\ 2-x, & 1 < x < 2, \\ 0, & \text{其他}; \end{cases}$ (2) $f_{X|Y}(x|y) = \begin{cases} \dfrac{1}{2(1-y)}, & (x,y) \in G, \\ 0, & (x,y) \notin G. \end{cases}$

4. $A = \dfrac{1}{\pi}$; $f_{Y|X}(y|x) = \dfrac{1}{\sqrt{\pi}} e^{-(y-x)^2}$.

5. (1) $f_{Y|X}(y|x) = \begin{cases} \dfrac{1}{x}, & 0 < y < x, \\ 0, & \text{其他}; \end{cases}$ (2) $\dfrac{e-2}{e-1}$.

6. (1) $\dfrac{4}{9}$; (2)

Y \ X	0	1	2
0	1/4	1/6	1/36
1	1/3	1/9	0
2	1/9	0	0

7. (A).

8. $\dfrac{3}{4}$.

第 4 章

随机变量的数字特征

4.1 内容提要

本章讲述随机变量的数字特征,主要有:数学期望、方差、二维随机变量的协方差和相关系数等.其主要概念和计算公式由下面几个表列出.

1. 数学期望

	X 为离散型随机变量	X 为连续型随机变量
数学期望定义	若 X 的分布律为 $$P(X=x_i)=p_i, \quad i=1,2,\cdots,$$ 则 $EX=\sum_{i=1}^{\infty} x_i p_i$. $\left(\text{级数} \sum_{i=1}^{\infty} x_i p_i \text{ 绝对收敛}\right)$.	若 X 的概率密度为 $p(x)$,则 $$EX = \int_{-\infty}^{+\infty} x p(x)\mathrm{d}x.$$ $\left(\text{广义积分} \int_{-\infty}^{+\infty} x p(x)\mathrm{d}x \text{ 绝对收敛}\right)$.
数学期望的性质	(1) $EC=C,C$ 为常数; (2) $E(kX)=kEX,k$ 为常数; (3) $E(X_1 \pm X_2 \pm \cdots \pm X_n)=EX_1 \pm EX_2 \pm \cdots \pm EX_n$; (4) 若 $X_1,X_2,\cdots,X_n$ 相互独立,则 $$E(X_1 X_2 \cdots X_n)=EX_1 EX_2 \cdots EX_n.$$	
函数的期望	设 $Y=f(X),f(x)$ 是连续函数,则 $EY=Ef(X)$.	
	若 X 的分布律为 $$P(X=x_i)=p_i, \quad i=1,2,\cdots,$$ 则 $EY=\sum_i f(x_i)p_i$.	若 $X\sim p(x)$,则 $$EY = \int_{-\infty}^{+\infty} f(x)p(x)\mathrm{d}x.$$

续表

函数的期望	设 $Z=f(X,Y),f(x,y)$ 是连续函数,则 $EZ=Ef(X,Y)$.	
	若 (X,Y) 的分布律为 $P(X=x_i,Y=y_j)=p_{ij}$, $i,j=1,2,\cdots$, 则 $$EZ=\sum_i\sum_j f(x_i,y_j)p_{ij}.$$ 特别地 $EX=\sum_i\sum_j x_i p_{ij}$, $$EY=\sum_i\sum_j y_i p_{ij}.$$	若 $(X,Y)\sim p(x,y)$,则 $$EZ=\int_{-\infty}^{+\infty}\int_{-\infty}^{+\infty}f(x,y)p(x,y)\mathrm{d}x\mathrm{d}y.$$ 特别地 $$EX=\int_{-\infty}^{+\infty}\int_{-\infty}^{+\infty}xp(x,y)\mathrm{d}x\mathrm{d}y,$$ $$EY=\int_{-\infty}^{+\infty}\int_{-\infty}^{+\infty}yp(x,y)\mathrm{d}x\mathrm{d}y.$$

2. 方差, 矩

方差定义	$DX=E(X-EX)^2$.	
计算公式	$DX=EX^2-(EX)^2$.	
方差性质	(1) $Dc=0,c$ 为常数; (2) $D(aX)=a^2DX,a$ 为常数; (3) $D(X+b)=DX$; (4) $D(X\pm Y)=DX+DY\pm 2E(X-EX)(Y-EY)$. 当 X,Y 相互独立时,有 $$D(X\pm Y)=DX+DY.$$	
矩	k 阶原点矩	$\gamma_k=E(X-EX)^k$, 数学期望是一阶原点矩.
	k 阶中心矩	$\mu_k=E(X-EX)^k$, $k=1,2,\cdots$, 方差是二阶中心矩.

3. 协方差与相关系数

协方差 $\mathrm{cov}(X,Y)$ 或 σ_{XY}	定义	$\mathrm{cov}(X,Y)=E(X-EX)(Y-EY)$.
	计算公式	$\mathrm{cov}(X,Y)=EXY-EXEY$.
	性质	(1) $\mathrm{cov}(X,Y)=\mathrm{cov}(Y,X)$; (2) $\mathrm{cov}(kX,Y)=k\mathrm{cov}(X,Y)$; (3) $\mathrm{cov}(X+Y,Z)=\mathrm{cov}(X,Z)+\mathrm{cov}(Y,Z)$; (4) $D(X\pm Y)=DX+DY\pm 2\mathrm{cov}(X,Y)$; (5) 若 X,Y 相互独立,则 $\mathrm{cov}(X,Y)=0$.

续表

	定义	$\rho_{XY}=\dfrac{\mathrm{cov}(X,Y)}{\sqrt{DX}\,\sqrt{DY}}$　$(DX>0,DY>0)$.
相关系数 ρ_{XY} 或 ρ	性质	(1) $\lvert\rho_{XY}\rvert\leqslant 1$. (2) $\lvert\rho_{XY}\rvert=1\Leftrightarrow P(Y=a+bX)=1$ (a,b 为常数,且 $b\neq 0$). (3) 若 X 与 Y 独立,则 $\rho_{XY}=0$. (4) 若 $\rho_{XY}=0$,则称 X 与 Y 不相关. 若 X 与 Y 独立,则 X 与 Y 一定不相关;但不相关不一定独立. (5) 若 $(X,Y)\sim N(\mu_1,\mu_2;\sigma_1,\sigma_2;\rho)$,则 $\rho_{XY}=\rho$,且 X 与 Y 独立 $\Leftrightarrow X$ 与 Y 不相关.

4. 几种常用分布的数字特征

分布名称	概率分布	数学期望	方　差
两点分布 $B(1,p)$	$P(X=x)=p^xq^{1-x}$, $x=0,1$　$0<p<1,q=1-p$.	p	q
二项分布 $B(n,p)$	$P(X=k)=C_n^kp^kq^{n-k}$, $k=1,2,\cdots,n$, $0<p<q,q=1-p$.	np	npq
泊松分布 $P(\lambda)$	$P(X=k)=\dfrac{\lambda^k}{k!}\mathrm{e}^{-\lambda}$, $k=0,1,2,\cdots$; $\lambda>0$.	λ	λ
超几何分布	$P(X=m)=\dfrac{C_M^mC_{N-M}^{n-m}}{C_N^n}$, $m=0,1,2,\cdots,\min\{M,n\}$.	$\dfrac{nM}{N}$	$\dfrac{nM}{N}\left(1-\dfrac{M}{N}\right)\dfrac{N-n}{N-1}$
几何分布	$P(X=k)=q^{k-1}p$, $k=1,2,\cdots$, $0<p<q,q=1-p$.	$\dfrac{1}{p}$	$\dfrac{q}{p^2}$
均匀分布 $U[a,b]$	$p(x)=\begin{cases}\dfrac{1}{b-a},&a\leqslant x\leqslant b,\\0,&\text{其他}.\end{cases}$	$\dfrac{a+b}{2}$	$\dfrac{(b-a)^2}{12}$
指数分布 $e(\lambda)$	$p(x)=\begin{cases}\lambda\mathrm{e}^{-\lambda x},&x>0,\\0,&x\leqslant 0.\end{cases}$	$\dfrac{1}{\lambda}$	$\dfrac{1}{\lambda^2}$

续表

		期望	方差	
一维正态 $N(\mu,\sigma^2)$	$p(x)=\dfrac{1}{\sqrt{2\pi}\,\sigma}\mathrm{e}^{-\frac{(x-\mu)^2}{2\sigma^2}},$ $-\infty<x<+\infty$；$\mu,\sigma>0$ 为常数.	μ	σ^2	
柯西分布	$p(x)=\dfrac{1}{\pi(1+x^2)},$ $-\infty<x<+\infty.$	不存在	不存在.	
二维正态 $N(\mu_1,\sigma_1^2;\mu_2,\sigma_2^2;\rho)$	$p(x,y)=\dfrac{1}{2\pi\sigma_1\sigma_2\sqrt{1-\rho^2}}$ $\cdot\exp\left\{\dfrac{1}{-2(1-\rho^2)}\left[\dfrac{(x-\mu_1)^2}{\sigma_1^2}\right.\right.$ $\left.\left.-2\rho\dfrac{(x-\mu_1)(y-\mu_2)}{\sigma_1\sigma_2}+\dfrac{(y-\mu_2)^2}{\sigma_2^2}\right]\right\}.$	期望 $EX=\mu_1$ $EY=\mu_2$	方差 $DX=\sigma_1^2$ $DY=\sigma_2^2$	相关系数 $\rho_{XY}=\rho$

4.2 典型例题解析

题型 1：基本概念、性质与简单运算的填空与选择；

题型 2：求解一维、二维随机变量的期望和方差；

题型 3：随机变量函数的期望、方差的计算和应用；

题型 4：求解二维随机变量的协方差、相关系数.

例 4.1 若随机变量服从均值为 2，方差为 σ^2 的正态分布，且 $P(2<X<4)=0.3$，则 $P(X<0)=(\qquad)$.

解 应填 0.2.

因为 X 的概率密度曲线关于 $x=2$ 对称(图 4.1)，所以

$$P(X<2)=P(X>2)=0.5,$$
$$P(0<X<2)=P(2<X<4)=0.3,$$

故

$$\begin{aligned}P(X<0)&=P(X<2)-P(0\leqslant X<2)\\&=0.5-P(0<X<2)\\&=0.5-P(0<X<2)\\&=0.5-0.3=0.2.\end{aligned}$$

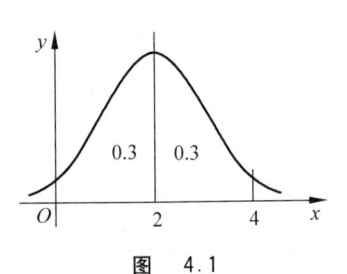

图 4.1

例 4.2 设一次试验成功的概率为 p，进行 100 次独立重复试验，当 $p=(\qquad)$时，成功次数的标准差 σ 的值最大，其最大值 $\sigma_{\max}=(\qquad)$.

解 应填 $\frac{1}{2}$；5.

设 100 次独立重复试验成功的次数为 X，则 $X \sim B(100, p)$，方差 $DX = 100p(1-p)$，标准差 $\sigma = \sqrt{DX} = \sqrt{100p(1-p)}$.

因标准差最大即方差最大，求方差的最大值.

求导得 $D'_p = 100 - 200p$，令 $D'_p = 0$ 得惟一驻点 $p = \frac{1}{2}$.

因为 $D''_{pp} = -200 < 0$，所以 $p = \frac{1}{2}$ 为极大值点也是最大点. 这时

$$D_{\max} = 100 \times \frac{1}{2} \times \frac{1}{2} = 25, \quad \sigma_{\max} = \sqrt{D_{\max}} = 5.$$

例 4.3 设 $(X, Y) \sim N(1, 2; 4, 4; 0.5)$，则 $X - Y$ 的概率密度函数为（　　）；X 与 $X - Y$ 是否相关（　　）（填"是"或"否"）.

解 应填 $\frac{1}{2\sqrt{2\pi}} e^{-\frac{(z+1)^2}{8}}$；是.

根据二维正态变量的性质可知，(X, Y) 服从二维正态分布，则 X 与 Y 都服从一维正态分布，X, Y 的线性组合 $Z = X - Y$ 服从正态分布. 设 $Z \sim N(\mu, \sigma^2)$，则

$$\mu = E(X - Y) = EX - EY = 1 - 2 = -1,$$
$$\sigma^2 = D(X - Y) = DX + DY - 2\mathrm{cov}(X, Y)$$
$$= DX + DY - 2\rho\sqrt{DXDY} = 4 + 4 - 2 \times 0.5 \times 4 = 4.$$

所以 $X - Y$ 的概率密度为

$$\varphi_z(z) = \frac{1}{2\sqrt{2\pi}} e^{-\frac{(z+1)^2}{2 \times 4}} = \frac{1}{2\sqrt{2\pi}} e^{-\frac{(z+1)^2}{8}}.$$

又因为

$$\mathrm{cov}(X, X - Y) = \mathrm{cov}(X, X) - \mathrm{cov}(X, Y) = DX - \rho\sqrt{DXDY}$$
$$= 4 - 0.5 \times \sqrt{4 \times 4} = 2 \neq 0,$$

所以 X 与 $X - Y$ 线性相关.

例 4.4 设随机变量 X 具有分布 $P(X = k) = \frac{1}{2^k}, k = 1, 2, \cdots$，求 EX 及 DX.

解 由期望的定义有

$$EX = \sum_{k=1}^{\infty} k \frac{1}{2^k} = \frac{1}{2} \sum_{k=1}^{\infty} k \frac{1}{2^{k-1}}.$$

设 $S(q) = \sum_{k=1}^{\infty} kq^{k-1}$，则 $S(q) = \left(\sum_{k=1}^{\infty} q^k \right)'_q = \left(\frac{q}{1-q} \right)'_q = \frac{1}{(1-q)^2}$，故 $S\left(\frac{1}{2} \right) = 4$，所以

$$EX = \frac{1}{2} \times 4 = 2.$$

$$EX^2 = \sum_{k=1}^{\infty} k^2 \frac{1}{2^k} = \frac{1}{2} \sum_{k=1}^{\infty} k(k+1) \frac{1}{2^{k-1}} - \sum_{k=1}^{\infty} k \frac{1}{2^k}.$$

设 $H(q) = \sum_{k=1}^{\infty} (k+1)kq^{k-1}$,则

$$H(q) = \left(\sum_{k=1}^{\infty} q^{k+1} \right)''_q = \left(\frac{q^2}{1-q} \right)''_q = \left(\frac{2q-q^2}{(1-q)^2} \right)'_q$$

$$= \left(\frac{1}{(1-q)^2} - 1 \right)'_q = \frac{2}{(1-q)^3},$$

$$H\left(\frac{1}{2} \right) = 16.$$

所以

$$EX^2 = \frac{1}{2} \times 16 - 2 = 6, \quad DX = EX^2 - (EX)^2 = 6 - 4 = 2.$$

例 4.5 设二维离散型随机变量 (X,Y) 的联合分布律为

X \ Y	-1	0	1
0	0.1	0.1	0.1
1	0.3	0.1	0.3

求: (1) EX, EY, DX, DY; (2) $D(X+Y)$.

解 (1) 解法 1   求出 X, Y 的边缘分布,分别为

X	0	1
P	0.3	0.7

Y	-1	0	1
P	0.4	0.2	0.4

由此可得 $EX = 0.7, EY = 0$,

$$EX^2 = 1^2 \times 0.7 = 0.7, \quad DX = 0.7 - 0.7^2 = 0.21,$$

$$EY^2 = 1 \times 0.4 + 1 \times 0.4 = 0.8, \quad DY = 0.8.$$

解法 2

由公式 $EX = \sum_i \sum_j x_i p_{ij}$ 计算.

$$EX = 0 \times 0.1 + 0 \times 0.1 + 0 \times 0.1 + 1 \times 0.3 + 1 \times 0.1 + 1 \times 0.3 = 0.7.$$

同理

$$EX^2 = 0^2 \times 0.1 + 0^2 \times 0.1 + 0^2 \times 0.1 + 1^2 \times 0.3 + 1^2 \times 0.1 + 1^2 \times 0.3 = 0.7,$$

$$DX = EX^2 - (EX)^2 = 0.7 - 0.7^2 = 0.21.$$

$$EY = -1 \times 0.1 + (-1) \times 0.3 + 0 \times 0.1 + 0 \times 0.1 + 1 \times 0.3 + 1 \times 0.3 = 0,$$

$$EY^2 = (-1)^2 \times 0.1 + (-1)^2 \times 0.3 + 0^2 \times 0.1 + 0^2 \times 0.1 + 1^2 \times 0.1 + 1^2 \times 0.3 = 0.8,$$

$$DY = 0.8 - 0^2 = 0.8.$$

(2) $D(X+Y) = DX + DY + 2E(X-EX)(Y-EY),$

$$E(X-EX)(Y-EY) = EXY - EXEY,$$

$$EXY = \sum_i \sum_j x_i y_j p_{ij} = 0 \times (-1) \times 0.1 + 0 \times 0 \times 0.1 + 0 \times 1 \times 0.1$$
$$+ 1 \times (-1) \times 0.3 + 1 \times 0 \times 0.1 + 1 \times 1 \times 0.3 = 0,$$

所以 $D(X+Y) = 0.21 + 0.8 + 2(0 - 0.7 \times 0) = 1.01.$

例 4.6 设有 n 把看上去样子相同的钥匙,其中只有一把能打开门上的锁,用它们去试开门上的锁.设取到每把钥匙是等可能的.求试开次数 X 的数学期望.假设:(1)若每把钥匙试开一次后除去;(2)试开一次后仍放回.

解 (1) 显然 X 取值为 $k = 1, 2, \cdots, n.$

事件 $\{X=k\}$ 即为前 $k-1$ 次未打开门,第 k 次打开门,故 X 的分布律为

$$P(X=k) = \frac{n-1}{n} \cdot \frac{n-2}{n-1} \cdot \cdots \cdot \frac{1}{n-k+1} = \frac{1}{n}, \quad k = 1, 2, \cdots, n.$$

所以 $EX = \sum_{k=1}^n k \cdot \frac{1}{n} = \frac{n+1}{2}.$

(2) X 可能取值 $1, 2, \cdots,$ 其分布律为

$$P(X=k) = \left(\frac{n-1}{n}\right)^{k-1} \frac{1}{n}, \quad k = 1, 2, \cdots.$$

$$EX = \sum_{k=1}^{\infty} k \left(\frac{n-1}{n}\right)^{k-1} \frac{1}{n} \xlongequal{\text{记为}} \frac{1}{n} \sum_{k=1}^{\infty} k q^{k-1} = \frac{1}{n} \left[\sum_{k=1}^{\infty} q^k\right]_q'$$

$$= \frac{1}{n} \cdot \frac{1}{(1-q)^2} \xlongequal{\text{代入 } q = \frac{n-1}{n}} \frac{1}{n} \cdot \frac{1}{\left(1 - \frac{n-1}{n}\right)^2} = \frac{1}{n} \cdot \frac{1}{\left(\frac{1}{n}\right)^2} = n.$$

例 4.7 设 X 的分布密度为 $p(x) = \frac{1}{2} e^{-|x|}$,求 EX 与 $DY.$

解 由期望公式知,

$$EX = \int_{-\infty}^{+\infty} x p(x) dx = \int_{-\infty}^{+\infty} x \frac{1}{2} e^{-|x|} dx = 0 \quad (\text{被积函数为奇函数}),$$

$$EX^2 = \int_{-\infty}^{+\infty} x^2 p(x) dx = \int_{-\infty}^{+\infty} \frac{x^2}{2} e^{-|x|} dx = \int_0^{+\infty} x^2 e^{-x} dx = -\int_0^{+\infty} x^2 de^{-x}$$

$$= -x^2 e^{-x} \Big|_0^{+\infty} + \int_0^{+\infty} 2x e^{-x} dx = 0 - \int_0^{+\infty} 2x de^{-x}$$

$$=-2x\mathrm{e}^{-x}\Big|_0^{+\infty}+\int_0^{+\infty}2\mathrm{e}^{-x}\mathrm{d}x=0-2\mathrm{e}^{-x}\Big|_0^{+\infty}=2,$$

$$DX=EX^2-(EX)^2=2-0^2=2.$$

例 4.8 设在时间$(0,t)$内经搜索发现沉船的概率为

$$P(t)=1-\mathrm{e}^{-vt},\quad v>0.$$

求发现沉船所需的平均搜索时间.

解 由于 $P(t)$ 是在时间 $(0,t)$ 内发现沉船的概率,$P(0)=1-1=0$,$P(+\infty)=1$,因此,设随机变量 X 是搜索时间,则 X 的分布函数为

$$F(t)=P(0<X\leqslant t)=1-\mathrm{e}^{-vt},$$

X 的密度函数为 $p(t)=F'(t)=v\mathrm{e}^{-vt}$,因此所求平均搜索时间为

$$EX=\int_0^{+\infty}tp(t)\mathrm{d}t=\int_0^{+\infty}vt\,\mathrm{e}^{-vt}\,\mathrm{d}t=-t\mathrm{e}^{-vt}\Big|_0^{+\infty}+\int_0^{+\infty}\mathrm{e}^{-vt}\,\mathrm{d}t$$

$$=-t\mathrm{e}^{-vt}\Big|_0^{+\infty}+\int_0^{+\infty}\mathrm{e}^{-vt}\,\mathrm{d}t=\frac{1}{v},$$

即发现沉船的平均时间为 $\dfrac{1}{v}$.

例 4.9(极值分布的期望值和方差) 从区间 $[0,1]$ 中随机地抽出 n 个点 $X_1,X_2,\cdots$,X_n.试分别求出最大值、最小值的数学期望和方差.

解 由题意知,$X_1,X_2,\cdots,X_n$ 都是 $[0,1]$ 上独立同分布的随机变量,$X_i(i=1,2,\cdots,n)$ 的概率密度均为

$$p(x)=\begin{cases}1,&0\leqslant x\leqslant 1,\\0,&\text{其他}.\end{cases}$$

而其分布函数均为

$$F(x)=\begin{cases}0,&x<0,\\x,&0\leqslant x<1,\\1,&x\geqslant 1.\end{cases}$$

令 $Y_1=\max\{X_1,X_2,\cdots,X_n\}$,$Y_2=\min\{X_1,X_2,\cdots,X_n\}$.

(1) $F_{Y_1}(z)=P(Y_1\leqslant z)=P(X_1\leqslant z,X_2\leqslant z,\cdots,X_n\leqslant z)$

$\qquad=P(X_1\leqslant z)P(X_2\leqslant z)\cdots P(X_n\leqslant z)=F^n(z)$

$$=\begin{cases}0,&z<0,\\z^n,&0\leqslant z<1,\\1,&z\geqslant 1.\end{cases}$$

从而 Y_1 的概率密度为

$$p_{Y_1}(z)=\begin{cases}nz^{n-1},&0\leqslant z\leqslant 1,\\0,&\text{其他},\end{cases}$$

所以

$$EY_1 = \int_0^1 z \cdot nz^{n-1} \mathrm{d}z = \frac{n}{n+1}.$$

$$DY_1 = EY_1^2 - E^2Y_1 = \int_0^1 z^2 nz^{n-1} \mathrm{d}z - \left(\frac{n}{n+1}\right)^2 = \frac{n}{(n+1)^2(n+2)}.$$

(2) $F_{Y_2}(z) = P(Y_2 \leqslant z) = 1 - P(Y_2 > z)$

$\qquad = 1 - P(X_1 > z, X_2 > z, \cdots, X_n > z)$

$\qquad = 1 - P(X_1 > z)P(X_2 > z)\cdots P(X_n > z)$

$\qquad = 1 - [1 - P(X_1 \leqslant z)][1 - P(X_2 \leqslant z)]\cdots[1 - P(X_n \leqslant z)]$

$\qquad = 1 - [1 - F(z)]^n$

$$= \begin{cases} 0, & z < 0, \\ 1 - (1-z)^n, & 0 \leqslant z < 1, \\ 1, & z \geqslant 1. \end{cases}$$

从而 Y_2 的概率密度

$$p_{Y_2}(z) = \begin{cases} n(1-z)^{n-1}, & 0 < z \leqslant 1, \\ 0, & \text{其他}. \end{cases}$$

所以

$$EY_2 = \int_0^1 zn(1-z)^{n-2} \mathrm{d}z = \frac{1}{n+1},$$

$$DY_2 = EY_2^2 - E^2Y_2 = \int_0^1 z^2 \cdot n(1-z)^{n-1} \mathrm{d}z - \frac{1}{(n+1)^2} = \frac{n}{(n+1)^2(n+2)}.$$

例 4.10 设连续型随机变量 X 的密度函数为

$$p(x) = \begin{cases} ax, & 0 < x < 2, \\ cx + b, & 2 \leqslant x < 4, \\ 0, & \text{其他}, \end{cases}$$

已知 $EX = 2, P(1 < X < 3) = \dfrac{3}{4}$, 求: (1)$a, b, c$ 的值; (2)随机变量 $Y = \mathrm{e}^X$ 的期望和方差.

解 (1) 由密度函数的性质 $\displaystyle\int_{-\infty}^{+\infty} p(x)\mathrm{d}x = 1$ 得

$$1 = \int_0^2 ax\,\mathrm{d}x + \int_2^4 (cx + b)\mathrm{d}x = 2a + bc + 2b. \qquad ①$$

又由数学期望的定义可知

$$2 = \int_0^2 ax^2\,\mathrm{d}x + \int_2^4 (cx^2 + bx)\mathrm{d}x = \frac{8}{3}a + \frac{56}{3}c + 6b. \qquad ②$$

再由 $P(1 < x < 3) = \dfrac{3}{4}$ 可得

$$\frac{3}{4} = \int_1^2 ax\,\mathrm{d}x + \int_2^3 (cx + b)\,\mathrm{d}x = \frac{3}{2}a + \frac{5}{2}c + b. \qquad ③$$

联立①②③并解之得 $a = \dfrac{1}{4}, b = 1, c = -\dfrac{1}{4}$.

(2) $EY = E\mathrm{e}^X = \displaystyle\int_0^2 \frac{1}{4} x \mathrm{e}^x \mathrm{d}x + \int_2^4 \left(-\frac{1}{4}x + 1 \right) \mathrm{e}^x \mathrm{d}x$

$\qquad = \dfrac{1}{4}(x\mathrm{e}^x - \mathrm{e}^x) \Big|_0^2 - \dfrac{1}{4}(x\mathrm{e}^x - \mathrm{e}^x) \Big|_2^4 + \mathrm{e}^x \Big|_2^4$

$\qquad = \dfrac{1}{4} - \dfrac{1}{2}\mathrm{e}^2 + \dfrac{1}{4}\mathrm{e}^4 = \dfrac{1}{4}(\mathrm{e}^2 - 1)^2,$

$EY^2 = E(\mathrm{e}^{2X}) = \displaystyle\int_0^2 \frac{1}{4} x \mathrm{e}^{2x} \mathrm{d}x + \int_2^4 \left(-\frac{1}{4}x + 1 \right) \mathrm{e}^{2x} \mathrm{d}x$

$\qquad = \dfrac{1}{16}(2x - 1)\mathrm{e}^{2x} \Big|_0^2 - \dfrac{1}{16}(2x - 1)\mathrm{e}^{2x} \Big|_2^4 + \dfrac{1}{2}\mathrm{e}^{2x} \Big|_2^4$

$\qquad = \dfrac{1}{16}(\mathrm{e}^4 - 1)^2,$

于是

$$DY = EY^2 - (EY)^2 = \frac{1}{16}(\mathrm{e}^4 - 1)^2 - \frac{1}{16}(\mathrm{e}^2 - 1)^4 = \frac{1}{4}\mathrm{e}^2(\mathrm{e}^2 - 1)^2.$$

例 4.11(电梯问题) r 个人在一楼进入电梯,楼上有 n 层,设每个乘客在任何一层楼出电梯的概率相同,试求直到电梯中的乘客出空为止时,电梯需停次数的数学期望.

解 引入随机变量 $X_i (i = 1, 2, \cdots, n)$ 表示电梯在第 i 层停的次数,即

$$X_i = \begin{cases} 1, & \text{若电梯在第 } i \text{ 层停,} \\ 0, & \text{若电梯在第 } i \text{ 层不停,} \end{cases} \quad i = 1, 2, \cdots, n.$$

由于每个人在任何一层出电梯的概率均为 $\dfrac{1}{n}$,不出电梯的概率为 $1 - \dfrac{1}{n}$,r 个人在第 i 层都不出的概率即为 $\left(1 - \dfrac{1}{n} \right)^r$,所以 X_i 的分布律为

X_i	0	1
P	$\left(1 - \dfrac{1}{n}\right)^r$	$1 - \left(1 - \dfrac{1}{n}\right)^r$

显然电梯需停的次数 $X = X_1 + X_2 + \cdots + X_n$,故有

$$EX = E(X_1 + X_2 + \cdots + X_n) = EX_1 + EX_2 + \cdots + EX_n = n\left[1 - \left(1 - \frac{1}{n} \right)^r \right].$$

例 4.12   袋中有 n 张卡片,号码分别为 $1,2,\cdots,n$,从中有放回地抽出 k 张卡片来,求所得号码之和 X 的数学期望和方差.

解   设 X 表示 k 张卡片的号码之和,X_i 表示第 i 次抽到卡片的号码 $(i=1,2,\cdots,k)$,则 $X=X_1+X_2+\cdots+X_k$. 因为是有放回地抽取,所以诸 X_i 独立,且 X_i 的分布律为

$$P(X_i=j)=\frac{1}{n},\quad j=1,2,\cdots,n;\ i=1,2,\cdots,k.$$

$$EX_i=\sum_{j=1}^{n}j\cdot\frac{1}{n}=\frac{1}{n}\cdot\frac{n(n+1)}{2}=\frac{n+1}{2},\quad i=1,2,\cdots,k.$$

$$EX=\sum_{i=1}^{k}EX_i=k\cdot\frac{n+1}{2}.$$

又因为

$$EX_i^2=\sum_{j=1}^{n}j^2\frac{1}{n}=\frac{1}{n}\frac{n(n+1)(2n+1)}{6}=\frac{1}{6}(n+1)(2n+1),$$

$$DX_i=EX_i^2-(EX_i)^2=\frac{1}{6}(n+1)(2n+1)-\frac{1}{4}(n+1)^2=\frac{1}{12}(n^2-1),$$

$$DX=DX_1+DX_2+\cdots+DX_k=\frac{k}{12}(n^2-1),$$

故 $EX=\dfrac{k}{2}(n+1),\quad DX=\dfrac{k}{12}(n^2-1)$.

例 4.13   对某一目标连续射击,直至命中 n 次为止,设每次射击的命中率为 p,求消耗的子弹数 X 的数学期望.

解   设 X_i 表示从第 $i-1$ 次命中后至第 i 次命中所消耗的子弹数,则 $X=\displaystyle\sum_{i=1}^{n}X_i$,且 X_i 服从几何分布,即

$$P(X_i=k)=(1-p)^{k-1}p,\quad k=1,2,\cdots.$$

于是

$$EX_i=\sum_{k=1}^{\infty}k(1-p)^{k-1}p=\frac{p}{[1-(1-p)]^2}=\frac{1}{p},\quad i=1,2,\cdots,n,$$

故 $EX=\displaystyle\sum_{i=1}^{n}EX_i=\frac{n}{p}$.

说明   本题中 X 的分布称为帕斯卡分布,即帕斯卡分布由若干个几何分布叠加而成.

例 4.14   设 $X_1,X_2,\cdots,X_n$ 相互独立且同分布于 $N(0,1)$,$Y=X_1^2+X_2^2+\cdots+X_n^2$,求:(1) Y 的数学期望 EY;(2) Y 的方差 DY.

解 (1) 由于 $X_1, X_2, \cdots, X_n$ 相互独立,X_i^2 是 $X_i (i=1,2,\cdots,n)$ 的连续函数,所以 $X_1^2, X_2^2, \cdots, X_n^2$ 也相互独立.对于 $i=1,2,\cdots,n, EX_i=0, DX_i=1$,

$$EX_i^2 = DX_i + EX_i^2 = 1 + 0^2 = 1,$$

所以

$$EY = EX_1^2 + EX_2^2 + \cdots + EX_n^2 = 1 + 1 + \cdots + 1 = n.$$

(2) $DY = DX_1^2 + DX_2^2 + \cdots + DX_n^2$,而

$$DX_i^2 = EX_i^4 - (EX_i^2)^2,$$

$$EX_i^4 = \int_{-\infty}^{+\infty} x^4 \frac{1}{\sqrt{2\pi}} e^{-\frac{x^2}{2}} dx = \frac{4}{\sqrt{\pi}} \int_{-\infty}^{+\infty} x^4 e^{-x^2} dx = -\frac{2}{\sqrt{\pi}} \int_{-\infty}^{+\infty} x^3 de^{-x^2}$$

$$= -\frac{2}{\sqrt{\pi}} x^3 e^{-x^2} \Big|_{-\infty}^{+\infty} + \frac{6}{\sqrt{\pi}} \int_{-\infty}^{+\infty} x^2 e^{-x^2} dx = -\frac{3}{\sqrt{\pi}} \int_{-\infty}^{+\infty} x de^{-x^2}$$

$$= -\frac{3}{\sqrt{\pi}} x e^{-x^2} \Big|_{-\infty}^{+\infty} + \frac{3}{\sqrt{\pi}} \int_{-\infty}^{+\infty} e^{-x^2} dx = \frac{3}{\sqrt{\pi}} \cdot \sqrt{\pi} = 3,$$

所以

$$DX_i^2 = 3 - 1^2 = 2, \quad DY = 2 + 2 + \cdots + 2 = 2n.$$

说明 此题中的 Y 服从 χ^2(卡方)分布,在后面的数理统计中用到它.

例 4.15(配对问题) 某人先写了 n 封投向不同地址的信,再写 n 个标有这 n 个地址的信封,求信与地址配对的个数 X 的数学期望和方差.

解 引进随机变量 X_i,定义如下:

$$X_i = \begin{cases} 1, & \text{第 } i \text{ 封信配对,} \\ 0, & \text{第 } i \text{ 封信不配对,} \end{cases} \quad i = 1, 2, \cdots, n.$$

$X = \sum_{i=1}^{n} X_i, X_i \sim (0\text{-}1)$ 分布.

将第 i 封信装入信封共有 n 种选择,而装到配对的信封中只有一种可能,所以 $P(X_i=1) = \frac{1}{n}, P(X_i=0) = \frac{n-1}{n}$. 于是

$$EX_i = \frac{1}{n}, \quad DX_i = \frac{1}{n} \cdot \frac{n-1}{n} = \frac{n-1}{n^2}, \quad i = 1, 2, \cdots, n,$$

$$EX = E(X_1 + X_2 + \cdots + X_n) = EX_1 + EX_2 + \cdots + EX_n = n \cdot \frac{1}{n} = 1.$$

即平均只有一封信装对,与 n 的大小无关.

下面求 DX.因为 $\{X_i\}$ 之间不独立,因此计算较为复杂.利用公式

$$DX = D\left(\sum_{i=1}^{n} X_i\right) = \sum_{i=1}^{n} DX_i + 2 \sum_{i=1}^{n} \sum_{j=i+1}^{n} \text{cov}(X_i, X_j),$$

这里

$$\sum_{i=1}^{n} DX_i = \sum_{i=1}^{n} \frac{n-1}{n^2} = n \cdot \frac{n-1}{n^2} = \frac{n-1}{n},$$

$$\mathrm{cov}(X_i, X_j) = EX_i X_j - EX_i EX_j,$$

其中

$$X_i X_j = \begin{cases} 1, & \text{第 } i \text{ 封信和第 } j \text{ 封信都配对,} \\ 0, & \text{其他.} \end{cases} \quad (X_i X_j) \sim (0\text{-}1) \text{ 分布,}$$

$$P(X_i X_j = 1) = P(X_i = 1, X_j = 1) = P(X_i = 1)P(X_j = 1 \mid X_i = 1)$$

$$= \frac{1}{n} \cdot \frac{1}{n-1},$$

所以

$$E(X_i X_j) = P(X_i X_j = 1) = \frac{1}{n} \cdot \frac{1}{n-1},$$

$$\mathrm{cov}(X_i, X_j) = \frac{1}{n(n-1)} - \frac{1}{n^2} = \frac{1}{n^2(n-1)},$$

$$2\sum_{i=1}^{n}\sum_{j=i+1}^{n} \mathrm{cov}(X_i, X_j) = 2C_n^2 \frac{1}{n^2(n-1)} = \frac{1}{n},$$

最后得出 $DX = \dfrac{n-1}{n} + \dfrac{1}{n} = 1.$

例 4.16　随机变量 X 服从二项分布,求随机变量 $Y = e^{aX}$ 的数学期望与方差.

解　随机变量 X 可取值 $0,1,2,\cdots,n$,它取 i 值的概率可按公式 $P(X=i) = C_n^i p^i q^{n-i}$ 求得,所以

$$Ee^{aX} = \sum_{i=0}^{n} e^{ai} C_n^i p^i q^{n-i} = \sum_{i=0}^{n} C_n^i (pe^a)^i q^{n-i} = (q + pe^a)^n,$$

$$DY = EY^2 - (EY)^2,$$

$$EY^2 = Ee^{2aX} = \sum_{i=0}^{n} e^{2ai} C_n^i p^i q^{n-i} = (q + pe^{2a})^n,$$

$$DY = (q + pe^{2a})^n - (q + pe^a)^n.$$

例 4.17　设随机变量 X, Y 独立同分布于 $N\left(0, \dfrac{1}{2}\right)$,求随机变量 $Z = |X - Y|$ 的数学期望和方差.

解　求 EZ 有两种方法.

解法 1　由于 X, Y 独立同分布,故联合概率密度为

$$p(x, y) = \frac{1}{2\pi \cdot \frac{1}{2}} e^{-\frac{2x^2 + 2y^2}{2}} = \frac{1}{\pi} e^{-(x^2 + y^2)}.$$

利用二维随机变量的期望公式,可得

$$EZ = E\mid X-Y\mid = \int_{-\infty}^{+\infty}\int_{-\infty}^{+\infty}\mid x-y\mid p(x,y)\mathrm{d}x\mathrm{d}y$$

$$= \frac{1}{\pi}\int_{-\infty}^{+\infty}\mathrm{d}x\int_{-\infty}^{x}(x-y)\mathrm{e}^{-\frac{x^2+y^2}{2}}\mathrm{d}y + \frac{1}{\pi}\int_{-\infty}^{+\infty}\mathrm{d}y\int_{-\infty}^{y}(y-x)\mathrm{e}^{-(x^2+y^2)}\mathrm{d}x$$

$$= \frac{2}{\pi}\int_{-\infty}^{+\infty}\mathrm{d}x\int_{-\infty}^{x}(x-y)\mathrm{e}^{-(x^2+y^2)}\mathrm{d}y$$

$$= \frac{2}{\pi}\left[\int_{-\infty}^{+\infty}\mathrm{d}y\int_{y}^{+\infty}x\,\mathrm{e}^{-(x^2+y^2)}\mathrm{d}x - \int_{-\infty}^{+\infty}\mathrm{d}x\int_{-\infty}^{x}y\mathrm{e}^{-(x^2+y^2)}\mathrm{d}y\right]$$

$$= \frac{2}{\pi}\int_{-\infty}^{+\infty}\mathrm{e}^{-2y^2}\mathrm{d}y = \sqrt{\frac{2}{\pi}}.$$

解法 2 先求 $W=X-Y$ 的分布,因为 X,Y 都服从正态分布,所以 $W=X-Y$ 也服从正态分布,且

$$EW = 0, \quad DW = DX + DY = \frac{1}{2} + \frac{1}{2} = 1,$$

即 $W \sim N(0,1)$,所以

$$EZ = E\mid W\mid = \int_{-\infty}^{+\infty}\mid u\mid \frac{1}{\sqrt{2\pi}}\mathrm{e}^{-\frac{u^2}{2}}\mathrm{d}u = 2\int_{0}^{+\infty}\frac{u}{\sqrt{2\pi}}\mathrm{e}^{-\frac{u^2}{2}}\mathrm{d}u = \sqrt{\frac{2}{\pi}}.$$

显然,解法 2 比解法 1 简便,这里主要是用了正态分布的可加性.

求方差 DZ.

$$DZ = EZ^2 - (EZ)^2 = EW^2 - (EZ)^2 = DW + (EW)^2 - (EZ)^2$$

$$= 1 + 0 - \frac{2}{\pi} = 1 - \frac{2}{\pi}.$$

例 4.18 5 家商店联营,它们每两周售出的某种农产品的数量(以 kg 计)分别为 X_1,X_2,X_3,X_4,X_5,且已知 $X_1 \sim N(200,225)$,$X_2 \sim N(240,240)$,$X_3 \sim N(180,225)$,$X_4 \sim N(260,265)$,$X_5 \sim N(320,270)$,X_1,X_2,X_3,X_4,X_5 相互独立.

(1) 求 5 家商店两周的总销售量的均值和方差.

(2) 商店每隔两周进货一次,为了使新的供货到达前商店不会脱销的概率大于 0.99,问商店的仓库应至少储存多少千克该产品?

解 以 Y 记 5 家商店该种产品的总销售量,即 $Y = X_1 + X_2 + X_3 + X_4 + X_5$.

(1) 按题设 $X_i(i=1,2,3,4,5)$ 相互独立且均服从正态分布,即有

$$E(Y) = \sum_{i=1}^{5}EX_i = 200 + 240 + 180 + 260 + 320 = 1200,$$

$$D(Y) = \sum_{i=1}^{5}DX_i = 225 + 240 + 225 + 265 + 270 = 1225.$$

(2) 设仓库应至少储存 $n\,\mathrm{kg}$ 该产品,才能使该产品不脱销的概率大于 0.99,按题意,

n 应满足条件

$$P(Y \leqslant n) > 0.99.$$

由于 $Y \sim N(1200, 35^2)$，故有 $P(Y \leqslant n) = \Phi\left(\dfrac{n-1200}{35}\right)$. 因而上述不等式即为

$\Phi\left(\dfrac{n-1200}{35}\right) > 0.99 = \Phi(2.33)$，从而 $\dfrac{n-1200}{35} > 2.33$，故应有 $n > 1200 + 2.33 \times 35 =$

1281.55，即需取 $n = 1282 \text{kg}$.

例 4.19   航海雷达的环视扫描显示器是半径为 R 的一个圆, 由方位物(灯塔)反射回来的信号按均匀分布可能用光点的形式呈现在这个圆内的任意一点, 求光点中心到圆心的距离的数学期望与方差.

解   以显示器中心为原点建立直角坐标系, 设反射光点中心的坐标为随机变量(X,Y), 则(X,Y)服从 D：$x^2 + y^2 \leqslant R^2$ 上的均匀分布, 分布密度为

$$p(x,y) = \begin{cases} \dfrac{1}{\pi R^2}, & (X,Y) \in D, \\[2mm] 0, & (X,Y) \notin D. \end{cases}$$

光点中心到原点的随机距离 $V = \sqrt{X^2 + Y^2}$ 是(X,Y)的函数, 由随机变量函数的期望公式, 得

$$EV = E\sqrt{X^2 + Y^2} = \iint\limits_{D} \sqrt{x^2 + y^2}\, \frac{1}{\pi R^2}\, \mathrm{d}x\mathrm{d}y = \frac{1}{\pi R^2}\int_0^{2\pi} \mathrm{d}\theta \int_0^R r^2\, \mathrm{d}r = \frac{2}{3}R,$$

$$EV^2 = E(X^2 + Y^2) = \iint\limits_{D} (x^2 + y^2)\, \frac{1}{\pi R^2}\, \mathrm{d}x\mathrm{d}y = \frac{1}{\pi R^2}\int_0^{2\pi} \mathrm{d}\theta \int_0^R r^3\, \mathrm{d}r = \frac{R^2}{2},$$

故

$$DV = EV^2 - (EV)^2 = \frac{R^2}{2} - \frac{4}{9}R^2 = \frac{R^2}{18}.$$

例 4.20   假设一部机器在一天内发生故障的概率为 0.2, 且一旦发生故障就全天停止工作. 按一周 5 个工作日计算, 如果不发生故障, 厂家可获利润 10 万元; 若只发生 1 次故障, 仍可获利润 5 万元; 如果发生 2 次故障, 不获利也不亏损, 如果发生 3 次或 3 次以上故障, 就要亏损 2 万元, 求一周内利润的期望值.

解   这是一个求函数期望的应用题.

设 X 表示一周 5 天内发生故障的次数(天数), 据题意 $X \sim B(5, 0.2)$, 即 $n = 5$, $p = 0.2$ 的二项分布.

$$P(X = k) = \mathrm{C}_5^k \times 0.2^k (1 - 0.2)^{5-k}, \quad k = 1,2,3,4,5,$$

具体的概率值为

$$P(X = 0) = 0.8^5 \approx 0.3277,$$

$$P(X = 1) = \mathrm{C}_5^1 \times 0.2 \times 0.8^4 \approx 0.4096,$$

$$P(X=2)=C_5^2 \times 0.2^2 \times 0.8^3 \approx 0.2048,$$

$$\begin{aligned}
P(X \geqslant 3) &= 1 - P(X=0) - P(X=1) - P(X=2) \\
&= 1 - 0.3277 - 0.4096 - 0.2048 \\
&= 0.0579.
\end{aligned}$$

以 Y 表示利润,$Y=f(X)$,取值如下:

$$Y=\begin{cases}
10, & X=0, \\
5, & X=1, \\
0, & X=2, \\
-2, & X \geqslant 3.
\end{cases}$$

$$\begin{aligned}
EY &= \sum_{j=1}^{4} y_j P(Y=y_j) \\
&= 10P(Y=10) + 5P(Y=5) + 0 \times P(Y=0) + (-2)P(Y=-2) \\
&= 10P(X=0) + 5P(X=1) + 0 \times P(X=2) + (-2)P(X \geqslant 3) \\
&\approx 10 \times 0.3277 + 5 \times 0.4096 + 0 + (-2) \times 0.0579 \\
&= 5.2092(万元),
\end{aligned}$$

即一周内利润的期望值为 5.2092 万元.

例 4.21 设二维连续型随机变量 (X,Y) 服从区域 $D=\{(x,y) \mid 0 \leqslant y \leqslant 1, y \leqslant x \leqslant 3-y\}$ 上的均匀分布,求 X,Y 的方差和协方差.

解 D 的图形为梯形,如图 4.2 所示,D 的面积

$$S_D = \frac{(1+3) \times 1}{2} = 2.$$

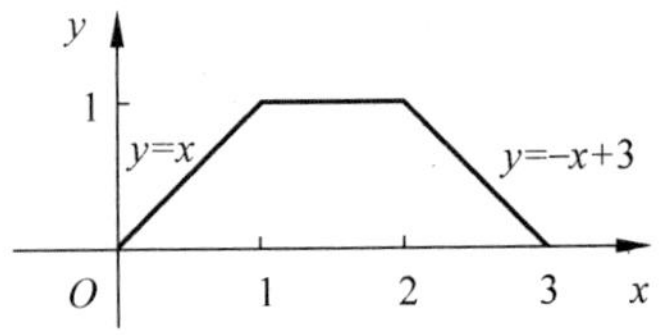

故 (X,Y) 的联合分布密度为

$$p(x,y)=\begin{cases}
\dfrac{1}{2}, & (x,y) \in D, \\
0, & (x,y) \notin D.
\end{cases}$$

图 4.2

$$\begin{aligned}
EX &= \int_{-\infty}^{+\infty} \int_{-\infty}^{+\infty} x p(x,y) \mathrm{d}x \mathrm{d}y \\
&= \int_0^1 \mathrm{d}y \int_y^{3-y} \frac{x}{2} \mathrm{d}x = \int_0^1 \frac{1}{4}(9-6y) \mathrm{d}y = \frac{3}{2},
\end{aligned}$$

$$EX^2 = \int_{-\infty}^{+\infty} \int_{-\infty}^{+\infty} x^2 p(x,y) \mathrm{d}x \mathrm{d}y = \int_0^1 \mathrm{d}y \int_y^{3-y} \frac{x^2}{2} \mathrm{d}x = \int_0^1 \frac{1}{6}[(3-y)^3 - y^3] \mathrm{d}y = \frac{8}{3},$$

$$DX = EX^2 - (EX)^2 = \frac{8}{3} - \left(\frac{3}{2}\right)^2 = \frac{5}{12}.$$

$$EY = \int_{-\infty}^{+\infty} \int_{-\infty}^{+\infty} y p(x,y) \mathrm{d}x \mathrm{d}y = \int_0^1 y \mathrm{d}y \int_y^{3-y} \frac{1}{2} \mathrm{d}x = \frac{1}{2} \int_0^1 y(3-2y) \mathrm{d}y = \frac{5}{12},$$

$$EY^2 = \int_{-\infty}^{+\infty}\int_{-\infty}^{+\infty} y^2 p(x,y)\mathrm{d}x\mathrm{d}y = \int_0^1 \frac{1}{2}y^2\mathrm{d}y\int_y^{3-y}\mathrm{d}x = \frac{1}{2}\int_0^1 y^2(3-2y)\mathrm{d}y = \frac{1}{4},$$

$$DY = EY^2 - (EY)^2 = \frac{1}{4} - \left(\frac{5}{12}\right)^2 = \frac{11}{144}.$$

$$EXY = \int_{-\infty}^{+\infty}\int_{-\infty}^{+\infty} xy p(x,y)\mathrm{d}x\mathrm{d}y = \int_0^1 \mathrm{d}y\int_y^{3-y} \frac{1}{2}xy\mathrm{d}x = \int_0^1 \left(\frac{9}{4}y - \frac{3}{2}y^2\right)\mathrm{d}y = \frac{5}{8},$$

$$\mathrm{cov}(X,Y) = EXY - EXEY = \frac{5}{8} - \frac{3}{2}\times\frac{5}{12} = 0.$$

说明　使用公式 $EX = \int_{-\infty}^{+\infty}\int_{-\infty}^{+\infty} xp(x,y)\mathrm{d}x\mathrm{d}y$ 时要注意 $p(x,y)$ 只在 D 上取值时非零,所以 $EX = \iint_D \frac{1}{2}\mathrm{d}x\mathrm{d}y$,余下的问题是如何计算 D 上的一个二重积分.

本题也可先求出 X,Y 的边缘密度,再利用公式 $EX = \int_{-\infty}^{+\infty} xp_x(x)\mathrm{d}x$ 计算,但那样做步骤会多一些.

例 4.22　设有 N 件产品,其中 M 件一级品,现连续抽取两次,每次一件无放回,以 $X_i(i=1,2)$ 表示第 i 次抽得一级品的个数(0 或 1),求 X_1 和 X_2 的相关系数.

解　记 $p = \dfrac{M}{N}, q = 1-p$. 易知 $X_i(i=1,2)$ 服从参数为 p 的 0-1 分布, $EX_i = p, DX_i = pq$. 现在求乘积 X_1X_2 的分布:它只取 0 和 1 两个值,其中

$$P(X_1X_2 = 1) = P(X_1 = 1, X_2 = 1) = P(X_1 = 1)P(X_2 = 1 \mid X_1 = 1)$$

$$= \frac{M}{N}\cdot\frac{M-1}{N-1} = p\frac{M-1}{N-1},$$

由此可见 $E(X_1X_2) = p\dfrac{M-1}{N-1}$. 因此

$$\mathrm{cov}(X_1,X_2) = p\frac{M-1}{N-1} - p^2 = p\frac{M-N}{N(N-1)},$$

$$\rho = \frac{\mathrm{cov}(X_1,X_2)}{\sqrt{DX_1 DX_2}} = \frac{p}{pq}\frac{M-N}{N(N-1)} = -\frac{1}{N-1}.$$

说明　注意题中我们并没有求 X_1 和 X_2 的联合分布. 由于利用公式 $\mathrm{cov}(X_1,X_2) = EX_1X_2 - EX_1EX_2$,因此只需求 X_1X_2 的分布,这样可以简化计算.

例 4.23　已知随机变量 $X\sim N(1,3^2), Y\sim N(0,4^2)$,且 X 与 Y 的相关系数 $\rho_{XY} = -\dfrac{1}{2}$,设 $Z = \dfrac{X}{3} + \dfrac{Y}{2}$. 求:(1) EZ, DZ;(2) ρ_{XZ}.

解　(1) 由期望与方差的性质得

$$EZ = \frac{1}{3}EX + \frac{1}{2}EY = \frac{1}{3}\times 1 + \frac{1}{2}\times 0 = \frac{1}{3},$$

$$DZ = D\left(\frac{1}{3}X + \frac{1}{2}Y\right) = \frac{1}{9}DX + \frac{1}{4}DY + 2\mathrm{cov}\left(\frac{1}{3}X, \frac{1}{2}Y\right)$$

$$= \frac{1}{9} \times 9 + \frac{1}{4} \times 16 + 2 \times \frac{1}{3} \times \frac{1}{2}\mathrm{cov}(X, Y)$$

$$= 1 + 4 + \frac{1}{3}\rho_{XY}\sqrt{DXDY} = 5 + \frac{1}{3} \times \left(-\frac{1}{2}\right) \times 3 \times 4 = 3.$$

（2）由协方差性质可得

$$\mathrm{cov}(X, Z) = \mathrm{cov}\left(X, \frac{X}{3} + \frac{Y}{2}\right) = \frac{1}{3}DX + \frac{1}{2}\mathrm{cov}(X, Y)$$

$$= \frac{1}{3} \times 9 + \frac{1}{2} \times \left(-\frac{1}{2}\right) \times 3 \times 4 = 0,$$

所以 $\rho_{XZ} = \dfrac{\mathrm{cov}(X, Z)}{\sqrt{DXDZ}} = 0.$

例 4.24 设 $X \sim N(0,1)$，$Y = X^2$，求 X 与 Y 的相关系数.

解 因 $X \sim N(0,1)$，故 $EX = 0$，

$$\mathrm{cov}(X, Y) = E(XY) - EXEY = E(XY) = EX^3,$$

而

$$EX^3 = \int_{-\infty}^{+\infty} x^3 \frac{1}{\sqrt{2\pi}} \mathrm{e}^{-\frac{x^2}{2}} \mathrm{d}x = 0,$$

故 $\mathrm{cov}(X, Y) = 0$，即 $\rho = 0$.

例 4.25 设 X, Y 相互独立，同服从正态分布 $N(0, \sigma^2)$. 又

$$\xi = aX + bY, \quad \eta = aX - bY.$$

（1）求 $\rho_{\xi\eta}$.

（2）ξ, η 是否相关？是否独立？

（3）当 ξ, η 相互独立时，求 (ξ, η) 的联合密度函数.

解 （1）$X \sim N(0, \sigma^2)$，$Y \sim N(0, \sigma^2)$，故

$$EX = EY = 0, \quad DX = DY = \sigma^2.$$

$$E\xi = aEX + bEY = 0, \quad E\eta = aEX - bEY = 0.$$

由于 X, Y 相互独立，所以 aX 与 bY 也相互独立，故有

$$D\xi = a^2DX + b^2DY = (a^2 + b^2)\sigma^2, \quad D\eta = a^2DX + b^2DY = (a^2 + b^2)\sigma^2.$$

由协方差的性质知，

$$\mathrm{cov}(\xi, \eta) = \mathrm{cov}(aX + bY, aX - bY)$$

$$= a^2\mathrm{cov}(X, X) - ab\mathrm{cov}(X, Y) + ba\mathrm{cov}(Y, X) - b^2\mathrm{cov}(Y, Y)$$

$$= a^2DX - b^2DY = (a^2 - b^2)\sigma^2,$$

所以

$$\rho_{\xi\eta} = \frac{\text{cov}(\xi,\eta)}{\sqrt{DXDY}} = \frac{(a^2-b^2)\sigma^2}{(a^2+b^2)\sigma^2} = \frac{a^2-b^2}{a^2+b^2}.$$

(2) 当 $|a|=|b|$ 时，$\rho_{\xi\eta}=0$，ξ,η 不相关；当 $|a|\neq|b|$ 时，$\rho_{\xi\eta}\neq0$，ξ,η 相关.

由于 X,Y 都服从正态分布且相互独立，ξ,η 都是 X,Y 的线性组合，所以 ξ,η 都服从正态分布 $N[0,(a^2+b^2)\sigma^2]$，在正态分布中，不相关与独立是等价的，所以当 $|a|=|b|$ 时，ξ,η 是相互独立的，$|a|\neq|b|$ 时，ξ,η 是不独立的.

(3) 当 ξ,η 相互独立时，即 $a^2=b^2$ 时，$\xi\sim N(0,2a^2\sigma^2)$，$\eta\sim N(0,2a^2\sigma^2)$，

$$\varphi_\xi(s) = \frac{1}{\sqrt{2\pi}\sqrt{2}|a|\sigma}e^{-\frac{s^2}{4a^2\sigma^2}}, \quad \varphi_\eta(t) = \frac{1}{\sqrt{2\pi}\sqrt{2}|a|\sigma}e^{-\frac{t^2}{4a^2\sigma^2}},$$

$$\varphi_{\xi,\eta}(s,t) = \varphi_\xi(s)\varphi_\eta(t) = \frac{1}{4\pi a^2\sigma^2}e^{\frac{s^2+t^2}{4a^2\sigma^2}}.$$

例 4.26 若 ξ_1,ξ_2 相互独立，均服从 $N(\mu,\sigma^2)$，试证：$E(\max\{\xi_1,\xi_2\})=\mu+\dfrac{\sigma}{\sqrt{\pi}}$.

证明 设 $\eta=\max\{\xi_1,\xi_2\}$，由于 ξ_1,ξ_2 相互独立且都服从 $N(\mu,\sigma^2)$，则有

$$F_\eta(y) = P(\eta\leqslant y) = P(\max\{\xi_1,\xi_2\}\leqslant y) = P(\xi_1\leqslant y,\xi_2\leqslant y)$$
$$= P(\xi_1\leqslant y)P(\xi_2\leqslant y) = [F_{\xi_1}(y)]^2.$$

密度函数

$$p_\eta(y) = 2F_{\xi_1}(y)p_{\xi_1}(y) = \frac{1}{\pi\sigma^2}e^{-\frac{(y-\mu)^2}{2\sigma^2}}\int_{-\infty}^y e^{-\frac{(t-\mu)^2}{2\sigma^2}}dt.$$

故

$$E\eta = \int_{-\infty}^{+\infty} yp_\eta(y)dy = \int_{-\infty}^{+\infty}\frac{y}{\pi\sigma^2}e^{-\frac{(y-\mu)^2}{2\sigma^2}}dy\int_{-\infty}^y e^{-\frac{(t-\mu)^2}{2\sigma^2}}dt$$

$$\xupdownarrow{\diamondsuit u=y-\mu} \int_{-\infty}^{+\infty}\frac{u}{\pi\sigma^2}e^{-\frac{u^2}{2\sigma^2}}du\int_{-\infty}^{u+\mu}e^{-\frac{(t-\mu)^2}{2\sigma^2}}dt + \int_{-\infty}^{+\infty}\mu p_\eta(y)dy$$

$$= -\frac{1}{\pi}e^{-\frac{u^2}{2\sigma^2}}\int_{-\infty}^{u+\mu}e^{-\frac{(t-\mu)^2}{2\sigma^2}}dt\Big|_{-\infty}^{+\infty} + \frac{1}{\pi}\int_{-\infty}^{+\infty}e^{-\frac{u^2}{2\sigma^2}}e^{-\frac{u^2}{2\sigma^2}}du + \mu$$

$$= 0 + \frac{1}{\pi}\int_{-\infty}^{+\infty}e^{-\frac{u^2}{\sigma^2}}du + \mu$$

$$= \frac{2\sigma}{\pi}\int_0^{+\infty}e^{-\left(\frac{u}{\sigma}\right)^2}d\frac{u}{\sigma} + \mu$$

$$= \frac{2\sigma}{\pi}\frac{\sqrt{\pi}}{2} + \mu = \frac{\sigma}{\sqrt{\pi}} + \mu.$$

4.3 习题

填空与选择题

1. $P(X=n)=P(X=-n)=\dfrac{1}{2n(n+1)}$ $(n=1,2,\cdots)$,则 $EX=($).

(A) 0　　　　(B) 1　　　　(C) 0.5　　　　(D) 不存在

2. 设随机变量 $X\sim B(n,p)$,且 $EX=2.4$,$DX=1.44$,则二项分布中的参数 $n=($);$p=($).

3. 设随机变量 X 服从参数为 1 的指数分布,则 $E(X+\mathrm{e}^{-2X})=($).

4. 设 X,Y 为两个相互独立的随机变量,已知 X 在 $[0,2]$ 上服从均匀分布,Y 服从参数为 3 的指数分布,则 $EXY=($).

5. 设 X 表示 10 次独立重复射击命中目标的次数,每次命中目标的概率为 0.4,则 $EX^2=($).

6. 设 X_1,X_2,X_3 相互独立,其中 X_1 在 $[0,6]$ 上服从均匀分布,X_2 服从正态分布 $N(0,2^2)$,X_3 服从参数为 $\lambda=3$ 的泊松分布.记 $Y=X_1-2X_2+3X_3$,则 $DY=($).

7. 设 X 与 Y 的方差各为 25,36,相关系数为 0.4,则 $D(X-Y)=($).

8. 设 X 与 Y 相互独立,且 $EX=EY=0$,$DX=DY=1$,则 $E(X+Y)^2=($).

9. 已知连续型随机变量 X 的概率密度为 $p(x)=\dfrac{1}{\sqrt{\pi}}\mathrm{e}^{-x^2+2x-1}$,则 $EX=($);$DX=($).

10. 设随机变量 X 的分布律为

X	-1	0	$\dfrac{1}{2}$	1	2
P	$\dfrac{1}{3}$	$\dfrac{1}{6}$	$\dfrac{1}{6}$	$\dfrac{1}{12}$	$\dfrac{1}{4}$

则 $EX=($);$E(1-X)=($);$EX^2=($).

11. 设随机变量 X 的概率密度为

$$p(x)=\begin{cases} \dfrac{x}{8}, & 0<x<4, \\ 0, & \text{其他.} \end{cases}$$

对 X 独立观察 3 次,记事件 $\{X\leqslant 1\}$ 出现的次数为 Y,则 $EY=($);$DY=($).

12. 设随机变量 $X\sim B(n,p)$,$EX=0.8$,$EX^2=1.28$.则 X 取值为( )的概率最大;其概率为( ).

13. 有两台同样的自动记录仪,每台无故障工作的时间服从参数为 5 的指数分布,首先开动一台,当其发生故障而停用时另一台则自行开动.两台记录仪无故障工作的总时间 T 的数学期望 $ET=$( ),方差 $DT=$( ).

14. 设 X 与 Y 为相互独立的随机变量,且各自的密度函数都是

$$p(x) = \begin{cases} 2x\theta^2, & 0 < x < \dfrac{1}{\theta}, \\ 0, & \text{其他}. \end{cases}$$

如果 $E[C(X+2Y)]=\dfrac{1}{\theta}$,则常数 $C=$( ).

15. 设 $Z=\ln X \sim N(\mu,\sigma^2)$,则 $EX=$( ).

16. 已知随机变量 X 的数学期望 EX,则必有( ).

(A) $EX^2=(EX)^2$ (B) $EX^2 \geqslant (EX)^2$

(C) $EX^2 \leqslant (EX)^2$ (D) $EX^2+(EX)^2=1$

17. 设 X,Y 相互独立,$X \sim N(0,1)$,$Y \sim N(1,2)$,$Z=X+2Y$,则 $\rho_{ZX}=$( ).

18. 设有二维随机变量 (X,Y),已知 X,Y 的方差分别为 $16,4$;X,Y 的相关系数 $\rho_{XY}=-\dfrac{1}{4}$,则 $X-Y$ 的方差为( ).

19. 关系式 $\rho_{XY}=0$ 表示 X 与 Y( ).

(A) 相互独立   (B) 不相关

(C) $P(Y=aX+b)=1$ $(a \neq 0)$ (D) 满足 $[\text{cov}(X,Y)]^2=DXDY$

20. 已知随机变量 X 的方差存在且大于 0,随机变量 Y 是 X 的线性函数,即 $Y=aX+b$(b 为非零常数),则 X 与 Y 的相关系数 $\rho_{XY}=$( ).

计算与证明题

1. 设随机变量 X 的分布律为

X	-2	0	2
P	0.4	0.3	0.3

求 $EX,E(2X-1)$ 和 EX^2.

2. 设离散型随机变量 X 的分布律为

X	-3	-2	-1	0	1	2
P	1/8	1/8	1/4	1/4	1/8	1/8

试求 EX,DX 和 $D(2X-3)$.

3. 一批零件中有 9 件合格品与 3 件废品,安装机器时从中任取 1 件,如果取出的是

废品则不再放回去,求在取得合格品以前已取出的废品数的数学期望.

4. 一整数等可能地在 1~10 这 10 个数中取值,以 X 记这 10 个数中能整除该数的个数,求 EX.

5. 设随机变量 X 的概率密度为

$$p(x) = \begin{cases} \dfrac{1}{\pi\sqrt{1-x^2}}, & |x| < 1, \\ 0, & |x| \geqslant 1. \end{cases}$$

求 EX, DX 和 $P(|X-EX| < \sqrt{DX})$.

6. 设随机变量 X 的概率密度为

$$p(x) = \begin{cases} 1+x, & -1 \leqslant x \leqslant 0, \\ 1-x, & 0 < x \leqslant 1, \end{cases}$$

求 DX.

7. 设随机变量 X 的分布函数为

$$F(x) = \begin{cases} 0, & x < -1, \\ a + b\arcsin x, & |x| \leqslant 1, \\ 1, & x > 1. \end{cases}$$

试确定常数 a, b,并求 EX 及 DX.

8. 如果事件 A 在第 i 次试验中发生的概率为 $p_i(i=1,2,\cdots,n)$,求事件 A 在 n 次独立试验中发生次数的期望与方差.

9. 轮船自远海按期返港的概率等于 p_1,自近海按期返港的概率等于 p_2. 已有 n_1 艘船完成了远航,n_2 艘船完成了近航. 求按期返港的轮船数的数学期望和方差.

10. 随机变量 X 的概率分布为 $P(X=k)=\dfrac{1}{5}(k=1,2,\cdots,5)$. 求 EX^2 及 $E(X+2)^2$.

11. 设随机变量 X 的密度函数为

$$p(x) = \begin{cases} x, & 0 \leqslant x < 1, \\ 2-x, & 1 < x < 2, \\ 0, & \text{其他}. \end{cases}$$

计算 EX^n(n 为自然数).

12. 设 (X,Y) 的密度函数为

$$p(x,y) = \begin{cases} k, & 0 < x < 1, 0 < y < x, \\ 0, & \text{其他}. \end{cases}$$

求 k 和 EXY.

13. 设 (X,Y) 的密度函数为

$$p(x,y) = \begin{cases} 12y^2, & 0 < y \leqslant x < 1, \\ 0, & \text{其他}. \end{cases}$$

试求 EX, EY, EXY 和 $E(X^2 + Y^2)$.

14. 设在区域 D（x 轴，y 轴和 $x + y + 1 = 0$ 围成的区域）上服从均匀分布，求 EX，$E(-3X + 2Y)$ 和 EXY.

15. 设 X, Y 是两个相互独立的随机变量，其概率密度分别为

$$p_X(x) = \begin{cases} 2x, & 0 \leqslant x \leqslant 1, \\ 0, & \text{其他}; \end{cases} \qquad p_Y(x) = \begin{cases} \mathrm{e}^{-(y-5)}, & y > 5, \\ 0, & y \leqslant 5. \end{cases}$$

求 EXY 和 DXY.

16. 在长为 l 的线段上任取两点，求两点间距离的数学期望和方差.

17. 过半径为 R 的圆周上一点 O 任意作圆的弦 OA，OA 与直径 OB 的夹角 X 服从均匀分布. 求所有这些弦长 AB 的平均长度及弦长 AB 的方差.

18. 游客乘电梯从底层到电视塔顶层观光，电梯于每个整点的第 5min，25min 和 55min 从底层起行，假设一游客在早 8 点的第 Xmin 到达底层候梯处，且 X 在 $[0,60]$ 上均匀分布，求该游客等候时间的数学期望.

19. 假设 X, Y 相互独立，且均服从 $N(0,1)$，$Z = \min\{X, Y\}$，求 EZ.

20. 设随机变量 $X_1, X_2, \cdots, X_n$ 相互独立，且都在区间 $[0,1]$ 上服从均匀分布. 令 $X = \min\{X_1, X_2, \cdots, X_n\}$，$Y = \max\{X_1, X_2, \cdots, X_n\}$. 求：(1)$EX$ 和 DX；(2)EY 和 DY.

21. 设二维离散型随机变量 (X, Y) 的联合分布为

X＼Y	-1	0	1
0	0.1	0.1	0.1
1	0.3	0.1	0.3

求：(1) X 与 Y 的协方差；(2) $D(X+Y)$；(3) X 与 Y 是否独立？

22. 设随机变量 X_1 与 X_2 相互独立且同分布，X_1 的分布律为

$$P(X_1 = i) = \frac{1}{3}, \quad i = 1, 2, 3.$$

令 $X = \min\{X_1, X_2\}$，$Y = \max\{X_1, X_2\}$.

(1) 求 (X, Y) 的联合分布；(2) 计算 X 与 Y 的协方差.

23. 某箱中装有 100 件产品，其中一、二、三等品分别为 80 件、10 件、10 件. 现从中随机抽取 1 件，记

$$X_i = \begin{cases} 1, & \text{抽到 } i \text{ 等品,} \\ 0, & \text{其他,} \end{cases} \qquad i = 1,2,3.$$

试求:(1) 随机变量 X_1 与 X_2 的联合分布;(2) 随机变量 X_1 与 X_2 的相关系数.

24. 设盒中有 a 个白球,b 个红球,今从盒中有放回地随机取 n 次球,每次取一球,设

$$X_i = \begin{cases} 1, & \text{第 } i \text{ 次取得白球,} \\ 0, & \text{第 } i \text{ 次取得红球,} \end{cases} \qquad Y_i = \begin{cases} 1, & \text{第 } i \text{ 次取得白球,} \\ -1, & \text{第 } i \text{ 次取得红球,} \end{cases} \qquad i = 1,2,\cdots,n.$$

求:(1) X_i 与 $Y_i (i=1,2,\cdots,n)$ 的相关系数;(2) $S_n = \sum_{i=1}^{n} X_i$ 的概率分布.

25. 已知随机变量 X,Y 分别服从 $N(1,3^2),N(0,4^2)$,它们的相关系数 $\rho_{XY} = -\dfrac{1}{2}$,设 $Z = \dfrac{X}{3} + \dfrac{Y}{2}$.

(1) 求 Z 的数学期望和方差;

(2) 求 X 与 Z 的相关系数;

(3) X 与 Z 是否独立? 说明理由.

26. 设 $X_1,X_2,\cdots,X_n$ 是独立同分布于 $N(\mu,\sigma^2)$ 的随机变量,令 $Y_n = \sum_{i=1}^{n} X_i$,试求 Y_n 与 X_1 的相关系数.

27. 已知随机变量 (X,Y) 的联合密度为

$$p(x,y) = \begin{cases} e^{-(x+y)}, & x>0,y>0, \\ 0, & \text{其他.} \end{cases}$$

证明: X 与 Y 是不相关的.

28. 设 (X,Y) 在 $G = \{(x,y) \mid 0 < x < y < 1\}$ 上服从均匀分布,求 ρ_{XY} 并说明 X 与 Y 是否独立.

29. 设随机变量 X 服从正态分布 $N(0,1)$,试证 X 与 X^2 不相关.

30. 设随机变量 (X,Y) 在单位圆上服从均匀分布,试证 X 和 Y 不相关,但 X 和 Y 不独立.

考研题选练

1. (2014 年,数一、三) 设随机变量 X 的概率分布为 $P(X=1) = P(X=2) = \dfrac{1}{2}$,在给定 $X=i$ 的条件下,随机变量 Y 服从均匀分布 $U(0,i)(i=1,2)$. 求:(1) Y 的分布函数 $F_Y(y)$.(2) EY.

2. (2013 年,数一、三) 设随机变量 X 服从标准正态分布 $X \sim N(0,1)$,则 $E(Xe^{2X})$ = _____.

3. (2011 年,数一、三)　设二维随机变量(X,Y)服从 $N(\mu,\mu;\sigma^2,\sigma^2;0)$,则 $E(XY^2)$ = _____.

4. (2004 年,数三)　设随机变量 $X\sim e(\lambda)$,则 $P\{X\geqslant\sqrt{DX}\}=$ _____.

4.4　习题参考答案

填空与选择题

1. (D).　　　　2. 6；0.4.　　　　3. 4/3.　　　　4. 1/3.

5. 18.4.　　　6. 46.　　　　　　7. 37.　　　　　8. 2

9. 1；1/2.　　　　　　　　　　10. 1/3；2/3；35/24.

11. $\dfrac{3}{16}$；$\dfrac{45}{256}$.　　　　　　12. 0 和 1；0.8^4.

13. 2/5；2/25.　　　　　　　　14. 1/2.

15. $e^{\mu+\frac{\sigma^2}{2}}$.　　　　　　　　16. (B).

17. 1/3.　　　　　　　　　　　18. 24.

19. (B).　　　　　　　　　　　20. $\begin{cases} -1, & a<0, \\ 1, & a>0. \end{cases}$

计算与证明题

1. -0.2；-1.4；2.8.　　　　2. $-1/2$；9/4；9.

3. 0.3.　　　　　　　　　　　4. 2.7.

5. 0；1/2；1/2.　　　　　　　　6. 1/6.

7. $a=\dfrac{1}{2}$；$b=\dfrac{1}{\pi}$；$EX=0$；$DX=\dfrac{1}{2}$.　　8. $\sum\limits_{i=1}^{n}p_i$；$\sum\limits_{i=1}^{n}p_i(1-p_i)$.

9. $n_1p_1+n_2p_2$；$n_1p_1q_1+n_2p_2q_2 (q_i=1-p_i,i=1,2)$.

10. 11；27.　　　　　　　11. $\dfrac{2(2^{n+1}-1)}{(n+1)(n+2)}$.

12. 2；1/4.　　　　　　　13. 4/5；3/5；1/2；16/15.

14. $-1/3$；1/3；1/12.　　　15. 4；2.5.

16. $l/3$；$l^2/18$.

提示：以线段左端点为原点建立坐标系,任取的两点(设为 A,B)的坐标分别为 X,Y,则 X,Y 均服从$(0,l)$上的均匀分布,然后求 $E(|X-Y|)$.

17. 提示：设弦长 $AB=Y$,则 $Y=2R|\sin X|$,$-\dfrac{\pi}{2}\leqslant X\leqslant\dfrac{\pi}{2}$,由于 $X\sim U\left(-\dfrac{\pi}{2},\dfrac{\pi}{2}\right)$,所以 X 的概率

密度为 $p(x)=\begin{cases} \dfrac{1}{\pi}, & -\dfrac{\pi}{2}<X<\dfrac{\pi}{2}, \\ 0, & \text{其他.} \end{cases}$ 由函数的期望公式求得 $EY=\dfrac{4R}{\pi}$；$EY^2=2R^2$；$DY=2R^2-\dfrac{16R^2}{\pi^2}$.

18. $EY=\dfrac{35}{3}\approx11.67$.

提示：游客等候时间 Y 是 X 的函数，具体表达式为

$$Y = f(X) = \begin{cases} 5-X, & 0 < X \leqslant 5, \\ 25-X, & 5 < X \leqslant 25, \\ 55-X, & 25 < X \leqslant 55, \\ 60-X+5, & 55 < X \leqslant 60. \end{cases}$$

19. $EZ = -\dfrac{1}{\sqrt{\pi}}$.

提示：解法 1　先求 Z 的分布函数，仿照例 4.26.

解法 2　应用函数的期望公式直接求. 注意积分

$$EZ = \int_{-\infty}^{\infty} \int_{-\infty}^{\infty} \min\{x, y\} p(x, y) \mathrm{d}x \mathrm{d}y$$

$$= \frac{1}{2\pi} \left(\int_{-\infty}^{\infty} \mathrm{e}^{-\frac{y^2}{2}} \mathrm{d}y \int_{-\infty}^{y} x \mathrm{e}^{-\frac{x^2}{2}} \mathrm{d}x + \int_{-\infty}^{\infty} \mathrm{e}^{-\frac{x^2}{2}} \mathrm{d}x \int_{-\infty}^{x} y \mathrm{e}^{-\frac{y^2}{2}} \mathrm{d}y \right).$$

20. (1) $EX = \dfrac{1}{n+1}$；$DX = \dfrac{n}{(n+1)^2(n+2)}$.　(2) $EY = \dfrac{n}{n+1}$；$DY = \dfrac{n}{(n+1)^2(n+2)}$.

21. (1) 0；(2) 1.01；(3) 不独立.

22. (1) 略；(2) $\sigma_{XY} = \dfrac{16}{81}$.

23. (1)

X_2 \ X_1	0	1
0	0.1	0.8
1	0.1	0

(2) $\rho = -\dfrac{2}{3}$.

24. (1) 1；(2) $S_n \sim B\left(n, \dfrac{a}{a+b}\right)$.

25. (1) $1/3, 3$；(2) 0；(3) X 与 Z 相互独立，因为两个正态变量相互独立与不相关是等价的.

26. $\dfrac{1}{\sqrt{n}}$.　27. 略.　28. $\rho_{XY} = \dfrac{1}{2}$；不独立.　29~30. 略.

考研题选练

1. (1) $F_Y(y) = \begin{cases} 0, & y < 0, \\ \dfrac{3}{4}y, & 0 \leqslant y < 1, \\ \dfrac{1}{2}\left(1+\dfrac{y}{2}\right), & 1 \leqslant y < 2, \\ 1, & y \geqslant 2; \end{cases}$　(2) $EY = \dfrac{3}{4}$.

2. $2\mathrm{e}^2$.

3. $\mu(\mu^2 + \sigma^2)$.

4. $\dfrac{1}{\mathrm{e}}$.

第 5 章
大数定律与中心极限定理

5.1　内容提要

本章讲述概率论的极限理论,它是概率论部分的理论总结,其主要内容和结论列于下表.

切比雪夫不等式		设随机变量 X 的方差存在,则对任意的 $\varepsilon>0$,有 $$P(|X-EX|\geqslant\varepsilon)\leqslant\frac{DX}{\varepsilon^2}$$ 或 $$P(|X-EX|<\varepsilon)\geqslant 1-\frac{DX}{\varepsilon^2}.$$	表明不管 X 服从什么分布,只要知道它的期望和方差,对于任意的 $\varepsilon>0$,X 落在区间 $(EX-\varepsilon,EX+\varepsilon)$ 之外的概率不会大于 $\frac{DX}{\varepsilon^2}$;X 落在区间 $(EX-\varepsilon,EX+\varepsilon)$ 以内的概率不会小于 $1-\frac{DX}{\varepsilon^2}.$
大数定律	切比雪夫大数定律	设 $X_1,X_2,\cdots$ 是相互独立的随机变量序列,方差一致有界,则任给 $\varepsilon>0$,有 $$\frac{1}{n}\sum_{i=1}^{n}X_i\xrightarrow{P}E\left(\frac{1}{n}\sum_{i=1}^{n}X_i\right)(n\to\infty).$$	表明算术平均过后的随机变量 $\frac{1}{n}\sum_{i=1}^{n}X_i$ 比较密集地聚集在它的数学期望 $\frac{1}{n}\sum_{i=1}^{n}EX_i$ 的附近.当 $n\to\infty$ 时,随机变量序列 $\left\{\frac{1}{n}\sum_{i=1}^{n}X_i\right\}$ 依概率收敛于其自身的数学期望.
	辛钦大数定律	设 $X_1,X_2,\cdots$ 是独立同分布的随机变量序列,且 $EX_i=\mu(i=1,2,\cdots)$,则对任意的 $\varepsilon>0$,有 $$\frac{1}{n}\sum_{i=1}^{n}X_i\xrightarrow{P}\mu(n\to\infty).$$	
	伯努利大数定律	设 $X\sim B(n,p)$,则对任意正数 ε,有 $\frac{X}{n}\xrightarrow{P}p(n\to\infty).$	表明频率依概率收敛于概率.

中心极限定理	勒维-林德伯格中心极限定理	设随机变量序列 $X_1, X_2, \cdots$ 独立同分布,且 $EX_i = \mu$, $DX_i = \sigma^2 < +\infty (i = 1, 2, \cdots)$,则对一切 x,有 $$\lim_{n\to\infty} P\left(\frac{\sum_{i=1}^{n} X_i - n\mu}{\sqrt{n}\,\sigma} \leqslant x \right)$$ $$= \int_{-\infty}^{x} \frac{1}{\sqrt{2\pi}} e^{-\frac{t^2}{2}} \mathrm{d}t = \Phi(x).$$	说明不管 $X_1, X_2, \cdots$ 原来服从什么分布,当 n 充分大时,随机变量 $\dfrac{\sum_{i=1}^{n} X_i - n\mu}{\sqrt{n}\,\sigma}$ 的极限分布为 $N(0,1)$,即 $\sum_{i=1}^{n} X_i \overset{P}{\sim} N(n\mu, n\sigma^2)$ 及 $\dfrac{1}{n}\sum_{i=1}^{n} X_i \overset{P}{\sim} N\left(\mu, \dfrac{\sigma^2}{n}\right)$.
	棣莫弗-拉普拉斯中心极限定理	设 $X \sim B(n, p)$.则有 (1) 局部极限定理:当 n 很大时, $$P(X = k) \approx \frac{1}{\sqrt{2\pi npq}} e^{-\frac{(k-np)^2}{2npq}}.$$ (2) 积分极限定理:当 n 很大时, $$P(a < X < b) \approx F(b) - F(a)$$ $$= \Phi\left(\frac{b-np}{\sqrt{npq}}\right) - \Phi\left(\frac{a-np}{\sqrt{npq}}\right).$$	棣莫弗-拉普拉斯中心极限定理表明:若 $X \sim B(n, p)$,则当 n 充分大时,有 $$X \overset{P}{\sim} N(np, npq)$$

5.2 典型例题解析

题型 1   关于基本定理的理解和运用的填空选择题;

题型 2   用中心极限定理求概率.

例 5.1   设随机变量 X 的分布未知,但已知 $EX = \mu$,$DX = \sigma^2$,由切比雪夫不等式知 $P(\mu - 3\sigma < X < \mu + 3\sigma) \geqslant (\qquad)$.

解   由于

$$P(\mu - 3\sigma < X < \mu + 3\sigma) = P(|X - \mu| < 3\sigma) \geqslant 1 - \frac{\sigma^2}{9\sigma^2} = \frac{8}{9}.$$

故应填 $8/9$.

说明   利用切比雪夫不等式时注意:

(1) 不等式中不等号的方向.因为切比雪夫不等式刻画了随机变量分布的聚集程度,所以它给出了随机变量 X 落在以期望 EX 为中心的对称区间 $(EX - \varepsilon, EX + \varepsilon)$ 之外的概率的上限及落在 $(EX - \varepsilon, EX + \varepsilon)$ 以内的概率的下限.

(2) 切比雪夫不等式的使用条件是期望 EX 和方差 DX 存在.在分布未知时,这两者可利用数理统计方法近似求出.

例 5.2 依概率收敛与高等数学中的收敛有何区别?

答 高等数学中 $x_n \to x (n \to +\infty)$ 是指对于 $\forall \varepsilon > 0$,可找到 $N > 0$,使当 $n > N$ 时,有 $|x_n - x| < \varepsilon$ 成立,而不含有 $|x_n - x| \geqslant \varepsilon$.

而 $\{X_n\} \xrightarrow{P} X (n \to +\infty)$,意味着对 $\forall \varepsilon > 0$,当 n 充分大时,事件 $|X_n - X| < \varepsilon$ 发生的概率接近于 1,但并不排除事件 $|X_n - X| \geqslant \varepsilon$ 发生,只是发生的可能性很小而已.

例 5.3 假设随机变量 $X_1, X_2, \cdots, X_n$ 相互独立且都服从参数为 λ 的指数分布,记 $Y_n = \sum_{i=1}^{n} X_i^2$,则当 n 充分大时,Y_n 近似服从(　　)分布.

解 由于 $X_1, X_2, \cdots, X_n$ 相互独立且同分布,因此它们的函数 $X_1^2, X_2^2, \cdots, X_n^2$ 也相互独立且同分布. 由于 $EX_i = \dfrac{1}{\lambda}, DX_i = \dfrac{1}{\lambda^2}$,因而有 $EX_i^2 = DX + (EX)^2 = \dfrac{2}{\lambda^2} \xlongequal{\text{def}} u$,即 EX_i^2 存在. 又由于

$$EX_i^4 = \int_0^{+\infty} \lambda x^4 \mathrm{e}^{-\lambda x} \mathrm{d}x = \int_0^{+\infty} \frac{1}{\lambda^4} (\lambda x)^4 \mathrm{e}^{-\lambda x} \mathrm{d}(\lambda x) = \frac{1}{\lambda^4} \Gamma(5) = \frac{4!}{\lambda^4} = \frac{24}{\lambda^4},$$

$$DX_i^2 = EX_i^4 - (EX_i^2)^2 = \frac{24}{\lambda^4} - \frac{4}{\lambda^4} = \frac{20}{\lambda^4} \xlongequal{\text{def}} \sigma^2,$$

所以 $EY_n = \dfrac{2n}{\lambda^2}, DY_n = \dfrac{20n}{\lambda^4}$.

对于 $X_1^2, X_2^2, \cdots, X_n^2$ 应用中心极限定理,即当 n 充分大时,Y_n 近似服从正态分布 $N\left(\dfrac{2n}{\lambda^2}, \dfrac{20n}{\lambda^4}\right)$. 所以应填 $N\left(\dfrac{2n}{\lambda^2}, \dfrac{20n}{\lambda^4}\right)$.

例 5.4 已知随机变量序列 $X_1, X_2, \cdots$ 相互独立,且 $P(X_n = \pm \sqrt{n+1}) = \dfrac{1}{1+n}$,$P(X_n = 0) = 1 - \dfrac{2}{1+n}$. 证明:对任意 $\varepsilon > 0$,有

$$\lim_{n \to +\infty} P\left(\left|\frac{1}{n}\sum_{k=1}^{n} X_n\right| < \varepsilon\right) = 1.$$

证明 通过计算得

$$EX_n = 0, \quad DX_n = 2, \quad n = 1, 2, \cdots.$$

因为 X_n 相互独立,所以

$$E\left(\frac{1}{n}\sum_{k=1}^{n} X_n\right) = 0, \quad D\left(\frac{1}{n}\sum_{k=1}^{n} X_n\right) = \frac{2}{n}, \quad n = 1, 2, \cdots.$$

根据切比雪夫不等式,对任意 $\varepsilon > 0$,有 $P\left(\left|\dfrac{1}{n}\sum_{k=1}^{n} X_n\right| < \varepsilon\right) \geqslant 1 - \dfrac{2}{n\varepsilon^2}$. 但任何事件的概率不超过 1,即

$$1 - \frac{2}{n\varepsilon^2} \leqslant P\left(\left|\frac{1}{n}\sum_{k=1}^{n}X_k\right| < \varepsilon\right) \leqslant 1,$$

令 $n \to +\infty$ 得, $\lim\limits_{n\to+\infty} P\left(\left|\frac{1}{n}\sum_{k=1}^{n}X_n\right| < \varepsilon\right) = 1.$

例 5.5 假设一批种子的良种率为 $\frac{1}{6}$, 在其中任选 600 粒, 求这 600 粒种子中, 良种所占的比例值与 $\frac{1}{6}$ 之差的绝对值不超过 0.02 的概率.

(1) 用切比雪夫不等式估计; (2) 用中心极限定理计算出近似值.

解 分析: 设 X 表示任选 600 粒种子中良种的粒数, 则良种所占的比例值为 $\frac{X}{600}$, 任选一粒种子为良种的概率为 $\frac{1}{6}$, 记为 $p = \frac{1}{6}$, 因此 $X \sim B\left(600, \frac{1}{6}\right)$.

$$EX = np = 600 \times \frac{1}{6} = 100, \quad DX = npq = 600 \times \frac{1}{6} \times \frac{5}{6} = \frac{250}{3},$$

则问题所求为 $P\left[\left(\frac{X}{600} - \frac{1}{6}\right) \leqslant 0.02\right] = ?$

(1) 用切比雪夫不等式估计

$$P\left(\left|\frac{X}{600} - \frac{1}{6}\right| \leqslant 0.02\right) = P(|X - 100| \leqslant 12)$$
$$\geqslant 1 - \frac{DX}{12^2} = 1 - \frac{1}{144} \times \frac{250}{3} = 0.4213.$$

这个结果只能说明概率值不会小于 0.4213.

(2) 用中心极限定理计算

$n = 600$ 是很大的, 由于 $EX = 100, DX = \frac{250}{3}$, 由中心极限定理可知, X 近似服从 $N\left(100, \frac{250}{3}\right)$. 于是

$$P\left(\left|\frac{X}{600} - \frac{1}{6}\right| \leqslant 0.02\right) = P\left(\left|\frac{X - 100}{\sqrt{250/3}}\right| \leqslant \frac{12}{\sqrt{250/3}}\right)$$
$$= P(|X^*| \leqslant 1.3145) \quad (X^* \text{ 近似服从 } N(0,1))$$
$$\approx 2\Phi(1.3145) - 1$$
$$\approx 2 \times 0.9057 - 1 = 0.8114.$$

说明 (1) 切比雪夫不等式的估计是较粗糙的, 因此其意义主要在于理论.

(2) 涉及 n 个(本题是 600 个)独立同分布且期望和方差已知的随机变量的问题, 就可应用中心极限定理解决. 首先将所求事件的概率等价于 n 个随机变量和在某一范围内

取值的概率,而后者近似服从正态分布,其参数就是这个和变量的期望和方差(这一点不必死记硬套公式),最后化成标准正态分布查表计算.

例 5.6 某本书共 200 页,假设每页上印刷错误的数目服从参数为 2 的泊松分布.计算全书超过 350 个印刷错误的概率.

解 设 X_i 表示第 i 页上的印刷错误数目,则
$$EX_i = 2, \quad DX_i = 2, \quad i = 1, 2, \cdots, 200.$$
可以认为各页上的印刷错误数目互不影响,即 $X_1, X_2, \cdots, X_{200}$ 相互独立.记 $X = X_1 + X_2 + \cdots + X_{200}$,则
$$EX = 200 \times 2 = 400, \quad DX = 200 \times 2 = 400.$$
由中心极限定理得
$$P(X > 350) = 1 - P(X \leqslant 350)$$
$$\approx 1 - \Phi\left(\frac{350 - 400}{20}\right) = 1 - \Phi(-2.5) = 0.9938.$$

例 5.7 某车间有 200 台机床相互独立地工作,每台机床开动时需耗电 5W,由于各种原因,每台机床开工率仅为 0.6(即平均 60% 的时间工作),如果只供给该车间 700W 电力,问能以多大的概率保证不因缺电而停工.

解 设
$$X_i = \begin{cases} 1, & \text{第 } i \text{ 台机床开工,} \\ 0, & \text{第 } i \text{ 台机床不开工,} \end{cases} \quad i = 1, 2, \cdots, 200.$$
则 $X_1, X_2, \cdots, X_{200}$ 独立且同是两点分布,$p = 0.6$,该车间同时开工的机床数 $X = X_1 + X_2 + \cdots + X_{200}$ 服从二项分布 $B(200, 0.6)$,且
$$EX = np = 200 \times 0.6 = 120, \quad \sqrt{DX} = \sqrt{npq} = \sqrt{120 \times 0.4} \approx 6.93.$$

由于每台机床开工时需耗电 5W,所以 700W 电力可供 $\frac{700}{5} = 140$ 台机床同时开工,这样所求概率为 $P(0 \leqslant X \leqslant 140)$.这里 $n = 200$ 可以认为很大,由中心极限定理得
$$P(0 \leqslant X \leqslant 140) = P\left(\frac{0 - 120}{6.93} \leqslant \frac{X - 120}{6.93} \leqslant \frac{140 - 120}{6.93}\right)$$
$$\approx \Phi(2.89) - \Phi(-17.32)$$
$$\approx 0.9981,$$
即只供给 700W 电力,就可以 99.81% 的概率保证不因缺电而停工.

例 5.8 设电话总机共有 200 个分机,若每个分机都有 5% 的时间使用外线,且是否使用外线相互独立,要保证每个用户有 95% 的把握接通外线,问总机至少要设置多少条外线?

解 设 X 为某时刻使用外线的分机数,显然 $X \sim B(200, 0.05)$,且

$$EX = np = 10, \quad DX = npq = 9.5.$$

设 k 为要设置的外线的条数,要保证每个要使用外线的用户能够使用上外线,必有 $k \geqslant X$,根据题意应有

$$P(X \leqslant k) = P\left(\frac{X-10}{\sqrt{9.5}} \leqslant \frac{k-10}{\sqrt{9.5}}\right) \approx \Phi\left(\frac{k-10}{\sqrt{9.5}}\right) \geqslant 0.95,$$

查表得,$\frac{k-10}{\sqrt{9.5}} \geqslant 1.645$,解得 $k \geqslant 15.1$,取 $k=16$. 即至少要设置 16 条外线,才能保证每个用户以 95% 的把握使用上外线.

例 5.9 某人寿保险公司有 3000 个同龄人参加人寿保险,假设在一年里这些人的死亡率为 0.1%,并且在一年的头一天每人都交了保险费 10 元. 若在这一年中死亡,则其家属可从保险公司领取赔偿金 2000 元. 求:

(1) 保险公司一年获利不小于 10000 元的概率;

(2) 保险公司亏本的概率;

(3) 死亡人数恰为 3 人的概率.

分析 在这里我们设

$$X_i = \begin{cases} 1, & \text{第 } i \text{ 名保险者死亡}, \\ 0, & \text{第 } i \text{ 名保险者未死亡}, \end{cases} \quad i = 1, 2, \cdots, 3000.$$

则 $X_1, X_2, \cdots, X_{3000}$ 相互独立且均服从 0-1 分布,其概率为 $p = 0.1\% = 0.001$,一年内参加保险者死亡的总数 $X = X_1 + X_2 + \cdots + X_{3000}$ 服从二项分布 $B(3000, 0.001)$,其数学期望

$$EX = np = 3000 \times 0.001 = 3,$$

方差

$$DX = np(1-p) = 3000 \times 0.001(1-0.001) = 2.997.$$

由于每名保险者每年交 10 元,若死亡,家属领取 2000 元,所以保险公司一年获利不小于 10000 元即为事件 $\{10 \times 3000 - 2000X \geqslant 10000\}$,保险公司亏本即为事件 $\{2000X > 10 \times 3000\}$.

解 设一年中参加保险者死亡人数为 X,则 $X \sim B(3000, 0.001)$.

(1) $P(保险公司一年获利不小于 10000 元) = P(30000 - 2000X \geqslant 10000)$
$$= P(0 \leqslant X \leqslant 10),$$

由于

$$np = 3, \quad \sqrt{np(1-p)} = \sqrt{2.977} = 1.7312.$$

由棣莫弗-拉普拉斯中心极限定理,有

$$P(0 \leqslant X \leqslant 10) = P\left(\frac{0-3}{1.7312} \leqslant \frac{X-3}{1.7312} \leqslant \frac{10-3}{1.7312}\right) = \Phi\left(\frac{7}{1.7312}\right) - \Phi\left(-\frac{3}{1.7312}\right)$$

$$= \Phi\left(\frac{7}{1.7312}\right) + \Phi\left(\frac{3}{1.7312}\right) - 1 = \Phi(1.733) = 0.958.$$

(2) 保险公司每年收入 $3000 \times 10 = 30000$ 元,付出 $2000X$ 元,所以

$$P(保险公司亏本) = P(2000X > 3000 \times 10) = P(X > 15)$$
$$= 1 - P(X \leqslant 15) = 1 - P(0 \leqslant X \leqslant 15)$$
$$= 1 - P\left(\frac{0-3}{1.7312} \leqslant \frac{X-3}{1.7312} \leqslant \frac{15-3}{1.7312}\right)$$
$$\approx 1 - \Phi\left(\frac{12}{1.7312}\right) + 1 - \Phi\left(\frac{3}{1.7312}\right)$$
$$= 1 - 0.9582 = 0.0418.$$

(3) 由局部中心极限定理,有

$$P(X = 3) \approx \frac{1}{\sqrt{2\pi npq}} \mathrm{e}^{-\frac{(3-np)^2}{2npq}} = \frac{1}{\sqrt{2 \times 3.14 \times 1.7312}} \mathrm{e}^{-\frac{(3-3)^2}{2 \times 2.977}} \approx 0.23.$$

说明   由例 5.9 可以看出在解一些较复杂的应用题时,引进服从 0-1 分布的新的随机变量对解决问题很有帮助,而如何引进这一新的变量又是一个难点,下面再举一个这方面的例题以供参考.

例 5.10   两电影院竞争 1000 名观众,假定每名观众完全随意地选择一个电影院,并且观众之间的选择是相互独立的,问每个电影院应配置多少座位才可保证因缺少座位而使观众离去的概率小于 0.01.

解   设两电影院为 A,B 电影院,因两电影院的情况相同,因此我们只需考虑 A 电影院的情况即可,设 A 电影院应配备 n' 个座位可满足要求,引进随机变量 X_i,

$$X_i = \begin{cases} 1, & 第 i 名观众进 A 电影院, \\ 0, & 第 i 名观众进 B 电影院, \end{cases} \quad i = 1, 2, \cdots, 1000,$$

则 $P(X_i = 1) = P(X_i = 0) = \dfrac{1}{2}$,且

$$EX_i = p = \frac{1}{2}, \quad DX_i = p(1-p) = \frac{1}{4}.$$

又 $X_1, X_2, \cdots, X_{1000}$ 独立同分布,因此选择 A 电影院的观众人数 $X = \sum_{i=1}^{1000} X_i$,且 $EX = 1000 \times \dfrac{1}{2} = 500, DX = 1000 \times \dfrac{1}{4} = 250$.

由中心极限定理可知,X 近似服从 $N(500, 250)$.

若使观众不因缺少座位而离去,则要求 $n' \geqslant X$,根据题意有 $P(n' \geqslant X) \leqslant 0.01$,所以

$$P(X \leqslant n') = P\left(\frac{X - 500}{\sqrt{250}} \leqslant \frac{n' - 500}{\sqrt{250}}\right) \approx \Phi\left(\frac{n' - 500}{5\sqrt{10}}\right) \geqslant 0.99,$$

查表得 $\dfrac{n' - 500}{5\sqrt{10}} \geqslant 2.33$,则

$$n' \geqslant 500 + 2.33 \times 5\sqrt{10} \approx 537,$$

即每个电影院至少配备 537 个座位可满足要求.

例 5.11 设某种器件使用寿命(单位：h)服从指数分布,其平均使用寿命为 20h,具体使用时是当一器件损坏后立即更换另一个新器件,如此继续.已知每个器件进价为 a 元,试求在年计划中应为买器件作多少元预算,才可以有 95% 的把握保证一年够用(假定一年有 2000 个工作小时).

解 设第 i 个器件使用寿命为 T_i,由于 T_i 服从参数为 λ 的指数分布,且 $ET_i=20$,所以 $\lambda=\dfrac{1}{20},DT_i=\dfrac{1}{\lambda^2}=400$.

假定一年至少准备 n 件才能有 95% 的把握够用,$T_1,T_2,\cdots,T_n$ 相互独立,记 $S_n=\displaystyle\sum_{i=1}^{n}T_i$,则 $ES_n=20n,DS_n=400n$. 依题意有 $P(S_n \geqslant 2000)=0.95$,即

$$P(S_n < 2000) \approx P\left(\frac{S_n-20n}{20\sqrt{n}} \leqslant \frac{2000-20n}{20\sqrt{n}}\right) = \Phi\left(\frac{2000-20n}{20\sqrt{n}}\right) = 0.05.$$

注意 $\dfrac{2000-20n}{20\sqrt{n}}<0$,因而有 $\Phi\left(\dfrac{20n-2000}{20\sqrt{n}}\right)=0.95$,查表得 $\dfrac{20n-2000}{20\sqrt{n}}=1.645$,解得 $n\approx$ 118.因此每年应为买器件至少作出 $118a$(元)的预算,才能达到要求.

5.3 习题

填空与选择题

1. 设随机变量 X 的数学期望 $EX=u$,方差 $DX=\sigma^2$. 对任意一个正数 $k>1$,则由切比雪夫不等式有 $P(|X-u| \geqslant k\sigma) \leqslant (\quad)$.

2. 设 $X_1,X_2,\cdots,X_9$ 相互独立,$EX_i=1,DX_i=1(i=1,2,\cdots,9)$,则 $\forall \varepsilon>0$ 有(　　).

(A) $P\left(\left|\displaystyle\sum_{i=1}^{9}X_i-1\right|<\varepsilon\right) \geqslant 1-\varepsilon^{-2}$ 　　　　(B) $P\left(\left|\dfrac{1}{9}\displaystyle\sum_{i=1}^{9}X_i-1\right|<\varepsilon\right) \geqslant 1-\varepsilon^{-2}$

(C) $P\left(\left|\displaystyle\sum_{i=1}^{9}X_i-9\right|<\varepsilon\right) \geqslant 1-\varepsilon^{-2}$ 　　　　(D) $P\left(\left|\displaystyle\sum_{i=1}^{9}X_i-9\right|<\varepsilon\right) \geqslant 1-9\varepsilon^{-2}$

3. 设 $X_1,X_2,\cdots,X_n$ 是独立同分布的随机变量序列,且 $EX_1=\mu,DX_1=\sigma^2$ 均存在. 令 $\overline{X}=\dfrac{1}{n}\displaystyle\sum_{k=1}^{n}X_k$,则对任意 $\varepsilon>0$,$\displaystyle\lim_{n\to+\infty}P(|\overline{X}-\mu| \geqslant \varepsilon)=(\quad)$；$\displaystyle\lim_{n\to+\infty}P(|\overline{X}-\mu|<\varepsilon)=(\quad)$.

4. 设 $X_1, X_2, \cdots, X_n$ 是独立同分布于 $N(\mu, \sigma^2)$ 的随机变量,算术平均值 $\overline{X} = \frac{1}{n} \sum_{i=1}^{n} X_i (n \geqslant 2)$,则对任意 $\varepsilon > 0$,都有(   ).

(A) $P(|X - \mu| < \varepsilon) > P(|\overline{X} - \mu| < \varepsilon)$ (B) $P(|X - \mu| < \varepsilon) < P(|\overline{X} - \mu| < \varepsilon)$

(C) $P(|X - \mu| < \varepsilon) \geqslant P(|\overline{X} - \mu| < \varepsilon)$ (D) $P(|X - \mu| < \varepsilon) \leqslant P(|\overline{X} - \mu| < \varepsilon)$

5. 设随机变量序列 $X_1, X_2, \cdots$,记 $S_n = \sum_{i=1}^{n} X_i$. 当 n 充分大时,下列 S_n 可以用正态分布近似的有(   ).

(A) $X_1, X_2, \cdots$ 都服从参数为 λ 的泊松分布

(B) $X_1, X_2, \cdots$ 独立同分布,且分布密度为 $p(x) = \dfrac{1}{\pi(1 + x^2)}$

(C) $X_1, X_2, \cdots$ 独立同分布于参数为 $p(0 < p < 1)$ 的两点分布

(D) $X_1, X_2, \cdots$ 独立同分布于 $[a, b]$ 上的均匀分布

6. 设 $X_1, X_2, \cdots, X_n, \cdots$ 为独立同分布序列,且 $X_i (i = 1, 2, \cdots, n, \cdots)$ 服从参数为 λ 的指数分布,则下面正确的是(   ).

(A) $\lim\limits_{n \to +\infty} P\left(\dfrac{\lambda \sum\limits_{i=1}^{n} X_i - n}{\sqrt{n}} \leqslant x \right) = \Phi(x)$ (B) $\lim\limits_{n \to +\infty} P\left(\dfrac{\sum\limits_{i=1}^{n} X_i - n}{\sqrt{n}} \leqslant x \right) = \Phi(x)$

(C) $\lim\limits_{n \to +\infty} P\left(\dfrac{\sum\limits_{i=1}^{n} X_i - \lambda}{\sqrt{n}\lambda} \leqslant x \right) = \Phi(x)$ (D) $\lim\limits_{n \to +\infty} P\left(\dfrac{\sum\limits_{i=1}^{n} X_i - \lambda}{\sqrt{n\lambda}} \leqslant x \right) = \Phi(x)$

其中 $\Phi(x) = \dfrac{1}{\sqrt{2\pi}} \int_{-\infty}^{x} e^{-\frac{t^2}{2}} dt$.

7. 设随机变量 $X_1, X_2, \cdots, X_{100}$ 相互独立且同分布,$P(X_i = k) = \dfrac{1}{k!} e^{-1} (i = 1, 2, \cdots, 100)$,则 $P\left(\sum\limits_{i=1}^{100} X_i < 120 \right) = ($ $)$.

8. 设 μ_n 是 n 次独立重复试验中事件 A 出现的次数,p 为 A 在一次试验中出现的概率,$0 < p < 1, 1 - p = q$,则对任意区间 $[a, b]$,

$$\lim_{n \to +\infty} P\left(a < \frac{\mu_n - np}{\sqrt{npq}} < b \right) = ($$ $$).$$

计算题

1. 一包装工平均 3min 完成一件包装.假设他完成一件包装所用的时间服从指数分布.试求完成 100 件包装需要 5h 到 6h 的概率 p.

2. 抽样调查产品质量时,如果发现次品多于 10 个,则拒绝接受这批产品.设某批产品的次品率为 10%,问至少应抽取多少个产品检查才能保证拒绝接受的概率达到 0.9?

3. 袋装奶粉规定每袋净重 1000g,标准差为 20g,每箱装有 50 袋,计算一箱奶粉净重不足 49750g 的概率 p.

4. 每次射击中,命中目标的炮弹数的数学期望为 2,方差为 1.5,求在 100 次射击中有 180 发到 200 发炮弹命中目标的概率.

5. 电冰箱的寿命服从指数分布,每台冰箱的平均寿命是 10 年.现工厂生产了 1000 台冰箱,问 3 年之内,这些冰箱出故障的台数小于 200 台的概率.

6. 假设 $X_1, X_2, \cdots, X_n$ 是独立同分布的随机变量,已知 $EX^k = a_k (k = 1, 2, 3, 4)$,证明当 n 充分大时,随机变量 $Z_n = \dfrac{1}{n} \sum_{i=1}^{n} X_i^2$ 近似服从正态分布,并指出其分布参数.

7. 某保险公司多年的统计资料表明,在索赔户中被盗索赔户占 20%,以 X 表示在随意抽查的 100 个索赔户中因被盗向保险公司索赔的户数.

(1) 写出 X 的分布律;

(2) 求被盗索赔户不小于 14 户且不多于 30 户的概率的近似值.

8. 设 μ_n 为 n 重伯努利试验中成功的次数,p 为每次成功的概率,当 n 充分大时,证明:

$$P\left(\left| \dfrac{\mu_n}{n} - p \right| < \varepsilon \right) \approx 2\Phi\left(\varepsilon \sqrt{\dfrac{n}{pq}} \right) - 1,$$

其中 $p + q = 1$,$\Phi(x)$ 是标准正态分布的分布函数.

9. 计算机在进行加法时,每个加数按四舍五入取最为接近的整数,设各个加法的取整误差是相互独立的,它们都服从区间 $[-0.5, 0.5]$ 上的均匀分布,现在对 300 个加数求和,求误差总数绝对值超过 15 的概率.

10. 一仪器同时收到 50 个信号 $W_i (i = 1, 2, \cdots, 50)$,设它们是相互独立的随机变量,且都是在 $[0, 10]$ 上服从均匀分布.记 $W = \sum_{i=1}^{50} W_i$.

(1) 求 $P(W > 260)$;

(2) 要使 $P(W > 260)$ 不超过 10%,问要收到多少个这样的信号才行?

11. 把一枚对称的硬币独立地重复掷 12000 次,以 μ_n 表示正面出现的次数.

(1) 求 $P(5800 \leqslant \mu_n \leqslant 6200)$;

(2) 求满足 $P\left(\left| \dfrac{\mu_n}{n} - 0.5 \right| < \Delta \right) \geqslant 0.99$ 的最小 Δ;

(3) 为使 $P\left(\left| \dfrac{\mu_n}{n} - 0.5 \right| < 0.005 \right) \geqslant 0.99$,需要最少掷多少次?

考研题选练

（2001 年，数三） 设随机变量 X 与 Y 的数学期望分别为 -2 和 2，方差分别为 1 和 4，而相关系数为 -0.5，则根据切比雪夫不等式 $P(|X+Y| \geqslant 6) \leqslant \underline{\qquad}$.

5.4 习题参考答案

填空与选择题

1. $\dfrac{1}{k^2}$.

2. (D)

3. 0；1.

4. (B).

5. (C),(D).

6. (A).

7. $\Phi(2) = 0.9772$. 提示：X_i 服从参数为 1 的泊松分布.

8. $\displaystyle\int_a^b \dfrac{1}{\sqrt{2\pi}} e^{-\frac{t^2}{2}} \, dt$ 或 $\Phi(b) - \Phi(a)$.

计算题

1. 0.4772.

2. 147.

3. 0.0384.

4. 0.8146.

5. 9.8×10^{-6}.

6. $Z_n \sim N\left(a_2, \dfrac{a_4 - a_2^2}{n}\right)$.

7. (1) $X \sim B(100, 0.2)$；(2) 0.927.

8. 略.

9. 0.0027.

10. (1) 0.3121；(2) 至少要收到 58 个信号.

11. (1) 0.99974；(2) 0.012；(3) 66350.

考研题选练

$\dfrac{1}{12}$.

第 6 章

抽 样 分 布

6.1　内容提要

抽样分布是统计学的基础,由样本推断总体是统计学的核心.

本章的基本内容是:(1)统计学的基本概念——总体、样本和统计量;(2)统计推断的重要依据——抽样分布.

1. 基本概念

总体与个体	把研究对象的全体称为总体.总体中的每个元素称为个体.
简单随机样本 (样本)	从总体 X 中随机抽取的 n 个个体 $X_1, X_2, \cdots, X_n$ 称为总体 X 的一个样本容量为 n 的样本.通常我们所说的样本是一组相互独立且与总体 X 具有相同分布的随机变量 $X_1, X_2, \cdots, X_n$,这样的样本称为简单随机样本. $X_1, X_2, \cdots, X_n$ 的观测值 $x_1, x_2, \cdots, x_n$ 称为总体 X 的 n 个独立观测值,也即样本值.
统计量	设 $X_1, X_2, \cdots, X_n$ 是来自总体 X 的一个样本,$g(X_1, X_2, \cdots, X_n)$ 是样本的一个连续函数,且不包含任何未知参数,则称 $g(X_1, X_2, \cdots, X_n)$ 为统计量.

注:(1)总体常用一个随机变量 X 表示,个体也用随机变量表示.

(2)样本 $X_1, X_2, \cdots, X_n$ 满足两个条件:

① 是一组相互独立的随机变量;② 与总体 X 具有相同的分布.

(3)统计量是不包含任何未知参数的样本的函数,它也是一个随机变量.

(4)样本的分布称为样本分布.统计量服从的分布称为抽样分布.

2. 几个常用统计量

样本均值	$\overline{X} = \dfrac{1}{n} \sum\limits_{i=1}^{n} X_i$
样本标准差	$S = \sqrt{\dfrac{1}{n-1} \sum\limits_{i=1}^{n} (X_i - \overline{X})^2}$
样本方差 (修正)	$S^2 = \dfrac{1}{n-1} \sum\limits_{i=1}^{n} (X_i - \overline{X})^2 = \dfrac{1}{n-1} \left(\sum\limits_{i=1}^{n} X_i^2 - n\overline{X}^2 \right)$

续表

样本 k 阶原点矩	$A_k = \dfrac{1}{n}\sum\limits_{i=1}^{n} X_i^k \, (k=1,2,\cdots)$
样本 k 阶中心矩	$B_k = \dfrac{1}{n}\sum\limits_{i=1}^{n} (X_i - \overline{X})^k \, (k=1,2,\cdots)$，特别地 $B_2 = \dfrac{n-1}{n} S^2$.

3. 几种特殊分布

χ^2 分布	定义	若 $X_1,X_2,\cdots,X_n$ 独立且同服从 $N(0,1)$，则 $$X_1^2 + X_2^2 + \cdots + X_n^2 \sim \chi^2(n).$$
	性质	(1) 若 $X \sim \chi^2(n_1)$，$Y \sim \chi^2(n_2)$，且 X,Y 独立，则 $$X+Y \sim \chi^2(n_1+n_2).$$ (2) $E[\chi^2(n)]=n$，$D[\chi^2(n)]=2n$.
	上侧分位数	设 $X \sim \chi^2(n)$，对于给定的正数 $\alpha(0<\alpha<1)$，称满足条件 $$P(X>\lambda) = \int_{\lambda}^{+\infty} p(x)\,\mathrm{d}x = \alpha$$ 的点 λ 为 $\chi^2(n)$ 分布 α 水平的上侧分位数，记作 $\lambda=\chi_\alpha^2(n)$.
t 分布	定义	设 $X \sim N(0,1)$，$Y \sim \chi^2(n)$，且 X 与 Y 相互独立，则随机变量 $T = \dfrac{X}{\sqrt{Y/n}}$ 的分布称为服从自由度为 n 的 t 分布. 记作 $T \sim t(n)$.
	性质	(1) t 分布的密度函数 $p(t)$ 为偶函数，图形对称于纵坐标轴，因此有 $t_{1-\alpha}(n)=t_\alpha(n)$. (2) t 分布与 $N(0,1)$ 有密切关系： $$\lim_{n\to+\infty} p(t) = \frac{1}{\sqrt{2\pi}}\mathrm{e}^{-\frac{t^2}{2}} = \varphi(t),$$ 即当 n 充分大时，t 分布近似于 $N(0,1)$ 分布.
	双侧分位数	对于给定的正数 $\alpha(0<\alpha<1)$，称满足 $P(|t(n)|>\lambda)=\alpha$ 所确定的数值 $\lambda=t_\alpha(n)$ 为 $t(n)$ 分布的 α 水平双侧分位数.
F 分布	定义	设 $X \sim \chi^2(n_1)$，$Y \sim \chi^2(n_2)$，且 X 与 Y 相互独立，则 $$F = \frac{X/n_1}{Y/n_2} \sim F(n_1,n_2).$$
	性质	(1) 若 $F \sim F(n_1,n_2)$，则 $\dfrac{1}{F} \sim F(n_2,n_1)$； (2) $F_{1-\alpha}(n_1,n_2) = \dfrac{1}{F_\alpha(n_2,n_1)}$.
	上侧分位数	对于给定的正数 $\alpha(0<\alpha<1)$，称满足条件 $$P(F(n_1,n_2)>\lambda)=\alpha$$ 的数值 $\lambda=F_\alpha(n_1,n_2)$ 为 $F(n_1,n_2)$ 分布的 α 水平的上侧分位数.

4. 几个常见统计量的分布

设总体 $X \sim N(\mu, \sigma^2)$, $X_1, X_2, \cdots, X_n$ 是来自 X 的一个样本, $\overline{X}$ 为样本均值, S^2 为样本方差, 则有

(1) $\overline{X} = \dfrac{1}{n} \sum\limits_{i=1}^{n} X_i \sim N\left(\mu, \dfrac{\sigma^2}{n}\right)$;

$U = \dfrac{\overline{X} - \mu}{\sigma / \sqrt{n}} \sim N(0, 1)$.

(2) $\dfrac{(n-1)S^2}{\sigma^2} = \dfrac{1}{\sigma^2} \sum\limits_{i=1}^{n} (X_i - \overline{X})^2 \sim \chi^2(n-1)$,

$\dfrac{1}{\sigma^2} \sum\limits_{i=1}^{n} (X_i - \mu)^2 \sim \chi^2(n)$.

(3) $T = \dfrac{\overline{X} - \mu}{\dfrac{S}{\sqrt{n}}} \sim t(n-1)$.

设 $X_1, X_2, \cdots, X_{n_1}$ 和 $Y_1, Y_2, \cdots, Y_{n_2}$ 分别是来自两个相互独立的正态总体 $N(\mu_1, \sigma_1^2)$ 及 $N(\mu_2, \sigma_2^2)$ 的样本, $\overline{X}, \overline{Y}, S_1^2, S_2^2$ 分别表示两样本的均值和方差, 则有

(1) $U = \dfrac{\overline{X} - \overline{Y} - (\mu_1 - \mu_2)}{\sqrt{\dfrac{\sigma_1^2}{n_1} + \dfrac{\sigma_2^2}{n_2}}} \sim N(0, 1)$.

(2) 若 $\sigma_1^2 = \sigma_2^2$, 则

$T = \dfrac{(\overline{X} - \overline{Y}) - (\mu_1 - \mu_2)}{S_w \sqrt{\dfrac{1}{n_1} + \dfrac{1}{n_2}}} \sim t(n_1 + n_2 - 2)$,

其中 $S_w^2 = \dfrac{(n_1 - 1)S_1^2 + (n_2 - 1)S_2^2}{n_1 + n_2 - 2}$.

(3) $F = \dfrac{S_1^2 / \sigma_1^2}{S_2^2 / \sigma_2^2} \sim F(n_1 - 1, n_2 - 1)$.

6.2 典型例题解析

题型 1:根据样本值求样本的数字特征及样本分布函数;

题型 2:由总体分布求样本分布;

题型 3:由总体分布求样本函数的分布;

题型 4:根据样本分布确定相应的概率.

例 6.1 设某商店 100 天销售电视机的情况如下:

日销售台数 k	2	3	4	5	6	合计
天数 m_k	20	30	10	25	15	100

求样本容量 n, 样本均值 $\overline{x}$, 样本方差 s_n^2, 样本极差 R 和经验分布函数 $F_n(x)$.

解 $n = 20 + 30 + 10 + 25 + 15 = 100$;

$\overline{x} = \dfrac{1}{100}(2 \times 20 + 3 \times 30 + 4 \times 10 + 5 \times 25 + 6 \times 15) = 3.85$;

$s_n^2 = \dfrac{1}{100 - 1}(2^2 \times 20 + 3^2 \times 30 + 4^2 \times 10 + 5^2 \times 25 + 6^2 \times 15) - \dfrac{100}{100 - 1} \times 3.85^2$

≈ 1.95;

$$R = 6 - 2 = 4;$$

$$F_n(x) = \begin{cases} 0, & x < 2, \\ 0.20, & 2 \leqslant x < 3, \\ 0.50, & 3 \leqslant x < 4, \\ 0.60, & 4 \leqslant x < 5, \\ 0.85, & 5 \leqslant x < 6, \\ 1, & x \geqslant 6. \end{cases}$$

例 6.2　设样本 $X_1, X_2, \cdots, X_n$ 的均值及方差分别为 $\overline{X}$ 和 S_X^2，若令 $Y_i = aX_i + b(a \neq 0)$，$\overline{Y}$ 及 S_Y^2 分别为 $Y_1, Y_2, \cdots, Y_n$ 的均值和方差. 试证明：

$$\overline{X} = \frac{1}{a}(\overline{Y} - b), \quad S_X^2 = \frac{1}{a^2}S_Y^2.$$

证明　由 $Y_i = aX_i + b$ 得

$$\overline{Y} = \frac{1}{n}\sum_{i=1}^{n} Y_i = \frac{1}{n}\sum_{i=1}^{n}(aX_i + b) = a \cdot \frac{1}{n}\sum_{i=1}^{n} X_i + b = a\overline{X} + b,$$

$$\overline{X} = \frac{1}{a}(\overline{Y} - b),$$

$$S_Y^2 = \frac{1}{n-1}\sum_{i=1}^{n}(Y_i - \overline{Y})^2 = \frac{1}{n-1}\sum_{i=1}^{n}(aX_i - a\overline{X})^2$$

$$= a^2 \frac{1}{n-1}\sum_{i=1}^{n}(X_i - \overline{X})^2 = a^2 S_X^2,$$

$$S_X^2 = \frac{1}{a^2}S_Y^2.$$

例 6.3　设总体 X 服从参数为 p 的几何分布，即

$$P(X = x) = p(1-p)^{x-1}, \quad x = 1, 2, \cdots.$$

求来自总体 X 的样本 $(X_1, X_2, \cdots, X_n)$ 的分布.

解　由样本与总体的关系可知

$$P(X_1 = x_1, X_2 = x_2, \cdots, X_n = x_n)$$

$$= P(X_1 = x_1)P(X_2 = x_2)\cdots P(X_n = x_n)$$

$$= \prod_{i=1}^{n} p(1-p)^{x_i-1} = p^n(1-p)^{\sum_{i=1}^{n} x_i - n} = \left(\frac{p}{1-p}\right)^n (1-p)^{n\bar{x}}.$$

例 6.4　设总体 X 在区间 $[a, b]$ 上服从均匀分布，求来自总体 X 的样本 $X_1, X_2, \cdots, X_n$ 的概率密度函数 $p(x_1, x_2, \cdots, x_n)$.

解　由于 X 的密度函数为

$$p(x) = \begin{cases} \dfrac{1}{b-a}, & a \leqslant x \leqslant b, \\ 0, & \text{其他}. \end{cases}$$

由 $X_1, X_2, \cdots, X_n$ 独立且同总体 X 的分布,于是得

$$p(x_1, x_2, \cdots, x_n) = \prod_{i=1}^{n} p(x_i) = \begin{cases} \dfrac{1}{(b-a)^n}, & a \leqslant x_1, x_2, \cdots, x_n \leqslant b, \\ 0, & \text{其他.} \end{cases}$$

例 6.5　设 $\overline{X}_n, S_n^2$ 分别表示样本 $X_1, X_2, \cdots, X_n$ 的均值和方差,试证明:

(1) $\overline{X}_{n+1} = \dfrac{n}{n+1}\overline{X}_n + \dfrac{X_{n+1}}{n+1}$;　　(2) $S_{n+1}^2 = \dfrac{n-1}{n}S_n^2 + \dfrac{1}{n+1}(X_{n+1} - \overline{X}_n)^2$.

证明　(1) $\overline{X}_{n+1} = \dfrac{1}{n+1}(X_1 + X_2 + \cdots + X_n + X_{n+1})$

$$= \frac{1}{n+1}(X_1 + X_2 + \cdots + X_n) + \frac{1}{n+1}X_{n+1}$$

$$= \frac{n}{n+1} \cdot \frac{1}{n}(X_1 + X_2 + \cdots + X_n) + \frac{X_{n+1}}{n+1}$$

$$= \frac{n}{n+1}\overline{X}_n + \frac{X_{n+1}}{n+1}.$$

(2) $S_{n+1}^2 = \dfrac{1}{n}\sum_{i=1}^{n+1}(X_i - \overline{X}_{n+1})^2$

$$= \frac{1}{n}\sum_{i=1}^{n+1}\left(X_i - \frac{n}{n+1}\overline{X}_n - \frac{X_{n+1}}{n+1}\right)^2$$

$$= \frac{1}{n}\sum_{i=1}^{n}\left[(X_i - \overline{X}_n) + \left(\frac{\overline{X}_n}{n+1} - \frac{X_{n+1}}{n+1}\right)\right]^2 + \frac{1}{n}\left(X_{n+1} - \frac{n}{n+1}\overline{X}_n - \frac{X_{n+1}}{n+1}\right)^2$$

$$= \frac{n-1}{n} \cdot \frac{1}{n-1}\sum_{i=1}^{n}(X_i - \overline{X}_n)^2 + \frac{2}{n} \cdot \frac{\overline{X}_n - X_{n+1}}{n+1}\sum_{i=1}^{n}(X_i - \overline{X}_n)$$

$$+ \frac{(\overline{X}_n - X_{n+1})^2}{(n+1)^2} + \frac{n}{(n+1)^2}(\overline{X}_n - X_{n+1})^2$$

$$= \frac{n-1}{n}S_n^2 + \frac{1}{n+1}(\overline{X}_n - X_{n+1})^2.$$

例 6.6　假设某大学的 3000 名男生的身高服从具有均值 172cm 及标准差 4cm 的正态分布,如果从中随意抽测 25 名男生,问这 25 名男生平均身高的期望及方差分别为多少?

解　由于 3000 相对于 25 大得多,所以可以认为抽测是有放回的,因而这 25 名男生平均身高 $\overline{X}$ 的期望为 $E\overline{X} = \mu = 172\text{cm}$,平均身高 $\overline{X}$ 的方差为 $D\overline{X} = \dfrac{\sigma^2}{n} = \dfrac{4^2}{25} = 0.64$.

例 6.7　设总体 $X \sim N(0,1), X_1, X_2, \cdots, X_6$ 为 X 的样本,令

$$Y = (X_1 + X_2 + X_3)^2 + (X_4 + X_5 + X_6)^2.$$

试求常数 c,使 cY 服从 χ^2 分布,并确定其自由度.

解 由于 $X_1, X_2, \cdots, X_6$ 相互独立,且 $X_i \sim N(0,1)$ $(i=1,2,\cdots,6)$,所以

$$X_1 + X_2 + X_3 \sim N(0,3), \quad X_4 + X_5 + X_6 \sim N(0,3),$$

且二者相互独立,将它们标准化得

$$\frac{X_1 + X_2 + X_3}{\sqrt{3}} \sim N(0,1), \quad \frac{X_4 + X_5 + X_6}{\sqrt{3}} \sim N(0,1),$$

所以

$$\left(\frac{X_1 + X_2 + X_3}{\sqrt{3}}\right)^2 \sim \chi^2(1), \quad \left(\frac{X_4 + X_5 + X_6}{\sqrt{3}}\right)^2 \sim \chi^2(1),$$

$$\left(\frac{X_1 + X_2 + X_3}{\sqrt{3}}\right)^2 + \left(\frac{X_4 + X_5 + X_6}{\sqrt{3}}\right)^2 \sim \chi^2(2),$$

即

$$\frac{1}{3}\left[(X_1 + X_2 + X_3)^2 + (X_4 + X_5 + X_6)^2\right] = cY \sim \chi^2(2).$$

从而当 $c = \dfrac{1}{3}$ 时,cY 服从 χ^2 分布,且自由度为 2.

例 6.8 设总体 $X \sim N(0,1)$,由 X 得到容量为 5 的样本 $X_1, X_2, \cdots, X_5$,试求常数 c,使统计量 $\dfrac{c(X_1 + X_2)}{\sqrt{X_3^2 + X_4^2 + X_5^2}}$ 服从 t 分布,并确定其自由度.

解 由于 $X_i \sim N(0,1)$ $(i=1,2,\cdots,5)$ 且相互独立,所以

$$X_1 + X_2 \sim N(0,2), \quad \frac{X_1 + X_2}{\sqrt{2}} \sim N(0,1), \quad X_3^2 + X_4^2 + X_5^2 \sim \chi^2(3).$$

再由 $\dfrac{X_1 + X_2}{\sqrt{2}}$ 与 $X_3^2 + X_4^2 + X_5^2$ 相互独立得

$$\frac{(X_1 + X_2)/\sqrt{2}}{\sqrt{(X_3^2 + X_4^2 + X_5^2)/3}} = \sqrt{\frac{3}{2}} \cdot \frac{X_1 + X_2}{\sqrt{X_3^2 + X_4^2 + X_5^2}} \sim t(3),$$

从而取 $c = \sqrt{\dfrac{3}{2}}$ 时,统计量 $\dfrac{c(X_1 + X_2)}{\sqrt{X_3^2 + X_4^2 + X_5^2}}$ 服从 t 分布,并且自由度为 3.

例 6.9 设总体 $X \sim N(\mu, \sigma^2)$,由 X 得到容量为 8 的样本 $X_1, X_2, \cdots, X_8$,试问统计量 $\dfrac{(X_1 - X_2)^2 + (X_3 - X_4)^2}{(X_5 - X_6)^2 + (X_7 - X_8)^2}$ 服从哪种分布?

解 由于 $X_i \sim N(\mu, \sigma^2)$ $(i=1,2,\cdots,8)$ 且相互独立,所以

$$X_i - X_{i+1} \sim N(0, 2\sigma^2), \quad \frac{X_i - X_{i+1}}{\sqrt{2}\,\sigma} \sim N(0,1), \quad i = 1,3,5,7,$$

并且它们相互独立,从而

$$\left(\frac{X_1-X_2}{\sqrt{2}\sigma}\right)^2+\left(\frac{X_3-X_4}{\sqrt{2}\sigma}\right)^2=\frac{1}{2\sigma^2}\left[(X_1-X_2)^2+(X_3-X_4)^2\right]\sim\chi^2(2),$$

$$\left(\frac{X_5-X_6}{\sqrt{2}\sigma}\right)^2+\left(\frac{X_7-X_8}{\sqrt{2}\sigma}\right)^2=\frac{1}{2\sigma^2}\left[(X_5-X_6)^2+(X_7-X_8)^2\right]\sim\chi^2(2),$$

并且它们相互独立,所以

$$\frac{(X_1-X_2)^2+(X_3-X_4)^2}{(X_5-X_6)^2+(X_7-X_8)^2}=\frac{\dfrac{1}{2\sigma^2}\left[(X_1-X_2)^2+(X_3-X_4)^2\right]}{\dfrac{1}{2\sigma^2}\left[(X_5-X_6)^2+(X_7-X_8)^2\right]}\sim F(2,2).$$

故所给统计量服从自由度为(2,2)的 F 分布.

例 6.10 查表求出下列各式中的 λ 值:

(1) $P(\chi^2(15)>\lambda)=0.05$; (2) $P(\chi^2(20)\leqslant\lambda)=0.025$;

(3) $P(|t(10)|>\lambda)=0.1$; (4) $P(t(18)<\lambda)=0.8$;

(5) $P(F(15,14)>\lambda)=0.05$; (6) $P(F(10,24)\leqslant\lambda)=0.01$;

(7) $P(F(16,12)>\lambda)=0.95$.

解 (1) 由 χ^2 分布上侧临界值表可查得 $\lambda=\chi^2_{0.05}(15)=24.996$;

(2) 由 $P(\chi^2(20)\leqslant\lambda)=1-P(\chi^2(20)>\lambda)=0.025$ 得 $P(\chi^2(20)>\lambda)=0.975$,查表得 $\lambda=\chi^2_{0.975}(20)=9.591$;

(3) 由 t 分布双侧临界值表可查得 $\lambda=t_{0.1}(10)=1.812$;

(4) 由 $P(t(18)<\lambda)=0.8$ 得 $P(t(18)>\lambda)=0.2$,这样 $P(|t(18)|>\lambda)=0.4$,查表得 $\lambda=t_{0.4}(18)=0.862$;

(5) 由 F 分布上侧临界值表可查得 $\lambda=F_{0.05}(15,14)=2.46$;

(6) 由 $P(F(10,24)<\lambda)=P\left(\dfrac{1}{F(10,24)}>\dfrac{1}{\lambda}\right)=P\left(F(24,10)>\dfrac{1}{\lambda}\right)=0.01$,查表得 $\dfrac{1}{\lambda}=F_{0.01}(24,10)=4.33$,所以 $\lambda=\dfrac{1}{4.33}=0.23$;

(7) 由 $P(F(16,12)>\lambda)=0.95$ 得

$$P(F(16,12)\leqslant\lambda)=0.05\Rightarrow P\left(\frac{1}{F(16,12)}\geqslant\frac{1}{\lambda}\right)=0.05$$

$$\Rightarrow P\left(F(12,16)\geqslant\frac{1}{\lambda}\right)=0.05.$$

查表得 $\dfrac{1}{\lambda}=F_{0.05}(12,16)=2.42$,所以 $\lambda=\dfrac{1}{2.42}=0.41$.

例 6.11 在总体 $X\sim N(5,2^2)$ 中随机抽取一容量为 25 的样本,求样本均值 $\overline{X}$ 落在 4.2 到 5.8 之间的概率,样本方差 S^2 大于 6.07 的概率.

解　因为总体 $X \sim N(5, 2^2)$，所以

$$\overline{X} \sim N\left(5, \frac{2^2}{25}\right), \quad \frac{\overline{X} - 5}{2/5} \sim N(0, 1), \quad \frac{(25-1)S^2}{2^2} \sim \chi^2(24),$$

因此所求概率为

$$P(4.2 < \overline{X} < 5.8) = P\left(\frac{4.2-5}{2/5} < \frac{\overline{X}-5}{2/5} < \frac{5.8-5}{2/5}\right)$$

$$= P\left(-2 < \frac{\overline{X}-5}{2/5} < 2\right) = 2\Phi(2) - 1 = 0.908;$$

$$P(S^2 > 6.07) = P\left(\frac{24S^2}{4} > \frac{24 \times 6.07}{4}\right) = P\left(\frac{24S^2}{4} > 36.42\right) = 0.5.$$

例 6.12　设总体 $X \sim N(\mu, \sigma^2)$，由总体 X 得到容量为 17 的样本 $X_1, X_2, \cdots, X_{17}$，令

$$\overline{X} = \frac{1}{n} \sum_{i=1}^{n} X_i = \frac{1}{17} \sum_{i=1}^{17} X_i, S_0^2 = \frac{1}{n} \sum_{i=1}^{n} (X_i - \overline{X})^2,$$ 试求常数 k，使

$$P(\overline{X} > \mu + kS_0) = 0.95.$$

解　由于

$$\frac{\overline{X} - \mu}{S_n / \sqrt{n}} \sim t(n-1), \quad S_n^2 = \frac{n}{n-1} S_0^2,$$

所以 $\dfrac{\overline{X} - \mu}{S_0 / \sqrt{n-1}} \sim t(n-1) = t(16)$，这样

$$P(\overline{X} > \mu + kS_0) = P\left(\frac{\overline{X} - \mu}{S_0 / \sqrt{n-1}} > 4k\right) = 0.95,$$

显然 $4k < 0$，因此

$$P(\overline{X} > \mu + kS_0) = 1 - P\left(\frac{\overline{X} - \mu}{S_0 / \sqrt{n-1}} \leqslant 4k\right) = 0.95,$$

$$P\left(\frac{\overline{X} - \mu}{S_0 / \sqrt{n-1}} \leqslant 4k\right) = 0.05 \Rightarrow P\left(\left|\frac{\overline{X} > \mu}{S_0 / \sqrt{n-1}}\right| \geqslant |4k|\right) = 0.10,$$

查表得 $|4k| = 1.746 \Rightarrow k = -0.4365$。

例 6.13　设 $X \sim N(\mu, \sigma^2)$，$X_1, X_2, \cdots, X_{10}$ 是 X 的样本，试求下列概率：

(1) $P\left(0.26\sigma^2 \leqslant \dfrac{1}{10} \sum_{i=1}^{10} (X_i - \mu)^2 \leqslant 2.3\sigma^2\right)$；

(2) $P\left(0.26\sigma^2 \leqslant \dfrac{1}{10} \sum_{i=1}^{10} (X_i - \overline{X})^2 \leqslant 2.3\sigma^2\right)$。

解　(1) 由于 $X \sim N(\mu, \sigma^2)$，所以

$$X_i \sim N(\mu, \sigma^2), \quad \frac{X_i - \mu}{\sigma} \sim N(0, 1), \quad i = 1, 2, \cdots, 10,$$

$$\left(\frac{X_i - \mu}{\sigma}\right)^2 \sim \chi^2(1), \quad \sum_{i=1}^{10}\left(\frac{X_i - \mu}{\sigma}\right)^2 \sim \chi^2(10),$$

因而

$$P\left(0.26\sigma^2 \leqslant \frac{1}{10}\sum_{i=1}^{10}(X_i - \mu)^2 \leqslant 2.3\sigma^2\right) = P\left(2.6 \leqslant \sum_{i=1}^{10}\left(\frac{X_i - \mu}{\sigma}\right)^2 \leqslant 23\right)$$

$$= P(\chi^2(10) > 2.6) - P(X^2(10) > 23)$$

$$= 0.99 - 0.01 = 0.98.$$

(2) 由 $X \sim N(\mu, \sigma^2)$ 得

$$\frac{\sum_{i=1}^{10}(X_i - \overline{X})^2}{\sigma^2} \sim \chi^2(9),$$

所以

$$P\left(0.26\sigma^2 \leqslant \frac{1}{10}\sum_{i=1}^{10}(X_i - \overline{X})^2 \leqslant 2.3\sigma^2\right) = P\left(2.6 \leqslant \sum_{i=1}^{10}\left(\frac{X_i - \overline{X}}{\sigma}\right)^2 \leqslant 23\right)$$

$$= P(\chi^2(9) > 2.6) - P(\chi^2(9) > 23)$$

$$= 0.975 - 0.005 = 0.97.$$

例 6.14 设 $X_1, X_2, \cdots, X_9$ 和 $Y_1, Y_2, \cdots, Y_{16}$ 分别是来自两个相互独立的总体 $X \sim N(a, 2^2)$ 和 $Y \sim N(b, 2^2)$ 的样本,记 $Q_1 = \sum_{i=1}^{9}(X_i - \overline{X})^2$, $Q_2 = \sum_{j=1}^{16}(Y_j - \overline{Y})^2$,求满足下列各条件的常数 α_i, β_i 和 $\gamma_i (i = 1, 2)$:

(1) $P(\alpha_1 < Q_1 < \alpha_2) = 0.9$;　　　　(2) $P(|\overline{X} - a| < \beta_1) = 0.9$;

(3) $P\left(\frac{|\overline{Y} - b|}{\sqrt{Q_2}} < \beta_2\right) = 0.9$;　　　(4) $P\left(\gamma_1 < \frac{Q_2}{Q_1} < \gamma_2\right) = 0.9$.

解 由条件知 $DX = DY = \sigma^2 = 4$,而

$$\chi_1^2 = \frac{Q_1}{4} \sim \chi^2(8), \quad \chi_2^2 = \frac{Q_2}{4} \sim \chi^2(15),$$

$$\frac{\overline{X} - a}{\sigma/\sqrt{9}} = \frac{\overline{X} - a}{2/3} = \frac{3}{2}(\overline{X} - a) \sim N(0, 1).$$

从而

$$t = \frac{\overline{Y} - b}{\sqrt{Q_2/15 \big/ 16}} = 4\sqrt{15} \cdot \frac{\overline{Y} - b}{\sqrt{Q_2}} \sim t(15), \quad F = \frac{Q_2/15}{Q_1/8} \sim F(15, 8).$$

(1) $$P(\alpha_1 < Q_1 < \alpha_2) = P\left(\frac{\alpha_1}{4} < \frac{Q_1}{4} < \frac{\alpha_2}{4}\right) = 0.9,$$

$$P(\chi_{0.95}^2(8) < \chi_1^2 < \chi_{0.05}^2(8)) = P\left(2.733 < \frac{Q_1}{4} < 21.955\right) = 0.9.$$

可见 $\alpha_1 = 4 \times 2.733 = 10.932, \alpha_2 = 4 \times 21.955 = 81.82.$

(2) $P(|\overline{X} - a| < \beta_1) = P\left(\frac{3}{2}|\overline{X} - a| < \frac{3}{2}\beta_1\right) = 0.9,$

$$2\Phi\left(\frac{3}{2}\beta_1\right) - 1 = 0.9, \quad \Phi\left(\frac{3}{2}\beta_1\right) = 0.95,$$

所以 $\frac{3}{2}\beta_1 = 1.645,$ 即 $\beta_1 = 1.645 \times \frac{2}{3} = 1.096.$

(3) $P\left(\frac{|\overline{Y} - b|}{\sqrt{Q_2}} < \beta_2\right) = P\left(\frac{|\overline{Y} - b|}{\sqrt{\frac{Q_2}{15} \Big/ 16}} < 4\sqrt{15}\beta_2\right) = 0.9,$ 于是

$$P(|t(15)| \geqslant 4\sqrt{15}\beta_2) = 0.1, \quad 4\sqrt{15}\beta_2 = t_{0.1}(15) = 1.75,$$

$$\beta_2 = \frac{1.75}{4\sqrt{15}} = 0.113.$$

(4) $P\left(\gamma_1 < \frac{Q_2}{Q_1} < \gamma_2\right) = P\left(\frac{8}{15}\gamma_1 < \frac{Q_2/15}{Q_1/8} < \frac{8}{15}\gamma_2\right) = 0.9,$

$$P(F_{0.95}(15,8) < F(15,8) < F_{0.05}(15,8)) = 0.9,$$

$$P\left(\frac{1}{2.645} < F(15,8) < 3.22\right) = 0.9,$$

所以

$$\gamma_1 = \frac{15}{8} \times \frac{1}{2.645} = 0.709, \quad \gamma_2 = \frac{15}{8} \times 3.22 = 6.038.$$

例 6.15 设 $X_1, X_2, \cdots, X_6$ 为正态总体 $N(0, 2^2)$ 的一个样本,求 $P\left(\sum_{i=1}^{6} X_i^2 > 6.54\right).$

解   由于 $\sum_{i=1}^{6}\left(\frac{X_i}{2}\right)^2 \sim \chi^2(6),$ 所以

$$P\left(\sum_{i=1}^{6} X_i^2 > 6.54\right) = P\left(\sum_{i=1}^{6}\left(\frac{X_i}{2}\right)^2 > 1.635\right) = P(\chi^2(6) > 1.635) = 0.95.$$

例 6.16 $\overline{X}$ 和 $\overline{Y}$ 分别是来自正态总体 $N(\mu, \sigma^2)$ 的容量为 n 的两个独立样本的均值,试确定 $n,$ 使得两个样本均值之差超过 σ 的概率为 0.01.

解   由于 $\overline{X} - \overline{Y} \sim N\left(0, \frac{2\sigma^2}{n}\right),$ 所以

$$P(|\overline{X} - \overline{Y}| > \sigma) = P\left(\frac{|\overline{X} - \overline{Y}|}{\sigma\sqrt{\frac{2}{n}}} > \sqrt{\frac{n}{2}}\right) = 0.01,$$

$$2\Phi\left(\sqrt{\frac{n}{2}}\right) - 1 = 0.99 \Rightarrow \Phi\left(\sqrt{\frac{n}{2}}\right) = 0.995 \Rightarrow \sqrt{\frac{n}{2}} = 2.576 \Rightarrow n \approx 13.3,$$

故 n 应不小于 14.

例 6.17 设 $X_1, X_2, \cdots, X_n$ 是取自正态总体 $N(\mu, \sigma^2)$ 的样本,求满足不等式

$$P\left(\frac{S_n^2}{\sigma^2} \leqslant 1.5\right) \geqslant 0.95$$

的最小 n 值.

解 由于 $\frac{(n-1)S_n^2}{\sigma^2} \sim \chi^2(n-1)$,所以

$$P\left(\frac{S_n^2}{\sigma^2} \leqslant 1.5\right) = P\left(\frac{(n-1)S_n^2}{\sigma^2} \leqslant 1.5(n-1)\right) \geqslant 0.95,$$

$$1.5(n-1) \geqslant \chi_{0.05}^2(n-1),$$

由于

$$1.5(27-1) = 39 > 38.885 = \chi_{0.05}^2(26),$$

$$1.5(26-1) = 37.5 < 37.652 = \chi_{0.05}^2(25),$$

所以 $n=27$.

例 6.18 已知 $T \sim t(n)$,求证 $T^2 \sim F(1, n)$.

证明 由 t 分布的意义,设

$$T = \frac{X}{\sqrt{Y/n}},$$

其中 $X \sim N(0,1), Y \sim \chi^2(n)$,且 X 与 Y 独立,则

$$T^2 = \frac{X^2}{Y/n},$$

由 χ^2 分布的定义,可知 $X^2 \sim \chi^2(1)$,再根据 F 分布的定义,可知 $T^2 \sim F(1, n)$.

6.3 习题

填空与选择题

1. 设 $X_1, X_2, \cdots, X_n$ 是取自总体 X 的样本,若令 $Y_i = aX_i + b(a \neq 0, i = 1, 2, \cdots, n)$,则 $\overline{X}$ 与 $\overline{Y}$ 之间的关系是( );S_X^2 与 S_Y^2 之间的关系是( ).

2. 样本分布函数 $F_n(x)$ 所具有的 3 条性质是:(1)( );(2)( );(3)( ).

3. 设总体 $X \sim N(\mu, \sigma^2)$,其中 μ 未知,σ^2 已知.又设 $X_1, X_2, \cdots, X_n$ 是来自 X 的样本,作样本函数如下:

(1) $\frac{1}{2}X_1 + \frac{1}{3}X_2 + \frac{1}{6}X_3$; (2) $\overline{X} = \frac{1}{n}\sum_{i=1}^{n} X_i$; (3) $\frac{1}{n}\sum_{i=1}^{n}(X_i - \mu)^2$;

(4) $\dfrac{1}{n}\displaystyle\sum_{i=1}^{n}(X_i-\overline{X})^2$;　　　　　(5) $\displaystyle\sum_{i=1}^{n}\dfrac{X_i^2}{\sigma^2}$;　　　　　(6) X_1.

这些函数中是统计量的有(　　).

4. 设 $X_1,X_2,\cdots,X_n$ 是来自正态总体 $N(\mu,\sigma^2)$ 的样本,$\overline{X}=\dfrac{1}{n}\displaystyle\sum_{i=1}^{n}X_i$,则 $\overline{X}$ 服从(　　)分布.

5. 设 $X_1,X_2,\cdots,X_n$ 是来自正态总体 $N(\mu,\sigma^2)$ 的样本,则

$$\dfrac{\displaystyle\sum_{i=1}^{n}(X_i-\mu)^2}{\sigma^2}\sim(\qquad),\qquad \dfrac{\displaystyle\sum_{i=1}^{n}(X_i-\overline{X})^2}{\sigma^2}\sim(\qquad),$$

这里 $\overline{X}=\dfrac{1}{n}\displaystyle\sum_{i=1}^{n}X_i$.

6. 设 $X_1,X_2,\cdots,X_n$ 是来自正态总体 $N(\mu,\sigma^2)$ 的样本,记

$$S_1^2=\dfrac{1}{n-1}\sum_{i=1}^{n}(X_i-\overline{X})^2;\qquad S_2^2=\dfrac{1}{n}\sum_{i=1}^{n}(X_i-\overline{X})^2;$$

$$S_3^2=\dfrac{1}{n-1}\sum_{i=1}^{n}(X_i-\mu)^2;\qquad S_4^2=\dfrac{1}{n}\sum_{i=1}^{n}(X_i-\mu)^2.$$

则服从自由度是 $n-1$ 的 t 分布的随机变量是(　　).

(A) $t=\dfrac{\overline{X}-\mu}{S_1/\sqrt{n-1}}$　　　　　　　　　(B) $t=\dfrac{\overline{X}-\mu}{S_2/\sqrt{n-1}}$

(C) $t=\dfrac{\overline{X}-\mu}{S_3/\sqrt{n}}$　　　　　　　　　(D) $t=\dfrac{\overline{X}-\mu}{S_4/\sqrt{n}}$

7. 设 $X_1,X_2,\cdots,X_{16}$ 是来自正态总体 $N(2,\sigma^2)$ 的样本,则 $\dfrac{4\overline{X}-8}{\sigma}$ 服从(　　)分布.

8. 设总体 $X\sim N(\mu,\sigma^2)$,$X_1,X_2,\cdots,X_n$ 为 X 的一个样本,记 $\overline{X}=\dfrac{1}{n}\displaystyle\sum_{i=1}^{n}X_i$,$S_0^2=\dfrac{1}{n}\displaystyle\sum_{i=1}^{n}(X_i-\overline{X})^2$,则 $Y=\dfrac{\sqrt{n-1}\,(\overline{X}-\mu)}{S_0}$ 服从(　　)分布.

9. 设总体 $X\sim N(1,3^2)$,$X_1,X_2,\cdots,X_9$ 是来自 X 的样本,则下面正确的是(　　).

(A) $\dfrac{\overline{X}-1}{3}\sim N(0,1)$　　　　　　　　　(B) $\dfrac{\overline{X}-1}{1}\sim N(0,1)$

(C) $\dfrac{\overline{X}-1}{9}\sim N(0,1)$　　　　　　　　　(D) $\dfrac{\overline{X}-1}{\sqrt{3}}\sim N(0,1)$

10. 设 $X_1,X_2,\cdots,X_n$ 是总体 $N(0,1)$ 的样本,则下列正确的是(　　).

(A) $n\overline{X}\sim N(0,1)$　　　　　　　　　(B) $\overline{X}\sim N(0,1)$

(C) $\sum_{i=1}^{n} X_i^2 \sim \chi^2(n)$ (D) $\dfrac{\overline{X}}{S} \sim t(n-1)$

11. 设随机变量 X 与 Y 相互独立,$X \sim N(\mu_1, \sigma_1^2)$,$Y \sim N(\mu_2, \sigma_2^2)$,从 X,Y 中分别得到样本 $X_1, X_2, \cdots, X_{n_1}$ 和 $Y_1, Y_2, \cdots, Y_{n_2}$,$\overline{X} = \dfrac{1}{n_1}\sum_{i=1}^{n_1} X_i$,$\overline{Y} = \dfrac{1}{n_2}\sum_{i=1}^{n_2} Y_i$,则下列成立的是( ).

(A) $\overline{X} - \overline{Y} \sim N(\mu_1 + \mu_2, \sigma_1^2 + \sigma_2^2)$ (B) $\overline{X} - \overline{Y} \sim N\left(\mu_1 - \mu_2, \dfrac{\sigma_1^2}{n_1} + \dfrac{\sigma_2^2}{n_2}\right)$

(C) $\overline{X} - \overline{Y} \sim N\left(\mu_1 - \mu_2, \dfrac{\sigma_1^2}{n_1} - \dfrac{\sigma_2^2}{n_2}\right)$ (D) $\overline{X} - \overline{Y} \sim N\left(\mu_1 + \mu_2, \dfrac{\sigma_1^2}{n_1} - \dfrac{\sigma_2^2}{n_2}\right)$

12. 设随机变量 X 和 Y 相互独立,且都服从正态分布 $N(0, 3^2)$,而 $X_1, X_2, \cdots, X_9$ 和 $Y_1, Y_2, \cdots, Y_9$ 分别是来自总体 X 和 Y 的样本,则统计量 $\dfrac{X_1 + X_2 + \cdots + X_9}{\sqrt{Y_1^2 + Y_2^2 + \cdots + Y_9^2}}$ 服从( ),其参数为( ).

计算与证明题

1. 自总体 X 中抽得一个容量为 8 的样本,得样本值为 $20, 30, 70, 40, 80, 90, 50, 60$. 求样本平均值 $\overline{x}$,样本方差 s_n^2,样本极差 R 和样本分布函数 $F_n(x)$.

2. 自总体 X 中抽得样本,得样本值及频数如下表:

x_i	56	62	76	86	96
频数 m_k	1	2	4	2	1

求样本容量 n,样本平均值 $\overline{x}$,样本方差 s_n^2,样本极差 R 及样本分布函数 $F_n(x)$.

3. 从一批钉子中抽取 16 枚,测得其长度(单位:cm)为

       2.14, 2.10, 2.13, 2.15, 2.13, 2.12, 2.13, 2.10,

       2.15, 2.12, 2.14, 2.10, 2.13, 2.11, 2.14, 2.11.

求长度的均值及方差.

4. 假设总体 X 服从参数为 λ 的指数分布,试写出来自 X 的样本 $X_1, X_2, \cdots, X_n$ 的分布.

5. 设随机变量 X 服从正态分布 $N(\mu, \sigma^2)$,$X_1, X_2, \cdots, X_n$ 为来自 X 的样本,求样本 $X_1, X_2, \cdots, X_n$ 的密度 $p(x_1, x_2, \cdots, x_n)$.

6. 设 $(X_1, X_2, \cdots, X_m)$ 与 $(Y_1, Y_2, \cdots, Y_n)$ 是分别来自正态总体 $N(\mu, \sigma^2)$ 的相互独立的样本. 若令

$$S_{XY}^2 = \frac{(m-1)S_X^2 + (n-1)S_Y^2}{m+n-2},$$

则统计量 $T = \dfrac{(m+n-2)S_{XY}^2}{\sigma^2}$ 服从什么分布？其自由度是多少？

7. 假设 $X_1, X_2, \cdots, X_n$ 是来自正态总体 $X \sim N(\mu, \sigma^2)$ 的样本，X_{n+1} 是对总体 X 的又一独立观测，试确定统计量

$$T = \frac{X_{n+1} - \overline{X}}{S} \sqrt{\frac{n}{n+1}}$$

服从什么分布？并确定其自由度.

8. 假设 $X_1, X_2, \cdots, X_9$ 是来自总体 $X \sim N(0, 2^2)$ 的样本，求系数 a, b, c，使

$$Q = a(X_1 + X_2)^2 + b(X_3 + X_4 + X_5)^2 + c(X_6 + X_7 + X_8 + X_9)^2$$

服从 χ^2 分布，并求出其自由度 γ？

9. 设 X_1, X_2, X_3, X_4 是来自正态总体 $X \sim N(0, 2^2)$ 的样本. 令

$$Y = a(X_1 - 2X_2)^2 + b(3X_3 - 4X_4)^2,$$

若统计量 Y 服从 χ^2 分布，试确定 a, b 的值及 χ^2 分布的自由度 γ.

10. 设 X_1, X_2, X_3, X_4 是来自正态总体 $X \sim N(\mu, \sigma^2)$ 的样本，求统计量

$$Y = (X_3 - X_4) \Big/ \sqrt{\sum_{i=1}^{2} (X_i - \mu)^2}$$

服从的分布.

11. 设 $X_1, X_2, X_3, X_4, X_5, X_6$ 是来自正态总体 $X \sim N(0, \sigma^2)$ 的样本，试确定 a 及 b 使统计量

$$a(X_1 + X_2 - X_3)^2 / b(X_4^2 + X_5^2 + X_6^2)$$

服从 F 分布，并确定其自由度.

12. 从正态总体 $X \sim N(3.4, 6^2)$ 抽取容量为 n 的样本，如果要求样本均值位于区间 $(1.4, 5.4)$ 内的概率不小于 0.95，问样本容量 n 至少应取多大？

13. 设总体 $X \sim N(\mu, 9)$，$\overline{X}$ 是容量为 n 的样本均值. 若已知

$$P(\overline{X} - 1 < \mu < \overline{X} + 1) \geqslant 0.90,$$

试求 n 至少应为多少？

14. 设总体 X 服从正态分布 $N(80, 400)$，由 X 得到容量为 100 的样本 $X_1, X_2, \cdots, X_{100}$，问样本均值与总体数学期望之差的绝对值大于 3 的概率有多大？

15. 求总体 $N(20, 3)$ 的容量分别为 $10, 15$ 的两个独立样本均值差的绝对值大于 0.3 的概率.

16. 设总体 X 和 Y 相互独立，都服从正态分布 $N(30, 3^2)$，$X_1, X_2, \cdots, X_{20}$ 和 $Y_1, Y_2, \cdots, Y_{25}$ 分别是来自 X 和 Y 的样本，求 $P(|\overline{X} - \overline{Y}| > 0.4)$.

17. 在正态总体 $X \sim N(12, 2^2)$ 中随机抽取一容量为 5 的样本 $X_1, X_2, \cdots, X_5$，求

$$P\left(\sum_{i=1}^{5}(X_i-12)^2>44.284\right).$$

18. 设在总体 $N(\mu,\sigma^2)$ 中抽取容量为 16 的样本,但 μ,σ^2 未知,求 $P\left(\dfrac{S^2}{\sigma^2}\leqslant 2.041\right)$.

19. 某化学药剂的平均溶解时间是 65s,标准差为 25s,假设药剂的溶解时间服从正态分布,问样本容量应取多大才使样本均值以 95% 的概率落于区间(50,80)之内?

20. 设总体 X 服从正态分布 $N(0,4),X_1,X_2,\cdots,X_{10}$ 是来自总体 X 的样本,求:

(1) $P\left(\sum_{i=1}^{10}X_i^2\leqslant 13\right)$; (2) $P\left(13.3\leqslant\sum_{i=1}^{10}(X_i-\overline{X})^2\leqslant 76\right)$.

21. 已知 X 服从正态分布 $N(2,\sigma^2),X_1,X_2,X_3,X_4$ 是来自总体 X 的样本,且样本方差 $s^2=9$,求 $P(1<\overline{X}<4)$.

22. 设 $X\sim N(\mu,\sigma^2),X_1,X_2,\cdots,X_n$ 是从 X 中抽取的一个样本,求随机变量

$$\frac{\overline{X}-\mu}{\sqrt{\sum_{i=1}^{n}(X_i-\overline{X})^2/n(n-1)}}$$

的分布.

23. 设总体 $X\sim N(\mu,\sigma^2),X_1,X_2,\cdots,X_{15}$ 是来自 X 的样本,求下列概率:

(1) $P\left(\dfrac{\sigma^2}{3}\leqslant\dfrac{1}{15}\sum_{i=1}^{15}(X_i-\mu)^2\leqslant\sigma^2\right)$;   (2) $P\left(\dfrac{\sigma^2}{3}\leqslant\dfrac{1}{15}\sum_{i=1}^{15}(X_i-\overline{X})^2\leqslant\sigma^2\right)$.

24. 已知某公司制造的电视显像管的平均寿命为 200h,标准差为 60h,如果随机抽取 10 个显像管,求:

(1) 样本标准差不超过 50h 的概率;

(2) 样本标准差位于 50h 与 70h 之间的概率.

25. A,B 两公司制造的灯泡寿命的标准差分别为 40h 和 50h,现从 A 制造的灯泡中取出 8 个,从 B 制造的灯泡中取出 16 个,求 A 制造的灯泡的样本方差比 B 制造灯泡的样本方差大 2 倍和 1.2 倍的概率.

考研题选练

1. (2014 年,数三)   设 X_1,X_2,X_3 是来自正态总体 $N(0,\sigma^2)$ 的样本,则统计量 $\dfrac{X_1-X_2}{\sqrt{2}|X_3|}$ 服从的分布为_____.

(A) $F(1,1)$ (B) $F(2,1)$ (C) $t(1)$ (D) $t(2)$

2. (2012 年,数三)   设 X_1,X_2,X_3,X_4 是来自正态总体 $N(1,\sigma^2)$ 的样本,则统计量 $\dfrac{X_1-X_2}{|X_3+X_4-2|}$ 的分布为_____.

(A) $N(0,1)$ (B) $t(1)$ (C) $\chi^2(1)$ (D) $F(1,1)$.

3.（2010 年，数三） 设 $X_1,X_2,\cdots,X_n$ 是来自正态总体 $N(\mu,\sigma^2)$ 的简单随机样本，记统计量 $T=\dfrac{1}{n}\sum_{i=1}^{n}X_i^2$，则 $ET=$ _____.

4.（2009 年，数三） 设 $X_1,X_2,\cdots,X_n$ 是来自二项分布总体 $B(n,p)$ 的简单随机样本，$\overline{X}$ 和 S^2 分别为样本均值和样本方差. 记统计量 $T=\overline{X}-S^2$，则 $ET=$ _____.

5.（2006 年，数三） 设总体 X 的概率密度为 $f(x)=\dfrac{1}{2}\mathrm{e}^{-|x|}\,(-\infty<x<+\infty)$，$X_1,X_2,\cdots,X_n$ 为总体 X 的简单随机样本，其样本方差为 S^2，则 $ES^2=$ _____.

6.（2003 年，数三） 设总体 X 服从参数为 2 的指数分布，$X_1,X_2,\cdots,X_n$ 是来自 X 的一个样本，则当 $n\to\infty$ 时，$Y_n=\dfrac{1}{n}\sum_{i=1}^{n}X_i^2$ 依概率收敛于 _____.

6.4 习题参考答案

填空与选择题

1. $\overline{Y}=a\overline{X}+b$；$S_Y^2=a^2S_X^2$.

2. (1) $0\leqslant F_n(x)\leqslant 1$； (2) 单调不减； (3) 右连续的.

3. (1)、(2)、(4)、(5)、(6). $\qquad\qquad$ 4. $N\left(\mu,\dfrac{\sigma^2}{n}\right)$.

5. $\chi^2(n)$；$\chi^2(n-1)$. $\qquad\qquad$ 6. (B).

7. $N(0,1)$. $\qquad$ 8. $t(n-1)$. $\qquad$ 9. (B).

10. (C). $\qquad\qquad$ 11. (B). $\qquad\qquad$ 12. t 分布；9.

计算与证明题

1. $\overline{x}=55,s_n^2=600,R=70$，

$$F_n(x)=\begin{cases}0, & x<20,\\ 1/8, & 20\leqslant x<30,\\ 2/8, & 30\leqslant x<40,\\ 3/8, & 40\leqslant x<50,\\ 4/8, & 50\leqslant x<60,\\ 5/8, & 60\leqslant x<70,\\ 6/8, & 70\leqslant x<80,\\ 7/8, & 80\leqslant x<90,\\ 1, & x\geqslant 90.\end{cases}$$

2. $n=10,\overline{x}=75.2,s^2=153.96,R=40$，

$$F_n(x) = \begin{cases} 0, & x < 56, \\ 1/10, & 56 \leqslant x < 62, \\ 3/10, & 62 \leqslant x < 76, \\ 7/10, & 76 \leqslant x < 86, \\ 9/10, & 86 \leqslant x < 96, \\ 1, & x \geqslant 96. \end{cases}$$

3. $\bar{x} = 2.125, s^2 = 0.017$.

4. $p(x_1, x_2, \cdots, x_n) = \begin{cases} \lambda^n e^{-n\lambda\bar{x}}, & x_1, x_2, \cdots, x_n > 0, \\ 0, & \text{其他}, \end{cases}$ 这里 $\bar{x} = \dfrac{1}{n} \sum\limits_{i=1}^{n} x_i$.

5. $p(x_1, x_2, \cdots, x_n) = (\sqrt{2\pi}\sigma)^{-n} \exp\left\{ -\sum\limits_{i=1}^{n} \dfrac{(x_i - \mu)^2}{2\sigma^2} \right\}$.

6. $T \sim \chi^2(m+n-2)$.   7. $T \sim t(n-1)$.   8. $a = \dfrac{1}{8}, b = \dfrac{1}{12}, c = \dfrac{1}{16}, \gamma = 3$.

9. $a = \dfrac{1}{20}, b = \dfrac{1}{100}, \gamma = 2$.   10. $Y \sim t(2)$.

11. $a = 1, b = 1$, 第一自由度为 1, 第二自由度为 3.

12. $n \geqslant 35$.   13. $n \geqslant 25$.   14. 0.1336.   15. 0.6744.

16. 0.66.   17. 0.05.   18. 0.99.   19. $n \geqslant 11$.

20. (1) 0.025; (2) 0.925.

21. 0.5875.   22. $t(n-1)$ 分布.   23. (1) 0.5407; (2) 0.6076.

24. (1) 0.36; (2) 0.49.   25. 在 0.01 与 0.05 之间; 在 0.005 与 0.01 之间.

考研题选练

1. (C).   2. (B).   3. $\mu^2 + \sigma^2$ 4. np^2 5. 2.   6. $\dfrac{1}{2}$.

第 7 章

参 数 估 计

7.1 内容提要

统计推断的基本问题之一是统计估计,它是指由样本的信息估计总体的特征.

本章的基本内容是:统计估计问题的提法;估计量好坏的评价标准;参数的点估计;参数的区间估计.

1. 估计量好坏的评价标准

无偏估计	定义:设 $\hat{\theta}(X_1,X_2,\cdots,X_n)$ 是参数 θ 的估计量,若 $E(\hat{\theta})=\theta$,则称 $\hat{\theta}$ 为参数 θ 的无偏估计量. 样本均值 $\overline{X}$ 与样本方差 S^2 分别是总体均值 EX 与总体方差 DX 的无偏估计量. 参数 θ 的无偏估计量 $\hat{\theta}$ 的函数 $g(\hat{\theta})$ 不一定是参数 θ 的函数 $g(\theta)$ 的无偏估计量.
有效估计	定义:设 $\hat{\theta}_1$ 和 $\hat{\theta}_2$ 都是参数 θ 的无偏估计量,若 $D(\hat{\theta}_1)<D(\hat{\theta}_2)$,则称 $\hat{\theta}_1$ 比 $\hat{\theta}_2$ 有效. 在总体均值 EX 的一切无偏估计中,样本均值 $\overline{X}$ 是总体均值的有效估计量.
一致估计	定义:设 $\hat{\theta}(X_1,X_2,\cdots,X_n)$ 是参数 θ 的估计量,若对任意 $\varepsilon>0$,恒有 $\lim\limits_{n\to+\infty}P(|\hat{\theta}-\theta|<\varepsilon)=1$,则称 $\hat{\theta}$ 为参数 θ 的一致估计量(或弱相合估计量). 样本均值 $\overline{X}$ 与样本方差 S^2 分别是总体均值 EX 与总体方差 DX 的一致估计量.

2. 参数的点估计

定义:设总体 X 有 k 个未知参数 $\theta_1,\theta_2,\cdots,\theta_k$,根据样本 $X_1,X_2,\cdots,X_n$ 建立 k 个统计量 $\hat{\theta}_i(X_1,X_2,\cdots,X_n)(i=1,2,\cdots,k)$,分别作为未知参数 θ_i 的估计量;根据样本观测值 $x_1,x_2,\cdots,x_n$,用 $\hat{\theta}_i(x_1,x_2,\cdots,x_n)$ 分别作为未知参数 θ_i 的估计值,这种用 $\hat{\theta}_i$ 对参数 θ_i 所作的定值估计称为参数的点估计.

续表

矩估计	设总体 X 有 k 个未知参数 $\theta_1, \theta_2, \cdots, \theta_k$,根据总体 X 的概率分布及样本 $X_1, X_2, \cdots, X_n$ 构造由 k 个方程构成的方程组(该方程组中每个方程的意义是:总体的 m 阶原点矩等于样本的 m 阶原点矩),即 $$EX^m = \frac{1}{n} \sum_{i=1}^n X_i^m, \quad m = 1, 2, \cdots, k,$$ 解此方程组得到 $\hat{\theta}_i = \hat{\theta}_i(X_1, X_2, \cdots, X_n)(i = 1, 2, \cdots, k)$,称为参数 θ_i 的矩估计量.
最大似然估计	(1) 设 X 是连续型随机变量,其概率密度函数为 $p(x; \theta_1, \theta_2, \cdots, \theta_k)$,样本观测值为 $x_1, x_2, \cdots, x_n$,则称 $$L = L(x_1, x_2, \cdots, x_n; \theta_1, \theta_2, \cdots, \theta_k) = \prod_{i=1}^n p(x_i; \theta_1, \theta_2, \cdots, \theta_k)$$ 为样本 $X_1, X_2, \cdots, X_n$ 的似然函数; (2) 设 X 是离散型随机变量,其概率分布律为 $$P(X = x_j) = p(x_j; \theta_1, \theta_2, \cdots, \theta_k),$$ 样本观测值为 $x_1, x_2, \cdots, x_n$,则称 $$L = L(x_1, x_2, \cdots, x_n; \theta_1, \theta_2, \cdots, \theta_k) = \prod_{j=1}^n p(x_j; \theta_1, \theta_2, \cdots, \theta_k)$$ 为样本 $X_1, X_2, \cdots, X_n$ 的似然函数. (3) 若似然函数 $L = L(x_1, x_2, \cdots, x_n; \theta_1, \theta_2, \cdots, \theta_k)$ 在 $\hat{\theta}_i = \hat{\theta}_i(x_1, x_2, \cdots, x_n)$ 处取得最大值,则称 $\hat{\theta}_i = \hat{\theta}_i(x_1, x_2, \cdots, x_n)$ 为 θ_i 的最大似然估计值,相应的统计量 $\hat{\theta}_i = \hat{\theta}_i(X_1, X_2, \cdots, X_n)$ 称为 θ_i 的最大似然估计量. (4) 通常情况下,$\ln L = \ln L(x_1, x_2, \cdots, x_n; \theta_1, \theta_2, \cdots, \theta_k)$ 也称为似然函数,这时,最大似然估计值 $\hat{\theta}_i$ 是似然方程 $$\frac{\partial \ln L}{\partial \theta_i} = 0, \quad i = 1, 2, \cdots, k$$ 的解.

3. 参数的区间估计

定义	设 θ 是总体 X 的一个未知参数,$X_1, X_2, \cdots, X_n$ 为 X 的样本,对于给定的 $\alpha(0 < \alpha < 1)$,若存在统计量 $\hat{\theta}_1(X_1, X_2, \cdots, X_n)$ 和 $\hat{\theta}_2(X_1, X_2, \cdots, X_n)$,使得 $P(\hat{\theta}_1 < \theta < \hat{\theta}_2) = 1 - \alpha$,则称随机区间 $(\hat{\theta}_1, \hat{\theta}_2)$ 为参数 θ 的 $1 - \alpha$ 置信区间,称 $1 - \alpha$ 为置信度,$\hat{\theta}_1$ 与 $\hat{\theta}_2$ 分别称为参数 θ 的置信下限和置信上限.

续表

	待估参数	条件	统计量	置信区间
正态总体参数的区间估计	μ	σ^2 已知	$U=\dfrac{\overline{X}-\mu}{\sigma/\sqrt{n}}\sim N(0,1)$	$\left(\overline{X}-u_{a/2}\dfrac{\sigma}{\sqrt{n}},\overline{X}+u_{a/2}\dfrac{\sigma}{\sqrt{n}}\right)$
		σ^2 未知	$T=\dfrac{\overline{X}-\mu}{S/\sqrt{n}}\sim t(n-1)$	$\left(\overline{X}-t_a(n-1)\dfrac{S}{\sqrt{n}},\overline{X}+t_a(n-1)\dfrac{S}{\sqrt{n}}\right)$
	σ^2	μ 未知	$\chi^2=\dfrac{(n-1)S^2}{\sigma^2}\sim\chi^2(n-1)$	$\left(\dfrac{(n-1)S^2}{\chi^2_{a/2}(n-1)},\dfrac{(n-1)S^2}{\chi^2_{1-a/2}(n-1)}\right)$
	$\mu_1-\mu_2$	σ_1^2,σ_2^2 均已知	$U=\dfrac{(\overline{X}-\overline{Y})-(\mu_1-\mu_2)}{\sqrt{\dfrac{\sigma_1^2}{n_1}+\dfrac{\sigma_2^2}{n_2}}}$ $\sim N(0,1)$	$\left(\overline{X}-\overline{Y}-u_{a/2}\sqrt{\dfrac{\sigma_1^2}{n_1}+\dfrac{\sigma_2^2}{n_2}},\overline{X}-\overline{Y}+\right.$ $\left.u_{a/2}\sqrt{\dfrac{\sigma_1^2}{n_1}+\dfrac{\sigma_2^2}{n_2}}\right)$
		$\sigma_1^2=\sigma_2^2$ $=\sigma^2$ 但 σ^2 未知	$T=\dfrac{(\overline{X}-\overline{Y})-(\mu_1-\mu_2)}{S_w\sqrt{\dfrac{1}{n_1}+\dfrac{1}{n_2}}}$ $\sim t(n_1+n_2-2)$ $S_w^2=\dfrac{(n_1-1)S_X^2+(n_2-1)S_Y^2}{n_1+n_2-2}$	$\left(\overline{X}-\overline{Y}-t_a S_w\sqrt{\dfrac{1}{n_1}+\dfrac{1}{n_2}},\overline{X}-\overline{Y}+\right.$ $\left.t_a S_w\sqrt{\dfrac{1}{n_1}+\dfrac{1}{n_2}}\right)$ 其中 $t_a=t_a(n_1+n_2-2)$
	σ_1^2/σ_2^2	μ_1,μ_2 未知	$F=\dfrac{S_1^2/\sigma_1^2}{S_2^2/\sigma_2^2}$ $\sim F(n_1-1,n_2-1)$	$\left(\dfrac{1}{F_{a/2}(n_1-1,n_2-1)}\dfrac{S_1^2}{S_2^2},F_{a/2}(n_2-1,\right.$ $\left.n_1-1)\dfrac{S_1^2}{S_2^2}\right)$

7.2　典型例题解析

题型 1：判断未知参数估计量的无偏性、有效性和一致性；

题型 2：用矩法求未知参数的点估计；

题型 3：用最大似然法求未知参数的点估计；

题型 4：求未知参数的区间估计.

例 7.1　设总体 $X\sim N(\mu,\sigma^2)$，$X_1,X_2,\cdots,X_n$ 是来自总体 X 的一个样本，问当 k 为何值时，$\hat\sigma^2=\displaystyle\sum_{i=1}^{n}k(X_i-\overline{X})^2$ 是 σ^2 的无偏估计量.

解　要使 $\hat\sigma^2$ 为 σ^2 的无偏估计量，必须有 $E\hat\sigma^2=\sigma^2$. 而

$$E\hat\sigma^2=\left[E\sum_{i=1}^{n}k(X_i-\overline{X})^2\right]=kE\left[\sum_{i=1}^{n}(X_i-\overline{X})^2\right]=k(n-1)\sigma^2=\sigma^2,$$

因而 $k = \dfrac{1}{n-1}$.

例 7.2 设 $\hat{\theta}$ 是参数 θ 的无偏估计量,且有 $D\hat{\theta} > 0$,试证: $\hat{\theta}^2$ 不是 θ^2 的无偏估计量.

证明 因为 $E\hat{\theta}^2 = D\hat{\theta} + (E\hat{\theta})^2$,而 $E\hat{\theta} = \theta$, $D\hat{\theta} > 0$,所以 $E\hat{\theta}^2 > \theta^2$. 故 $\hat{\theta}^2$ 不是 θ^2 的无偏估计量.

例 7.3 总体 X 服从 $[0,\theta]$ 上的均匀分布, $\theta > 0$ 为未知参数, $X_1, X_2, \cdots, X_n$ 为来自 X 的样本,试证明 $\hat{\theta} = \dfrac{n+1}{n} \max\{X_1, X_2, \cdots, X_n\}$ 是 θ 的无偏估计.

证明 设 $F(x)$ 为 X 的分布函数,则

$$F(x) = \begin{cases} 0, & x < 0, \\ \dfrac{x}{\theta}, & 0 \leqslant x < \theta, \\ 1, & x \geqslant \theta. \end{cases}$$

令 $F_{\max}(z)$ 表示 $Z = \max\{X_1, X_2, \cdots, X_n\}$ 的分布函数,则有

$$F_{\max}(z) = [F(z)]^n = \begin{cases} 0, & z < 0, \\ \left(\dfrac{z}{\theta}\right)^n, & 0 \leqslant z < \theta, \\ 1, & z \geqslant \theta. \end{cases}$$

可见 $Z = \max\{X_1, X_2, \cdots, X_n\}$ 的密度函数为

$$p_{\max}(z) = \begin{cases} \dfrac{n}{\theta} \left(\dfrac{z}{\theta}\right)^{n-1}, & 0 \leqslant z \leqslant \theta, \\ 0, & \text{其他.} \end{cases}$$

$$\begin{aligned} E\hat{\theta} &= E\left[\dfrac{n+1}{n} \max\{X_1, X_2, \cdots, X_n\}\right] \\ &= \dfrac{n+1}{n} \int_0^\theta z \cdot \dfrac{n}{\theta} \left(\dfrac{z}{\theta}\right)^{n-1} \mathrm{d}z \\ &= (n+1) \int_0^1 \theta y^n \mathrm{d}y \quad \left(y = \dfrac{z}{\theta}\right) \\ &= \theta. \end{aligned}$$

所以 $\hat{\theta} = \dfrac{n+1}{n} \max\{X_1, X_2, \cdots, X_n\}$ 是 θ 的无偏估计.

例 7.4 设总体 X 服从 $[0,\theta]$ 上的均匀分布, $\theta > 0$ 为未知参数, $X_1, X_2, \cdots, X_n$ 为来自 X 的样本,统计量

$$\hat{\theta}_1 = (n+1)\min\{X_1, X_2, \cdots, X_n\}, \quad \hat{\theta}_2 = \dfrac{n+1}{n} \max\{X_1, X_2, \cdots, X_n\}$$

都是未知参数 θ 的无偏估计,问哪一个更有效.

解 $p_{\min}(z)=\begin{cases}\dfrac{n}{\theta}\Big[1-\dfrac{z}{\theta}\Big]^{n-1}, & 0\leqslant z\leqslant\theta,\\[2mm] 0, & \text{其他};\end{cases}$ $p_{\max}(z)=\begin{cases}\dfrac{n}{\theta}\Big[\dfrac{z}{\theta}\Big]^{n-1}, & 0\leqslant z\leqslant\theta,\\[2mm] 0, & \text{其他}.\end{cases}$

$$
\begin{aligned}
E\hat{\theta}_1^2 &= E\big[(n+1)\min\{X_1,X_2,\cdots,X_n\}\big]^2\\
&= (n+1)^2\int_0^\theta z^2\cdot\frac{n}{\theta}\Big[1-\frac{z}{\theta}\Big]^{n-1}\mathrm{d}z\\
&= \frac{2(n+1)}{n+2}\theta^2,
\end{aligned}
$$

$$
D\hat{\theta}_1 = E\hat{\theta}_1^2-(E\hat{\theta}_1)^2=\frac{2(n+1)}{n+2}\theta^2-\theta^2=\frac{n}{n+2}\theta^2.
$$

$$
\begin{aligned}
E\hat{\theta}_2^2 &= E\Big[\frac{n+1}{n}\max\{X_1,X_2,\cdots,X_n\}\Big]^2\\
&= \Big(\frac{n+1}{n}\Big)^2\int_0^\theta z^2\cdot\frac{n}{\theta}\Big[\frac{z}{\theta}\Big]^{n-1}\mathrm{d}z=\frac{(n+1)^2}{n(n+2)}\theta^2,
\end{aligned}
$$

$$
D\hat{\theta}_2 = E\hat{\theta}_2^2-(E\hat{\theta}_2)^2=\frac{(n+1)^2}{n(n+2)}\theta^2-\theta^2=\frac{1}{n(n+2)}\theta^2.
$$

由于

$$
D\hat{\theta}_1-D\hat{\theta}_2=\frac{n}{n+2}\theta^2-\frac{1}{n(n+2)}\theta^2=\frac{n^2-1}{n(n+2)}\theta^2>0\quad(n>1).
$$

所以,当 $n>1$ 时 $\hat{\theta}_2$ 比 $\hat{\theta}_1$ 更有效.

例 7.5   设 X 是任一总体,其 $k(k>0)$ 阶原点矩 $EX^k=\gamma_k$ 存在,$X_1,X_2,\cdots,X_n$ 为 X 的样本,其 k 阶原点矩为 $A_k=\dfrac{1}{n}\displaystyle\sum_{i=1}^n X_i^k$. 试证 A_k 为 γ_k 的一致估计.

证明   由于 $X_1,X_2,\cdots,X_n$ 是 X 的样本,所以 $X_1^k,X_2^k,\cdots,X_n^k$ 是独立同分布的随机变量,且有 $EX_i^k=\gamma_k(i=1,2,\cdots,n)$,由切比雪夫大数定律有

$$
P(|A_k-\gamma_k|<\varepsilon)=P\Big(\Big|\frac{1}{n}\sum_{i=1}^n X_i^k-\frac{1}{n}\sum_{i=1}^n EX_i^k\Big|<\varepsilon\Big)=1,
$$

所以 A_k 是 γ_k 的一致估计.

例 7.6   设总体 X 服从对数正态分布,即 X 的密度函数为

$$
p(x;\mu,\sigma^2)=\frac{1}{\sqrt{2\pi}\,\sigma x}\exp\Big\{-\frac{(\ln x-\mu)^2}{2\sigma^2}\Big\}\quad(x>0),
$$

此时可记 $\ln X\sim N(\mu,\sigma^2)$,试求参数 μ 及 σ^2 的矩估计及极大似然估计.

解   由于有 μ 及 σ^2 两个未知参数,所以应计算总体 X 的一阶、二阶原点矩:

$$
EX=\int_0^{+\infty} x\,\frac{1}{\sqrt{2\pi}\,\sigma x}\exp\Big\{-\frac{(\ln x-\mu)^2}{2\sigma^2}\Big\}\mathrm{d}x
$$

$$= \int_{-\infty}^{+\infty} \frac{1}{\sqrt{2\pi}\sigma} \mathrm{e}^{-\frac{y^2}{2\sigma^2}} \mathrm{e}^{y+\mu} \mathrm{d}y \quad (y = \ln x - \mu)$$

$$= \int_{-\infty}^{+\infty} \frac{1}{\sqrt{2\pi}\sigma} \exp\left\{-\frac{(y-\sigma^2)^2}{2\sigma^2} + \frac{\sigma^2}{2} + \mu\right\} \mathrm{d}y$$

$$= \mathrm{e}^{\mu+\frac{\sigma^2}{2}} \int_{-\infty}^{+\infty} \frac{1}{\sqrt{2\pi}\sigma} \exp\left\{-\frac{(y-\sigma^2)^2}{2\sigma^2}\right\} \mathrm{d}y$$

$$= \mathrm{e}^{\mu+\frac{\sigma^2}{2}},$$

$$EX^2 = \int_0^{+\infty} x^2 \frac{1}{\sqrt{2\pi}\sigma x} \exp\left\{-\frac{(\ln x - \mu)^2}{2\sigma^2}\right\} \mathrm{d}x$$

$$= \int_{-\infty}^{+\infty} \frac{1}{\sqrt{2\pi}\sigma} \exp\left\{-\frac{(y-2\sigma^2)^2}{2\sigma^2} + 2\sigma^2 + 2\mu\right\} \mathrm{d}y \quad (y = \ln x - \mu)$$

$$= \mathrm{e}^{2(\mu+\sigma^2)} \int_{-\infty}^{+\infty} \frac{1}{\sqrt{2\pi}\sigma} \exp\left\{-\frac{(y-2\sigma^2)^2}{2\sigma^2}\right\} \mathrm{d}y$$

$$= \mathrm{e}^{2(\mu+\sigma^2)}.$$

设从总体 X 中抽取容量为 n 的样本 $X_1, X_2, \cdots, X_n$, 令总体的原点矩为样本的原点矩对应相等, 得方程组

$$\begin{cases} \mathrm{e}^{\mu+\frac{\sigma^2}{2}} = \dfrac{1}{n} \sum_{i=1}^{n} X_i = \overline{X}, \\[2mm] \mathrm{e}^{2\mu+2\sigma^2} = \dfrac{1}{n} \sum_{i=1}^{n} X_i^2. \end{cases}$$

解之得 μ 与 σ^2 的矩估计量为

$$\hat{\mu} = \ln \frac{\sqrt{n}\,(\overline{X})^2}{\sqrt{\sum\limits_{i=1}^{n} X_i^2}}, \quad \hat{\sigma}^2 = \ln \frac{\sum\limits_{i=1}^{n} X_i^2}{n\,(\overline{X})^2}.$$

对于样本的一次观测值 $x_1, x_2, \cdots, x_n$, 似然函数为

$$L = \prod_{i=1}^{n} p(x_i; \mu, \sigma^2) = \left(\frac{1}{\sqrt{2\pi}}\right)^n \cdot \frac{1}{(\sigma^2)^{\frac{n}{2}}} \cdot \frac{1}{x_1 x_2 \cdots x_n} \cdot \exp\left\{-\frac{\sum\limits_{i=1}^{n}(\ln x_i - \mu)^2}{2\sigma^2}\right\},$$

$$\ln L = n\ln \frac{1}{\sqrt{2\pi}} - \frac{n}{2} \ln \sigma^2 - \sum_{i=1}^{n} \ln x_i - \frac{\sum\limits_{i=1}^{n}(\ln x_i - \mu)^2}{2\sigma^2}.$$

令

$$\begin{cases} \dfrac{\partial \ln L}{\partial \mu} = \dfrac{2\sum\limits_{i=1}^{n}(\ln x_i - \mu)}{2\sigma^2} = \dfrac{\sum\limits_{i=1}^{n}\ln x_i - n\mu}{\sigma^2} = 0, \\[4mm] \dfrac{\partial \ln L}{\partial \sigma^2} = -\dfrac{n}{2}\cdot\dfrac{1}{\sigma^2} + \dfrac{1}{2}\cdot\dfrac{\sum\limits_{i=1}^{n}(\ln x_i - \mu)^2}{(\sigma^2)^2} = 0. \end{cases}$$

解之得

$$\hat{\mu} = \frac{1}{n}\sum_{i=1}^{n}\ln x_i, \quad \hat{\sigma}^2 = \frac{1}{n}\sum_{i=1}^{n}(\ln x_i - \hat{\mu})^2.$$

例 7.7　已知总体 X 的概率密度函数为

$$p(x;\theta) = \begin{cases} \dfrac{2}{\theta^2}(\theta - x), & 0 < x < \theta, \\[2mm] 0, & \text{其他}. \end{cases}$$

从 X 得到容量为 n 的样本 $X_1, X_2, \cdots, X_n$，试求参数 θ 的矩估计量.

解　总体 X 的一阶原点矩为

$$EX = \int_0^\theta x \cdot \frac{2}{\theta^2}(\theta - x)\,\mathrm{d}x = \frac{\theta}{3},$$

令 $\overline{X} = \dfrac{\theta}{3}$，得 θ 的矩估计量为 $\hat{\theta} = 3\overline{X}$.

例 7.8　设总体 X 的概率密度为

$$p(x;\theta) = \begin{cases} c^{1/\theta}\cdot\dfrac{1}{\theta}x^{-(1+1/\theta)}, & x > c, \\[2mm] 0, & x \leqslant c. \end{cases}$$

这里 $\theta(0<\theta<1)$ 是未知参数，$c(c>0)$ 为已知常数. 从总体 X 中得容量为 n 的样本 X_1, $X_2, \cdots, X_n$，求 θ 的矩估计量.

解　总体 X 的一阶原点矩是

$$E(X) = \int_c^{+\infty} x \cdot c^{1/\theta}\cdot\frac{1}{\theta}x^{-\left(1+\frac{1}{\theta}\right)}\,\mathrm{d}x = \int_c^{+\infty} c^{1/\theta}\cdot\frac{1}{\theta}x^{-\frac{1}{\theta}}\,\mathrm{d}x$$

$$= c^{1/\theta}\cdot\frac{1}{\theta}\cdot\frac{\theta}{\theta-1}x^{\frac{\theta-1}{\theta}}\Big|_c^{+\infty} = \frac{c}{1-\theta}.$$

令 $\overline{X} = \dfrac{c}{1-\theta}$，得参数 θ 的矩估计量为 $\hat{\theta} = 1 - \dfrac{c}{\overline{X}}$.

例 7.9　设总体 X 的概率密度为

$$p(x;\theta) = \begin{cases} \mathrm{e}^{-(x-\theta)}, & x \geqslant \theta, \\ 0, & x < \theta, \end{cases}$$

其中 θ 为未知参数，$-\infty < \theta < +\infty$，试求 θ 的矩估计与极大似然估计.

解 总体 X 的一阶原点矩为

$$E(X) = \int_{\theta}^{+\infty} x \mathrm{e}^{-(x-\theta)} \mathrm{d}x = \int_{0}^{+\infty} (\theta + y) \mathrm{e}^{-y} \mathrm{d}y = \theta + 1. \quad (y = x - \theta)$$

设 $X_1, X_2, \cdots, X_n$ 是从总体 X 抽取容量为 n 的样本. 令 $E(X) = \overline{X}$, 得参数 θ 的矩估计量为 $\hat{\theta} = \overline{X} - 1$. 设 $x_1, x_2, \cdots, x_n$ 为 X 的样本观测值, 似然函数为

$$L = \prod_{i=1}^{n} p(x_i; \theta) = \begin{cases} \prod_{i=1}^{n} \mathrm{e}^{-(x_i-\theta)}, & x_i \geqslant \theta (i = 1, 2, \cdots, n), \\ 0, & \text{其他}. \end{cases}$$

为使 L 非零, 必须使 $\theta \leqslant x_i (i = 1, 2, \cdots, n)$. 又 L 的表达式的每一项 $\mathrm{e}^{-(x_i-\theta)} (i = 1, 2, \cdots, n)$ 是关于 $x_i - \theta$ 的负指数幂, 为使 L 最大, 故应取

$$\hat{\theta} = \min\{x_1, x_2, \cdots, x_n\},$$

所以, θ 的极大似然估计量为

$$\hat{\theta} = \min\{X_1, X_2, \cdots, X_n\}.$$

例 7.10 设随机变量 X 的密度函数为

$$p(x; \sigma) = \frac{1}{2\sigma} \mathrm{e}^{-\frac{|x|}{\sigma}},$$

这里, σ 为未知参数, 试求 σ 的极大似然估计.

解 设 $x_1, x_2, \cdots, x_n$ 为 X 的样本观测值, 则似然函数为

$$L = \prod_{i=1}^{n} p(x_i; \sigma) = (2\sigma)^{-n} \mathrm{e}^{-\frac{1}{\sigma}\sum_{i=1}^{n}|x_i|},$$

$$\ln L = -n(\ln 2 + \ln \sigma) - \frac{1}{\sigma} \sum_{i=1}^{n} |x_i|,$$

令 $\dfrac{\mathrm{d}\ln L}{\mathrm{d}\sigma} = -\dfrac{n}{\sigma} + \dfrac{1}{\sigma^2} \sum_{i=1}^{n} |x_i| = 0$, 解得参数 σ 的极大似然估计值为 $\hat{\sigma} = \dfrac{1}{n} \sum_{i=1}^{n} |x_i|$. 故参数 σ 的极大似然估计量为 $\hat{\sigma} = \dfrac{1}{n} \sum_{i=1}^{n} |X_i|$.

例 7.11 设总体 X 服从 $\{1, 2, \cdots, N\}$ 上的均匀分布, 即

$$P(X = x) = \frac{1}{N}, \quad x = 1, 2, \cdots, N,$$

其中 N 为正整数, 试求未知参数 N 的矩估计与极大似然估计.

解 X 的一阶原点矩为

$$EX = \sum_{x=1}^{N} x P(X = x) = \sum_{x=1}^{N} x \frac{1}{N} = \frac{N+1}{2}.$$

设 $X_1, X_2, \cdots, X_n$ 为 X 的样本, 令 $\overline{X} = EX$ 得 N 的矩估计量为

$$\hat{N} = 2\overline{X} - 1.$$

设 $x_1, x_2, \cdots, x_n$ 为 X 样本观测值, 则似然函数为

$$L = \prod_{i=1}^{n} P(X = x_i) = \frac{1}{N^n}, \quad x_i = 1, 2, \cdots, N; \; i = 1, 2, \cdots, n.$$

由于此处 N 是正整数, 故求似然函数 L 的极大点时不能简单地用导数的方法.

注意: $N \geqslant x_i (i = 1, 2, \cdots, n)$, 并且 $\dfrac{1}{N^n}$ 是 N 的减函数, 要使它最大, 必须使 N 尽可能小, 但 $N \geqslant \max\{x_1, x_2, \cdots, x_n\}$, 因此 N 可取 $\max\{x_1, x_2, \cdots, x_n\}$, 从而, N 的极大似然估计量为 $\hat{N} = \max\{X_1, X_2, \cdots, X_n\}$.

例 7.12　试求事件 A 的发生概率 p 的矩估计值及极大似然估计值.

解　设随机变量 X 表示

$$X = \begin{cases} 1, & \text{事件 } A \text{ 发生,} \\ 0, & \text{事件 } A \text{ 不发生,} \end{cases}$$

则 X 服从参数为 p 的两点分布, 即 $P(X=1) = p, P(X=0) = 1 - p$, 也即

$$P(X = x) = p^x (1-p)^{1-x}, \quad x = 0, 1.$$

故 $EX = p$.

设 $X_1, X_2, \cdots, X_n$ 为取自总体 X 的样本, 那么, 参数 p 的矩估计量为

$$\hat{p} = EX = \overline{X} = \frac{1}{n} \sum_{i=1}^{n} X_i.$$

设 $x_1, x_2, \cdots, x_n$ 为样本观测值, 则参数 p 的矩估计值为

$$\hat{p} = \frac{1}{n} \sum_{i=1}^{n} x_i.$$

似然函数

$$L = \prod_{i=1}^{n} P(X = x_i) = \prod_{i=1}^{n} p^{x_i} (1-p)^{1-x_i} = p^{\sum_{i=1}^{n} x_i} (1-p)^{n - \sum_{i=1}^{n} x_i},$$

$$\ln L = \Big(\sum_{i=1}^{n} x_i \Big) \ln p + \Big(n - \sum_{i=1}^{n} x_i \Big) \ln(1-p).$$

令 $\dfrac{\mathrm{d}\ln L}{\mathrm{d}p} = \dfrac{\sum\limits_{i=1}^{n} x_i}{p} - \dfrac{n - \sum\limits_{i=1}^{n} x_i}{1-p} = 0$, 解之得 $\hat{p} = \dfrac{1}{n} \sum\limits_{i=1}^{n} x_i$, 这就是参数 p 的极大似然估计值.

例 7.13　设 $X \sim B(n, p)$, 其中 n 已知而 p 未知 $(0 < p < 1)$, $x_1, x_2, \cdots, x_n$ 为样本观测值, 求参数 p 的极大似然估计值.

解 X 的分布律为 $P(X=x)=C_n^x p^x (1-p)^{n-x} (x=0,1,2,\cdots,n)$，似然函数为

$$L = \prod_{i=1}^{n} P(X = x_i) = \prod_{i=1}^{n} C_n^{x_i} p^{x_i} (1-p)^{n-x_i} = \left(\prod_{i=1}^{n} C_n^{x_i} \right) p^{n\bar{x}} (1-p)^{n^2 - n\bar{x}},$$

$$\ln L = \ln\left(\prod_{i=1}^{n} C_n^{x_i} \right) + n\bar{x}\ln p + n(n-\bar{x})\ln(1-p).$$

令 $\dfrac{d\ln L}{dp} = \dfrac{n\bar{x}}{p} - \dfrac{n(n-\bar{x})}{1-p} = 0$，解之得参数 p 的极大似然估计值为 $\hat{p} = \dfrac{\bar{x}}{n}$.

例 7.14 设总体 X 的概率密度为

$$p(x; \theta, \lambda) = \begin{cases} \lambda\theta^\lambda x^{-(\lambda+1)}, & x > 0, \\ 0, & x \leqslant 0, \end{cases}$$

其中 $\theta > 0, \lambda > 0$ 均为未知参数，设 $x_1, x_2, \cdots, x_n$ 为一组样本观测值，求 θ 和 λ 的极大似然估计.

解 似然函数为

$$L = \prod_{i=1}^{n} p(x_i; \theta, \lambda) = \lambda^n \theta^{n\lambda} \prod_{i=1}^{n} x_i^{-(\lambda+1)},$$

$$\ln L = n\ln\lambda + n\lambda\ln\theta - (\lambda+1) \sum_{i=1}^{n} \ln x_i,$$

因为 $\dfrac{\partial \ln L}{\partial \theta} = \dfrac{n\lambda}{\theta} > 0$，这说明 $\ln L$ 是 θ 的递增函数，θ 越大 $\ln L$ 越大，而 $\theta \leqslant x_1, x_2, \cdots, x_n$，故 θ 的最大似然估计值为

$$\hat{\theta} = \max\{x_1, x_2, \cdots, x_n\}.$$

相应地，θ 的最大似然估计量为

$$\hat{\theta} = \max\{X_1, X_2, \cdots, X_n\}.$$

又 $\dfrac{\partial \ln L}{\partial \lambda} = \dfrac{n}{\lambda} + n\ln\theta - \sum_{i=1}^{n} \ln x_i$，令 $\dfrac{\partial \ln L}{\partial \lambda} = 0$ 得参数 λ 的最大似然估计值为

$$\hat{\lambda} = \frac{1}{\dfrac{1}{n} \sum_{i=1}^{n} \ln x_i - \ln \hat{\theta}},$$

其中 $\hat{\theta} = \max\{x_1, x_2, \cdots, x_n\}$；相应地，参数 λ 的最大似然估计量为

$$\hat{\lambda} = \frac{1}{\dfrac{1}{n} \sum_{i=1}^{n} \ln X_i - \ln \hat{\theta}},$$

其中 $\hat{\theta} = \max\{X_1, X_2, \cdots, X_n\}$.

例 7.15 某车间生产滚珠，从生产实践知，其直径可以认为服从正态分布，方差 $\sigma^2 =$

0.05.某天从产品中随机抽取 6 个滚珠,测得直径(单位:mm)为:14.70,15.21,14.90,14.91,15.32,15.32,求 $EX=\mu$ 的置信度为 95% 的置信区间.

解 计算观测值的均值 $\bar{x}=15.06$,由于总体 $X\sim N(\mu,0.05)$,所以

$$\frac{\overline{X}-\mu}{\sqrt{0.05/n}}\sim N(0,1),$$

由 $P\left(\left|\dfrac{\overline{X}-\mu}{\sqrt{0.05/n}}\right|<U_{\alpha/2}\right)=1-\alpha$,得

$$P\left(\overline{X}-U_{\alpha/2}\sqrt{\frac{0.05}{n}}<\mu<\overline{X}+U_{\alpha/2}\sqrt{\frac{0.05}{n}}\right)=1-\alpha.$$

由 $\alpha=0.05$,查标准正态分布的临界值表得 $U_{\frac{0.05}{2}}=1.96$,因此 μ 的置信度为 95% 的置信区间为 $\left(15.06-1.96\sqrt{\dfrac{0.05}{6}},15.06+1.96\sqrt{\dfrac{0.05}{6}}\right)$,即为 $(14.88,15.21)$.

例 7.16 设总体 X 服从正态分布 $N(\mu,\sigma^2)$,其中参数 μ 未知,σ^2 已知.从 X 得到容量为 n 的样本 $X_1,X_2,\cdots,X_n$,问 n 为多大时才能使总体均值 μ 的置信度为 $1-\alpha$ 的置信区间长度不大于 L?

解 对于给定的显著水平 α 和样本容量 n,正态总体 X 的均值 μ 的置信度为 $1-\alpha$ 的置信区间是 $\left(\overline{X}-U_{\alpha/2}\dfrac{\sigma}{\sqrt{n}},\overline{X}+U_{\alpha/2}\dfrac{\sigma}{\sqrt{n}}\right)$.置信区间长度为 $2U_{\alpha/2}\dfrac{\sigma}{\sqrt{n}}$,要使 $2U_{\alpha/2}\dfrac{\sigma}{\sqrt{n}}\leqslant L$,解之得 $n\geqslant\dfrac{4\sigma^2 U_{\alpha/2}^2}{L^2}$.

例 7.17 某种零件尺寸偏差 X 服从正态分布 $N(\mu,\sigma^2)$,这里 μ 和 σ^2 均未知,今随机抽取 10 个零件测得尺寸偏差(单位:μm)为

$$+2,\quad +1,\quad -2,\quad +3,\quad +2,\quad +4,\quad -2,\quad +5,\quad +3,\quad -4.$$

求 μ 的置信度为 0.99 的置信区间.

解 由样本数据计算得样本均值与方差分别为

$$\bar{x}=\frac{1}{10}\sum_{i=1}^{10}x_i=2,\quad s^2=\frac{1}{10-1}\sum_{i=1}^{10}(x_i-\bar{x})^2=5.78.$$

由于总体 $X\sim N(\mu,\sigma^2)$,σ^2 未知,所以 $\dfrac{\overline{X}-\mu}{S/\sqrt{n}}\sim t(n-1)$,由

$$P\left(\left|\frac{\overline{X}-\mu}{S/\sqrt{n}}\right|<t_{\alpha/2}(n-1)\right)=1-\alpha,$$

即

$$P\left(\overline{X}-t_{\alpha/2}(n-1)\frac{S}{\sqrt{n}}<\mu<\overline{X}+t_{\alpha/2}(n-1)\frac{S}{\sqrt{n}}\right)=1-\alpha,$$

得 μ 的置信区间为 $\left(\overline{X}-t_{a/2}(n-1)\dfrac{S}{\sqrt{n}},\overline{X}+t_{a/2}(n-1)\dfrac{S}{\sqrt{n}}\right)$. 由 $\alpha=0.01$ 查自由度为 9 的 t 分布临界值表得 $t_{\frac{0.01}{2}}(9)=3.25$, 这样, μ 的置信度为 0.99 的置信区间为

$$\left(2-3.25\times\frac{\sqrt{5.78}}{\sqrt{10}},2+3.25\times\frac{\sqrt{5.78}}{\sqrt{10}}\right),即(-0.47,4.47).$$

例 7.18 同例 7.17, 对于 $\alpha=0.01$, 求方差 σ^2 的置信区间.

解 由于 $\dfrac{(n-1)S^2}{\sigma^2}\sim\chi^2(n-1)$, 所以, 对于 $\alpha=0.01$, 查自由度为 9 的 χ^2 分布临界值表得

$$\chi^2_{\alpha/2}(9)=\chi^2_{0.005}(9)=23.59,\quad \chi^2_{1-\alpha/2}(9)=\chi^2_{0.995}(9)=1.74.$$

由

$$P\left(\chi^2_{1-\alpha/2}(n-1)<\frac{(n-1)S^2}{\sigma^2}<\chi^2_{\alpha/2}(n-1)\right)=1-\alpha,$$

得 $P\left(\dfrac{9S^2}{\chi^2_{\alpha/2}(9)}<\sigma^2<\dfrac{9S^2}{\chi^2_{1-\alpha/2}(9)}\right)=1-\alpha$, 所以 σ^2 的置信度为 0.99 的置信区间为

$$\left(\frac{9\times5.78}{23.59},\frac{9\times5.78}{1.74}\right),即(2.20,29.89).$$

例 7.19 今有一批钢材, 其屈服点服从正态分布 $N(\mu,\sigma^2)$, 其中 μ,σ^2 均未知, 今随机抽取 20 个样品, 经试验测得屈服点 $x_1,x_2,\cdots,x_{20}$, 并算得 $\overline{x}=5.21,s^2=0.2203^2$. 求总体标准差 σ 的置信度为 0.95 的置信区间.

解 由于 $\dfrac{(n-1)S^2}{\sigma^2}\sim\chi^2(n-1)$, 所以, 对于 $\alpha=0.05$, 查 χ^2 分布临界值表得 $\chi^2_{0.025}(19)=32.852,\chi^2_{0.975}(19)=8.907.$ 由

$$P\left(\chi^2_{0.975}(19)<\frac{(n-1)S^2}{\sigma^2}<\chi^2_{0.025}(19)\right)=1-0.05,$$

得

$$P\left(\frac{\sqrt{n-1}S}{\sqrt{\chi^2_{0.025}(19)}}<\sigma<\frac{\sqrt{n-1}S}{\sqrt{\chi^2_{0.975}(19)}}\right)=0.95.$$

由此得 σ 的置信度为 0.95 的置信区间为

$$\left(\frac{\sqrt{19}\times0.2203}{\sqrt{32.825}},\frac{\sqrt{19}\times0.2203}{\sqrt{8.907}}\right),\quad 即(0.168,0.322).$$

例 7.20 为比较 A 牌和 B 牌灯泡的寿命, 随机抽取 A 牌灯泡 10 只, 测得平均寿命 $\overline{x}_1=1400\text{h}$, 样本标准差 $s_1=52\text{h}$; 随机抽取 B 牌灯泡 8 只, 测得平均寿命 $\overline{x}_2=1250\text{h}$, 样本标准差 $s_2=64\text{h}$. 设两种灯泡的使用寿命都服从正态分布, 且方差相等, 求均值差

$\mu_1 - \mu_2$ 的95％置信区间.

解 设 X 与 Y 分别代表 A 牌和 B 牌灯泡的寿命,由于

$$X \sim N(\mu_1, \sigma^2), \quad Y \sim N(\mu_2, \sigma^2).$$

X, Y 独立,所以

$$\frac{(\overline{X} - \overline{Y}) - (\mu_1 - \mu_2)}{S_w \sqrt{\dfrac{1}{n_1} + \dfrac{1}{n_2}}} \sim t(n_1 + n_2 - 2),$$

其中 $S_w^2 = \dfrac{(n_1 - 1)S_1^2 + (n_2 - 1)S_2^2}{n_1 + n_2 - 2}$. 由

$$P\left(\left| \frac{(\overline{X} - \overline{Y}) - (\mu_1 - \mu_2)}{S_w \sqrt{\dfrac{1}{n_1} + \dfrac{1}{n_2}}} \right| < t_{\alpha/2}(n_1 + n_2 - 2) \right) = 1 - \alpha,$$

得

$$P\left((\overline{X} - \overline{Y}) - t_{\alpha/2}(n_1 + n_2 - 2) S_w \sqrt{\frac{1}{n_1} + \frac{1}{n_2}} < (\mu_1 - \mu_2) \right.$$

$$\left. < (\overline{X} - \overline{Y}) + t_{\alpha/2}(n_1 + n_2 - 2) S_w \sqrt{\frac{1}{n_1} + \frac{1}{n_2}} \right) = 1 - \alpha.$$

由 $\alpha = 0.05, n_1 = 10, n_2 = 8$,查 t 分布临界值表得 $t_{0.25}(16) = 2.12$,这样 $\mu_1 - \mu_2$ 的 95％ 置信区间为

$$\left((1400 - 1250) - 2.12 \times \sqrt{\frac{9 \times 52^2 + 7 \times 64^2}{16}} \times \sqrt{\frac{1}{10} + \frac{1}{8}}, \right.$$

$$\left. (1400 - 1250) + 2.12 \times \sqrt{\frac{9 \times 52^2 + 7 \times 64^2}{16}} \times \sqrt{\frac{1}{10} + \frac{1}{8}} \right),$$

即 $(92.12, 207.88)$.

例 7.21   设来自正态分布总体 $N(\mu_1, 16)$ 的一容量为 15 的样本均值 $\overline{x}_1 = 14.6$,来自正态总体 $N(\mu_2, 9)$ 的一容量为 20 的样本均值 $\overline{x}_2 = 13.2$,并且两样本相互独立,试求 $\mu_1 - \mu_2$ 的 90％ 的置信区间.

解   由于 $\dfrac{(\overline{X} - \overline{Y}) - (\mu_1 - \mu_2)}{\sqrt{\dfrac{\sigma_1^2}{n_1} + \dfrac{\sigma_1^2}{n_2}}} \sim N(0, 1)$,所以由

$$P\left(\left| \frac{(\overline{X} - \overline{Y}) - (\mu_1 - \mu_2)}{\sqrt{\dfrac{\sigma_1^2}{n_1} + \dfrac{\sigma_2^2}{n_2}}} \right| < U_{\alpha/2} \right) = 1 - \alpha,$$

得

$$P\left((\overline{X}-\overline{Y})-U_{\alpha/2}\sqrt{\frac{\sigma_1^2}{n_1}+\frac{\sigma_2^2}{n_2}}<(\mu_1-\mu_2)<(\overline{X}-\overline{Y})+U_{\alpha/2}\sqrt{\frac{\sigma_1^2}{n_1}+\frac{\sigma_2^2}{n_2}}\right)=1-\alpha.$$

由于 $\alpha=0.10, \overline{x}_1=14.6, \overline{x}_2=13.2, n_1=15, n_2=20, \sigma_1^2=16, \sigma_2^2=9, U_{\alpha/2}=U_{0.05}=$
1.64,这样,$\mu_1-\mu_2$ 的 90% 的置信区间为

$$\left((14.6-13.2)-1.64\times\sqrt{\frac{16}{15}+\frac{9}{20}},\ (14.6-13.2)+1.64\times\sqrt{\frac{16}{15}+\frac{9}{20}}\right),$$

即 $(-0.63,3.43)$.

例 7.22 设有两个相互独立的正态分布总体 $N(\mu_1,\sigma_1^2), N(\mu_2,\sigma_2^2)$,其中各参数均未知,现从中分别取容量为 25 和 15 的两个样本,由样本观测值算得样本方差分别为 $s_1^2=$
6.38 与 $s_2^2=5.15$.试求总体方差比 σ_1^2/σ_2^2 的置信度为 0.9 的置信区间.

解 由于

$$F=\frac{S_1^2/\sigma_1^2}{S_2^2/\sigma_2^2}=\frac{S_1^2}{S_2^2}\frac{1}{\sigma_1^2/\sigma_2^2}\sim F(n_1-1,n_2-1),$$

所以由 $\alpha=0.01, n_1=25, n_2=15$,查 F 分布临界值表得

$$F_{\alpha/2}(n_1-1,n_2-1)=F_{0.05}(24,14)=2.35,$$

$$F_{1-\alpha/2}(n_1-1,n_2-1)=F_{0.95}(24,14)=\frac{1}{F_{0.05}(14,24)}=\frac{1}{2.13}.$$

由

$$P\left(\frac{1}{2.13}<\frac{S_1^2/\sigma_1^2}{S_2^2/\sigma_2^2}<2.35\right)=1-0.10=0.9,$$

得

$$P\left(\frac{S_1^2}{S_2^2}\times\frac{1}{2.35}<\frac{\sigma_1^2}{\sigma_2^2}<\frac{S_1^2}{S_2^2}\times2.13\right)=0.9.$$

由此得 σ_1^2/σ_2^2 的置信度为 0.9 的置信区间为 $\left(\frac{6.38}{5.15}\times\frac{1}{2.35},\frac{6.38}{5.15}\times2.13\right)$,即 $(0.528,$
$2.64)$.

7.3 习题

填空题

1. 设 $X_1, X_2, \cdots, X_n$ 是来自总体 X 的样本,总体的期望与方差未知,对总体期望 EX 和方差 DX 进行估计时,常用的无偏估计量分别是( )和( ).

2. 设总体 $X\sim N(\mu,\sigma^2), X_1, X_2, \cdots, X_n$ 为来自总体 X 的样本,当 $2\overline{X}-X_1, \overline{X}$ 及 $\frac{1}{2}X_1+$
$\frac{2}{3}X_2-\frac{1}{6}X_3$ 作为 μ 的估计时,最有效的是( ).

3. 设总体 $X \sim N(\mu, \sigma^2)$，$X_1, X_2, \cdots, X_n$ 为来自总体 X 的样本，μ 与 σ^2 均未知，则总体期望 μ 及方差 σ^2 的矩估计量分别是（   ）和（   ）.

4. 总体 X 服从两点分布，$P(X=1)=p$，$P(X=0)=1-p(0<p<1)$，则参数 p 的极大似然估计量是 $\hat{p}=$（   ）.

5. 设 $x_1, x_2, \cdots, x_n$ 为正态总体 $N(\mu, \sigma^2)$ 的样本观测值，并且 μ 和 σ^2 均未知，$\bar{x} = \dfrac{1}{n}\sum\limits_{i=1}^{n} x_i$，则 σ^2 的极大似然估计值为（   ）.

6. 设总体 X 在区间 $[0, \theta]$ 上服从均匀分布，则未知参数 θ 的矩估计量（   ）.

7. 设总体 X 的概率密度为

$$p(x; \theta) = \begin{cases} \theta(1-x)^{\theta-1}, & 0 < x < 1, \\ 0, & \text{其他}. \end{cases}$$

则 θ 的矩估计量为（   ）.

8. 设总体 $X \sim N(\mu, \sigma^2)$，σ^2 已知，若样本容量 n 和置信度 $1-\alpha$ 均不变，则对于不同的样本观测值，总体均值 μ 的置信区间的长度（   ）.

9. 设总体 $X \sim N(\mu, \sigma^2)$，其中 σ^2 未知，若样本容量 n 和置信度 $1-\alpha$ 均不变，则对于不同的样本观测值，总体均值 μ 的置信区间的长度（   ）.

计算与证明题

1. 设总体 $X \sim N(\mu, \sigma_0^2)$，其中 μ 未知，X_1, X_2, X_3 是 X 的样本，试证明下述统计量：

(1) $\hat{\mu}_1 = \dfrac{1}{4}X_1 + \dfrac{1}{2}X_2 + \dfrac{1}{4}X_3$，   (2) $\hat{\mu}_2 = \dfrac{1}{3}X_1 + \dfrac{1}{3}X_2 + \dfrac{1}{3}X_3$，

(3) $\hat{\mu}_3 = \dfrac{1}{5}X_1 + \dfrac{3}{5}X_2 + \dfrac{1}{5}X_3$，   (4) $\hat{\mu}_4 = \dfrac{1}{6}X_1 + \dfrac{5}{6}X_2$，

都是 μ 的无偏估计，并指出其中哪个更有效.

2. 设 $\hat{\theta}_1, \hat{\theta}_2$ 是参数 θ 的两个相互独立的无偏估计量，且 $D\hat{\theta}_1 = 2D\hat{\theta}_2$，试求常数 k_1 和 k_2，使得 $\hat{\theta} = k_1\hat{\theta}_1 + k_2\hat{\theta}_2$ 也是 θ 的无偏估计量，并且使它在所有这种形式的估计量中最优.

3. 设总体 X 服从 $[0, \theta]$ 上的均匀分布，$\theta > 0$ 为未知参数，$X_1, X_2, \cdots, X_n$ 为 X 的样本，试证明 $\hat{\theta} = (n+1)\min\{X_1, X_2, \cdots, X_n\}$ 是 θ 的无偏估计.

4. 设总体 X 服从区间 $[\theta, 2\theta]$ 上的均匀分布，其中 $\theta > 0$ 为未知参数，$X_1, X_2, \cdots, X_n$ 为 X 的样本，记 $\bar{X} = \dfrac{1}{n}\sum\limits_{i=1}^{n} X_i$，试证明 $\hat{\theta} = \dfrac{2}{3}\bar{X}$ 是 θ 的无偏估计量.

5. 假设 X 在区间 $[\theta, \theta+1]$ 上服从均匀分布，其中 θ 未知，$X_1, X_2, \cdots, X_n$ 为 X 的样本，$\bar{X}$ 为样本均值，$X_{(1)} = \min\{X_1, X_2, \cdots, X_n\}$，试证明

$$\hat{\theta}_1 = \overline{X} - \frac{1}{2}, \quad \hat{\theta}_2 = X_{(1)} - \frac{1}{n+1},$$

都是 θ 的无偏估计量.

6. 试比较第 5 题中参数 θ 的两个无偏估计量 $\hat{\theta}_1$ 与 $\hat{\theta}_2$ 的有效性.

7. 设总体 X 服从参数为 λ 的泊松分布, $X_1, X_2, \cdots, X_n$ 为 X 的样本, 对任意 $\alpha, 0 \leqslant \alpha \leqslant 1$, 试证 $\alpha \overline{X} + (1-\alpha) S_n^2$ 是 λ 的无偏估计, 其中

$$\overline{X} = \frac{1}{n} \sum_{i=1}^{n} X_i, \quad S_n^2 = \frac{1}{n-1} \sum_{i=1}^{n} (X_i - \overline{X})^2.$$

8. 设总体 X 的概率密度为

$$p(x; \theta) = \begin{cases} \dfrac{6x}{\theta^3}(\theta - 1), & 0 < x < \theta, \\ 0, & \text{其他}, \end{cases}$$

$X_1, X_2, \cdots, X_n$ 是 X 的样本, 求: (1) θ 的矩估计 $\hat{\theta}$; (2) $\hat{\theta}$ 的方差.

9. 设总体 X 的概率密度为

$$p(x; \theta) = \begin{cases} \sqrt{\theta} x^{\sqrt{\theta}-1}, & 0 \leqslant x \leqslant 1, \\ 0, & \text{其他}. \end{cases}$$

$X_1, X_2, \cdots, X_n$ 是 X 的样本, 试求参数 θ 的矩估计和极大似然估计.

10. 设总体 X 的概率密度为

$$p(x; \theta) = \begin{cases} \theta c^{\theta} x^{-(\theta+1)}, & x \geqslant c, \\ 0, & x < c, \end{cases}$$

其中 $c > 0$ 为已知常数, $\theta > 0$ 为未知参数, 从总体 X 中抽取样本 $X_1, X_2, \cdots, X_n$, 试求 θ 的极大似然估计.

11. 设总体 X 的概率密度为

$$p(x; \theta) = \begin{cases} \dfrac{x}{\theta^2} e^{-x^2/\theta^2}, & x > 0, \\ 0, & x \leqslant 0, \end{cases}$$

其中 $\theta > 0$ 为未知参数, 从总体 X 中抽取样本 $X_1, X_2, \cdots, X_n$, 试求参数 θ 的极大似然估计.

12. 一批产品中含有废品, 从中随机抽取 75 件, 发现有废品 10 件, 试用极大似然估计求这批产品的废品率.

13. 用机器装罐头, 已知罐头重量服从正态分布 $N(\mu, 0.02^2)$, 随机抽取 25 个罐头进行测量, 算得其样本均值 $\overline{x} = 1.01\text{kg}$, 试求总体期望 μ 的置信度为 0.95 的置信区间.

14. 从一批钉子中随机抽取 16 根, 测得其长度(单位: cm)为

  2.14, 2.10, 2.13, 2.15, 2.13, 2.12, 2.13, 2.10,

2.15, 2.12, 2.14, 2.10, 2.13, 2.11, 2.14, 2.11,

假设钉子的长度 X 服从正态分布 $X \sim N(\mu, \sigma^2)$,在下列两种情况下分别求出总体均值 μ 的置信度为 90% 的置信区间:(1)$\sigma_2 = 0.01^2$;(2)σ^2 未知.

15. 从商店一年来的发票存根中随机抽取 26 张,算得平均金额为 78.5 元,标准差为 20 元,假设发票金额为正态分布,试求出该商店一年来发票平均金额的 90% 的置信区间.

16. 从生产的一大堆钢球中随机抽出 9 个,测得它们的直径(单位:mm),并求得其样本均值为 $\bar{x} = 31.06$,样本方差 $s^2 = 0.25^2$,试求总体均值 μ 的置信度为 95% 的置信区间(假设钢球直径 $X \sim N(\mu, \sigma^2)$).

17. 从水平锻造机的一大批产品中随机地抽取 20 件,测得其尺寸平均值 $\bar{x} = 32.58$,样本方差 $s^2 = 0.0966$,假定该产品的尺寸 X 服从正态分布 $N(\mu, \sigma^2)$,μ 与 σ^2 均未知,试求 σ^2 的置信度为 0.95 的置信区间.

18. 假设批量生产的某种配件的内径 X 服从正态分布 $N(\mu, \sigma^2)$,今随机抽取 16 个配件,测得平均内径为 3.05mm,标准差为 0.16mm,试求 μ 与 σ^2 的 0.95 置信区间.

19. 为了比较甲、乙两组生产的灯泡的使用寿命,现从甲组生产的灯泡中任取 5 只,测得平均寿命为 $\bar{x}_1 = 1000$h,标准差 $s_1 = 28$h,从乙组生产的灯泡中任取 7 只,测得平均寿命为 $\bar{x}_2 = 980$h,标准差 $s_2 = 32$h,设这两总体都近似服从正态分布,且方差相等,求总体均值差 $\mu_1 - \mu_2$ 的置信度为 0.95 的置信区间.

20. 为了在正常条件下,检验一种杂交作物的两种新处理方案,在同一地区随机挑选 8 块地段,在各个试验地段,按两种方案种植作物,这 8 块地段的单位面积产量为

一号方案	86	87	56	93	84	93	75	79
二号方案	80	79	58	91	77	82	74	66

假设这两种产量都服从正态分布,且方差相等,试求这两个平均产量方差的置信度为 95% 的置信区间.

21. 设正态总体 $X \sim N(\mu_1, \sigma_1^2)$,$Y \sim N(\mu_2, \sigma_2^2)$,且 X 与 Y 相互独立,μ_i,$\sigma_i^2 (i = 1, 2)$ 均未知. 从总体 X 中抽取容量为 $n_1 = 13$ 的样本,测得样本方差 $s_1^2 = 8.41$,从总体 Y 中抽取容量为 $n_2 = 10$ 的样本,测得样本方差 $s_2^2 = 5.29$.试求两正态分布总体方差比 σ_1^2 / σ_2^2 的置信度为 90% 的置信区间.

22. 一商店销售的某种商品来自甲、乙两个厂家,为考察商品性能的差异,现从甲、乙两厂产品中分别抽取 8 件和 9 件产品测定其性能指标,得如下数据:

甲厂产品 x_1:0.30, 0.12, 0.18, 0.25, 0.27, 0.08, 0.19, 0.13;

乙厂产品 x_2:0.28, 0.30, 0.11, 0.14, 0.35, 0.26, 0.14, 0.31, 0.20.

假设测定的结果服从正态分布 $X_i \sim N(\mu_i, \sigma_i^2)(i = 1, 2)$,试求 σ_1^2 / σ_2^2 和 $\mu_1 - \mu_2$ 的置信度为 90% 的置信区间,并对所得结果加以说明.

考研题选练

1. （2014 年,数一、三）　设总体 X 的概率密度为

$$f(x,\theta) = \begin{cases} \dfrac{2x}{3\theta^2}, & \theta < x < 2\theta, \\ 0, & \text{其他}, \end{cases}$$

其中 θ 是未知参数,$X_1, X_2, \cdots, X_n$ 为总体 X 的简单随机样本,若 $E\left(C\sum\limits_{i=1}^{n} X_i^2\right) = \theta^2$,则 $C =$

_____.

2. （2013 年,数一、三）　设总体 X 的概率密度为

$$f(x) = \begin{cases} \dfrac{\theta^2}{x^3} \mathrm{e}^{-\frac{\theta}{x}}, & x > 0, \\ 0, & \text{其他}, \end{cases}$$

其中 θ 是未知参数且大于零,$X_1, X_2, \cdots, X_n$ 为总体 X 的简单随机样本,求:

(1) θ 的矩估计量 $\hat{\theta}$;(2) θ 的最大似然估计量 $\hat{\theta}$.

3. （2007 年,数三）　设总体 X 的概率密度为

$$f(x) = \begin{cases} \dfrac{1}{2\theta}, & 0 < x < \theta, \\ \dfrac{1}{2(1-\theta)}, & \theta \leqslant x < 1, \\ 0, & \text{其他}, \end{cases}$$

其中 θ 是未知参数 $(0 < \theta < 1)$,$X_1, X_2, \cdots, X_n$ 为总体 X 的简单随机样本,$\overline{X}$ 是样本均值.求:

(1) θ 的矩估计量 $\hat{\theta}$;(2) 判断 $4\overline{X}^2$ 是否为 θ^2 的无偏估计量,并说明理由.

4. （2006 年,数三）　设总体 X 的概率密度为

$$f(x;\theta) = \begin{cases} \theta, & 0 < x < 1, \\ 1-\theta, & 1 \leqslant x < 2, \\ 0, & \text{其他}, \end{cases}$$

其中 θ 是未知参数 $(0 < \theta < 1)$,$X_1, X_2, \cdots, X_n$ 为总体 X 的简单随机样本,记 n 为样本值 $x_1, x_2, \cdots, x_n$ 中小于 1 的个数.求:

(1) θ 的矩估计量 $\hat{\theta}$;(2) θ 的最大似然估计量 $\hat{\theta}$.

5. （2005 年,数三）　设 $X_1, X_2, \cdots, X_n$ 是来自正态总体 $N(0, \sigma^2)$ 的一个样本,样本均值为 $\overline{X}$,记 $Y_i = X_i - \overline{X}, i = 1, 2, \cdots, n$,求:

(1) Y_i 的方差 $D(Y_i)$;　(2) $\mathrm{cov}(Y_1, Y_n)$;

(3) 若 $c(Y_1 + Y_n)^2$ 是 σ^2 的无偏估计量,求常数 c.

7.4   习题参考答案

填空题

1. $\bar{X} = \dfrac{1}{n}\sum\limits_{i=1}^{n} X_i$；$S^2 = \dfrac{1}{n-1}\sum\limits_{i=1}^{n}(X_i - \bar{X})^2$.   2. $\bar{X}$.   3. $\hat{\mu} = \bar{X}$；$\hat{\sigma}^2 = \dfrac{1}{n}\sum\limits_{i=1}^{n}(X_i - \bar{X})^2$.

4. $\bar{X}$.   5. $\dfrac{1}{n}\sum\limits_{i=1}^{n}(x_i - \bar{x})^2$.   6. $2\bar{X}$.

7. $\dfrac{1}{\bar{X}} - 1$.   8. 保持不变.   9. 不能确定.

计算与证明题

1. 只需证 $E\hat{\mu}_1 = E\hat{\mu}_2 = E\hat{\mu}_3 = E\hat{\mu}_4 = \mu$ 即可. 求出 $D\hat{\mu}_i$（$i = 1,2,3,4$），通过比较知 $D\hat{\mu}_2$ 最小，故 $\hat{\mu}_2$ 比其他 3 个更有效.

2. $k_1 = \dfrac{1}{3}, k_2 = \dfrac{2}{3}$.

3. $Z = \min\{X_1, X_2, \cdots, X_n\}$ 的分布函数为

$$F_Z(z) = \begin{cases} 0, & z < 0, \\ 1 - \left[1 - \dfrac{z}{\theta}\right]^n, & 0 \leqslant z < \theta, \\ 1, & z \geqslant \theta. \end{cases}$$

Z 的密度函数为

$$p_Z(z) = \begin{cases} \dfrac{n}{\theta}\left[1 - \dfrac{z}{\theta}\right]^{n-1}, & 0 \leqslant z \leqslant \theta, \\ 0, & \text{其他.} \end{cases}$$

$$E\hat{\theta} = (n+1)EZ = \theta.$$

4. $EX = \dfrac{3}{2}\theta$；$E\bar{X} = EX = \dfrac{3}{2}\theta$；$E\hat{\theta} = E\left(\dfrac{2}{3}\bar{X}\right) = \theta$.

5. $EX = \dfrac{2\theta+1}{2}$；$E\hat{\theta}_1 = E\left(\bar{X} - \dfrac{1}{2}\right) = E\bar{X} - \dfrac{1}{2} = EX - \dfrac{1}{2} = \theta$.

$X_{(1)}$ 的分布函数为 $F_{X_{(1)}}(x) = 1 - [1 - F(x)]^n$，$F(x)$ 为 X 的分布函数. $X_{(1)}$ 的密度函数为

$$p_{X_{(1)}}(x) = \begin{cases} n(1 + \theta - x)^{n-1}, & \theta \leqslant x \leqslant \theta + 1, \\ 0, & \text{其他.} \end{cases}$$

$$EX_{(1)} = \dfrac{1}{n+1} + \theta, \quad E\hat{\theta}_2 = EX_{(1)} - \dfrac{1}{n+1} = \theta.$$

6. $D\hat{\theta}_1 = D\bar{X} = \dfrac{1}{n}DX = \dfrac{1}{12n}$； $EX_{(1)}^2 = (1+\theta)^2 - \dfrac{2n}{n+1}(1+\theta) + \dfrac{n}{n+2}$，

$DX_{(1)} = EX_{(1)}^2 - [EX_{(1)}]^2 = \dfrac{n}{(n+1)^2(n+2)}$， $D\hat{\theta}_2 = DX_{(1)} = \dfrac{n}{(n+1)^2(n+2)}$，

显然 $D\hat{\theta}_1 < D\hat{\theta}_2$，所以 $\hat{\theta}_1$ 比 $\hat{\theta}_2$ 有效.

7. $E\overline{X} = EX = \lambda$, $ES_n^2 = DX = \lambda$, $E[\alpha\overline{X} + (1-\alpha)S_n^2] = \alpha E\overline{X} + (1-\alpha)ES_n^2 = \lambda$.

8. （1）θ 的矩估计为 $\hat{\theta}_1 = 2\overline{X}$；　（2）$D\hat{\theta} = \dfrac{\theta^2}{5n}$.

9. θ 的矩估计为 $\hat{\theta}_1 = \dfrac{\overline{X}^2}{(1-\overline{X})^2}$；$\theta$ 的极大似然估计为 $\hat{\theta}_2 = \dfrac{n^2}{\left(\sum\limits_{i=1}^{n} \ln X_i\right)^2}$.

10. $\hat{\theta} = \left(\dfrac{1}{n}\sum\limits_{i=1}^{n}\ln X_i - \ln c\right)^{-1}$.　11. $\hat{\theta} = \sqrt{\dfrac{1}{n}\sum\limits_{i=1}^{n}X_i^2}$.

12. 设废品率为 p，$X_i = \begin{cases} 1, & \text{第 } i \text{ 次抽到废品,} \\ 0, & \text{第 } i \text{ 次抽到合格品.} \end{cases}$ 则有

$$P(X_i = x_i) = p^{x_i}(1-p)^{1-x_i}, \quad x_i = 0,1; i = 1,2,\cdots,75.$$

似然函数 $L = \prod\limits_{i=1}^{75} P(X_i = x_i) = p^{\sum\limits_{i=1}^{75}x_i}(1-p)^{75-\sum\limits_{i=1}^{75}x_i}$,

$$\ln L = \left(\sum\limits_{i=1}^{75}x_i\right)\ln p + \left(75 - \sum\limits_{i=1}^{75}x_i\right)\ln(1-p), \quad \frac{\mathrm{d}\ln L}{\mathrm{d}p} = \frac{\sum\limits_{i=1}^{75}x_i}{p} - \frac{75 - \sum\limits_{i=1}^{75}x_i}{1-p},$$

令 $\dfrac{\mathrm{d}\ln L}{\mathrm{d}p} = 0$ 得 p 的极大似然估计值为 $\hat{p} = \dfrac{1}{75}\sum\limits_{i=1}^{75}x_i = \dfrac{10}{75} = \dfrac{2}{15}$.

13. $(1.006, 1.002)$.　　　　14. （1）$(2.1209, 2.1291)$；　（2）$(2.1176, 2.1324)$.

15. $(71.67, 85.33)$.　　　　16. $(30.868, 31.252)$.　　　17. $(0.0558, 0.2061)$.

18. μ 的 0.95 置信区间为 $(2.98, 3.12)$. σ^2 的 0.95 置信区间为 $(0.0154, 0.529)$.

19. $(-19.74, 59.74)$.　　　20. $(-6.24, 17.74)$.　　　21. $(0.52, 4.21)$.

22. σ_1^2/σ_2^2 的置信区间为 $(0.214, 2.798)$. 此区间含 1，因此可以认为 $\sigma_1^2 = \sigma_2^2$，从而可以求 $\mu_1 - \mu_2$ 的置信区间为 $(-0.049, -0.035)$，此区间不含 0，因此可以认为 $\mu_1 - \mu_2 \neq 0$，即两家生产的产品质量有明显差异.

考研题选练

1. $C = \dfrac{2}{5n}$.

2. （1）$\hat{\theta} = \overline{X}$；　（2）$\hat{\theta} = \dfrac{2n}{\dfrac{1}{x_1} + \dfrac{1}{x_2} + \cdots + \dfrac{1}{x_n}}$.

3. （1）$\hat{\theta} = 2\overline{X} - \dfrac{1}{2}$；　（2）$4\overline{X}^2$ 不是 θ^2 的无偏估计量.

4. （1）$\hat{\theta} = \dfrac{3}{2} - \overline{X}$；　（2）$\hat{\theta} = \dfrac{N}{n}$.

5. （1）$D(Y_i) = \dfrac{n-1}{n}\sigma^2$；　（2）$\mathrm{cov}(Y_1, Y_n) = -\dfrac{1}{n}\sigma^2$；　（3）$c = \dfrac{2(n-2)}{n}\sigma^2$.

第 8 章

假 设 检 验

8.1 内容提要

假设检验是统计推断的重要内容之一,下面将其基本概念与内容总结如下.

1. 基本概念

基本思想	依据小概率原理,即概率很小的事件在一次试验中是几乎不会发生的,首先提出假设,然后找出一个在假设成立的条件下出现可能性很小的小概率事件.如果一次抽样的样本值使小概率事件发生了,这违背了小概率原理,表明原来的假设有问题,应拒绝原假设,否则没有理由否定原假设,即认为相容或接受原假设.	
解题步骤	(1)提出假设:根据实际问题提出原假设 H_0 和备择假设 H_1; (2)选取检验量:在 H_0 成立的前提下,选取合适的检验统计量,统计量中要包含待检验的参数,并且它的概率分布是知道的; (3)确定拒绝域:先由 H_0 确定拒绝域的形式,再由给定的显著性水平 α,查检验统计量所服从的分布表,找出确定拒绝域的临界值; (4)作出判断:根据样本值计算统计量的值,并与临界值比较,从而对接受还是拒绝 H_0 作出判断.	
两类错误	第一类错误 "弃真"	原假设 H_0 为真,却作出了拒绝 H_0 的判断,这是犯了"弃真"的错误. $P($拒绝 $H_0 \mid H_0$ 为真$) \leqslant \alpha$,即显著性水平 α 是允许犯这类错误的最大值.
	第二类错误 "取伪"	原假设 H_0 不真,却作出了接受 H_0 的判断,这是犯了"取伪"的错误.记犯此类错误的概率为 β.当样本容量 n 确定时,α 越小 β 越大,增大 n 可使 α,β 同时减小.

2. 一个正态总体的假设检验表

条件	原假设 H_0	检验统计量	应查分布表	拒绝域
σ^2 已知	$\mu=\mu_0$	$U=\dfrac{\overline{X}-\mu_0}{\sigma/\sqrt{n}}$	$N(0,1)$	$\lvert U\rvert>u_{\alpha/2}$
	$\mu\leqslant\mu_0$			$U>u_\alpha$
	$\mu\geqslant\mu_0$			$U<-u_\alpha$
σ^2 未知	$\mu=\mu_0$	$T=\dfrac{\overline{X}-\mu_0}{S/\sqrt{n}}$	$t(n-1)$	$\lvert T\rvert>t_\alpha(n-1)$
	$\mu\leqslant\mu_0$			$T>t_{2\alpha}(n-1)$
	$\mu\geqslant\mu_0$			$T<-t_{2\alpha}(n-1)$
μ 未知	$\sigma^2=\sigma_0^2$	$\chi^2=\dfrac{(n-1)S^2}{\sigma_0^2}$	$\chi^2(n-1)$	$\chi^2>\chi_{\alpha/2}^2(n-1)$ 或 $\chi^2<\chi_{1-\alpha/2}^2(n-1)$
	$\sigma^2\leqslant\sigma_0^2$			$\chi^2>\chi_\alpha^2(n-1)$
	$\sigma^2\geqslant\sigma_0^2$			$\chi^2<\chi_{1-\alpha}^2(n-1)$

3. 两个正态总体的假设检验表

条件	原假设 H_0	检验统计量	应查分布表	拒绝域
已知 σ_1^2,σ_2^2	$\mu_1=\mu_2$	$U=\dfrac{\overline{X}-\overline{Y}}{\sqrt{\dfrac{\sigma_1^2}{n_1}+\dfrac{\sigma_2^2}{n_2}}}$	$N(0,1)$	$\lvert U\rvert>u_{\alpha/2}$
	$\mu_1\leqslant\mu_2$			$U>u_\alpha$
	$\mu_1\geqslant\mu_2$			$U<-u_\alpha$
σ_1^2,σ_2^2 未知 但 $\sigma_1^2=\sigma_2^2$	$\mu_1=\mu_2$	$T=\dfrac{\overline{X}-\overline{Y}}{S_w\sqrt{\dfrac{1}{n_1}+\dfrac{1}{n_2}}}$	$t(n_1+n_2-2)$	$\lvert T\rvert>t_\alpha$
	$\mu_1\leqslant\mu_2$			$T>t_{2\alpha}$
	$\mu_1\geqslant\mu_2$	$S_w^2=\dfrac{(n_1-1)S_1^2+(n_2-1)S_2^2}{n_1+n_2-2}$		$T<-t_{2\alpha}$
μ_1,μ_2 未知	$\sigma_1^2=\sigma_2^2$	$F=\dfrac{S_1^2}{S_2^2}$	$F(n_1-1,n_2-1)$	$F>F_{\alpha/2}$ 或 $F<F_{1-\alpha/2}$
	$\sigma_1^2\leqslant\sigma_2^2$			$F>F_\alpha$
	$\sigma_1^2\geqslant\sigma_2^2$			$F<F_{1-\alpha}$

8.2 典型例题解析

题型 1 关于假设检验基本的概念和理论的填空、选择、问答;

题型 2 一个正态总体期望和方差的单边、双边检验;

题型 3 两个正态总体期望、方差比较的检验;

题型 4 总体分布的假设检验.

例 8.1 设 $X_1, X_2, \cdots, X_n$ 是来自正态总体 $N(\mu, \sigma^2)$ 的简单随机样本,其中参数 μ 和 σ^2 未知,记 $\overline{X} = \dfrac{1}{n} \sum_{i=1}^{n} X_i$, $Q^2 = \sum_{i=1}^{n} (X_i - \overline{X})^2$.

(1) 假设 $H_0: \mu = 0$ 的 t 检验使用的统计量是( );

(2) 假设 $H_0': \sigma^2 = \sigma_0^2$ 的 χ^2 检验使用的统计量是( ).

解 (1) 由题设有 $S^2 = \dfrac{1}{n-1} \sum_{i=1}^{n} (X_i - \overline{X})^2 = \dfrac{Q^2}{n-1}$,所以

$$t = \frac{\overline{X} - \mu_0}{S / \sqrt{n}} = \frac{\overline{X}}{Q} \sqrt{n(n-1)}.$$

(2) $\chi^2 = \dfrac{(n-1)S^2}{\sigma^2} = \dfrac{Q^2}{\sigma_0^2}$.

所以应填 $\dfrac{\overline{X}}{Q} \sqrt{n(n-1)}$ 和 $\dfrac{Q^2}{\sigma_0^2}$.

说明 各种检验方法使用的统计量是确定的,这一点必须熟记.

例 8.2 设某批矿砂的镍含量(%)X 服从正态分布. 今随机抽取 5 个样本,测定镍含量的百分比为 $3.25\%, 3.27\%, 3.24\%, 3.26\%, 3.24\%$. 问在 $\alpha = 0.01$ 的情况下能否认为这批镍含量的均值为 3.25%.

解 这是在 σ^2 未知的条件下,均值 μ 的假设检验问题.

解法 1 (1) $H_0: \mu = \mu_0 = 3.25\%$, $H_1: \mu \neq \mu_0$.

(2) 统计量 $T = \dfrac{\overline{X} - \mu_0}{S / \sqrt{n}} \overset{H_0 \text{成立}}{\sim} t(n-1)$.

(3) 对 $\alpha = 0.01$,拒绝域为 $\{|T| > t_\alpha(n-1)\}$(注:$P(|t| > t_\alpha) = \alpha$).

(4) 计算:$\overline{x} = \dfrac{1}{5}(3.25 + \cdots + 3.24) = 3.252$(由计算器的统计功能计算),

$$s^2 = 1.7 \times 10^{-4}, \quad s = 0.013, \quad |t| = \left| \frac{3.252 - 3.25}{0.013 / \sqrt{5}} \right| \approx 0.344,$$

查表得 $t_{0.01}(4) = 4.6041$.

(5) 判断:这里 $|t| < 4.6041$,没有落在拒绝域内,故接受 $H_0: \mu = \mu_0 = 3.25\%$,即可以认为这批矿砂的镍含量为 3.25%.

解法 2 $H_0: \mu = \mu_0 = 3.25\%$ ($H_1: \mu \neq \mu_0$).

H_0 的拒绝域为 $|t| > t_\alpha(n-1)$. 因 $\alpha = 0.01$,查 t 分布表得 $t_{0.01}(4) = 4.6041$.

$$\overline{x} = 3.252, \quad s = 0.013, \quad |t| = \left| \frac{3.252 - 3.25}{0.013 / \sqrt{5}} \right| \approx 0.344 < 3.4061.$$

所以接受 $H_0: \mu = \mu_0 = 3.25\%$,即可以认为这批矿砂的镍含量为 3.25%.

说明 (1) 解法 1 描述了假设检验解题的全过程,掌握这个全过程对理解和解决假

设检验问题很有好处.解法 2 突出了假设检验问题的重点,是我们解题的主要方法.

(2) 给出一个假设检验问题(以本题为例),应按步骤做到以下几点:

① 观察到题目是一个正态总体检验均值的问题,且方差未知,所以应采用 T 检验法.

② 准确写出 $H_0: \mu = \mu_0$ 及使用的统计量和拒绝域.

③ 查表,计算 t 值.

④ 按假设检验原理,最后作出判断.

例 8.3 设在木材中抽出 100 根,测其小头直径,得样本平均值 $\overline{x} = 11.2 \text{cm}$,已知标准差 $\sigma = 2.6 \text{cm}$,问该批木材的平均小头直径能否认为是在 12cm 以上($\alpha = 0.05$)?

解 $H_0: \mu \geqslant 12$ ($H_1: \mu < 12$).

统计量 $U = \dfrac{\overline{X} - 12}{\sigma / \sqrt{n}}$,随机变量 $U' = \dfrac{\overline{X} - \mu}{\sigma / \sqrt{n}} \sim N(0, 1)$,在 H_0 成立的条件下,有

$P(U < -u_\alpha) \leqslant P(U' < -u_\alpha) = \alpha$ (注:$P(U > u_\alpha) = \alpha$).

查正态分布表得 $u_\alpha = 1.64$.

计算统计量 $u = \dfrac{11.2 - 12}{2.6/10} = -3.08 < -1.64$.

故拒绝 H_0,即不能认为该木材平均小头直径在 12cm 以上.

说明 该问题是一个正态总体方差已知关于期望的单边检验.所要检验的是小头直径是在 12cm 以上还是不足 12cm,因此提出假设 $H_0: \mu \geqslant 12$,$H_1: \mu < 12$.

统计量 U 可以计算但不知服从什么分布,而知道 $U' \sim N(0, 1)$ 但不能计算.利用假设成立的条件,有 $\{U < -u_\alpha\} \subset \{U' < -u_\alpha\}$,从而可得

$$P(U < -u_\alpha) \leqslant P(U' < -u_\alpha) = \alpha,$$

因此 $\{U < -u_\alpha\}$ 是一个概率比 α 还小的小概率事件,而这个小概率事件竟发生了,所以拒绝 H_0.

例 8.4 现规定某种食品每 100g 中维生素 C 的含量不得小于 21mg,设该含量 X 服从正态分布 $N(\mu, \sigma^2)$,现从这批食品中随机地抽取 17 个样本,测得每 100g 食品中维生素 C 的含量(单位:mg)为

$$16, \quad 22, \quad 21, \quad 20, \quad 23, \quad 21, \quad 19, \quad 15, \quad 13,$$
$$23, \quad 17, \quad 20, \quad 29, \quad 18, \quad 22, \quad 16, \quad 25.$$

试以 $\alpha = 0.025$ 的检验水平,检验该批食品维生素 C 的含量是否合格?

解 本题是在 σ^2 未知的情况下均值 μ 的单侧检验问题,

$$H_0: \mu \geqslant 21, \quad H_1: \mu < 21.$$

经计算 $\overline{x} = 20$,$s^2 = 15.88$,$s = 3.98$.

由于 σ^2 未知,使用 t 检验,H_0 的拒绝域为 $\{t < -t_{0.05}(16)\}$,查表得 $t_{0.05}(16) = 2.120$.计算

$$t = \frac{\bar{x} - 21}{s / \sqrt{n}} = \frac{(20 - 21)\sqrt{17}}{3.98} \approx -1.036 > -2.120.$$

所以接受 H_0,即认为这批食品的维生素 C 的含量不小于 21mg.

说明 (1)此题是单侧检验,也可称为左侧检验,因为 H_0 的拒绝域在左侧.原假设认为 $\mu \geqslant 21$,那么从这批食品中采集的样本得到 $\bar{x}$ 就不应该"太小",即比 21"小得太多",当然"小"多少可以被允许,还要看方差大小,方差大,分布不集中,接受域就大些,拒绝域就小些;另外与 n 值的大小也有关系,n 大,偶然性就小些,接受域也就小些,拒绝域就大些,反之亦然.这些直观的想法都由 T 的分布精确体现出来.在做题时,确定拒绝域是左侧还是右侧,可按照上述想法确定,不必死记硬背.

(2)题设中 $H_0: \mu \geqslant 21, H_1: \mu < 21$ 是对的,若设为 $H_0: \mu \leqslant 21, H_1: \mu > 21$,这是不对的.在单侧检验中如何正确地作出假设,最重要的当然应该是准确地理解问题中所提出要求,比如本题,$\mu = 21$ 应是与 $\mu > 21$ 同属"合格"这种情形的,而 $\mu < 21$ 与 $\mu = 21$ 显然分别属于对立的情形.假设检验的结果是要么接受 H_0 拒绝 H_1,要么拒绝 H_0 接受 H_1.若取 $H_0: \mu \leqslant 21$,而检验结果又接受了 H_0,那么我们只能说 μ 不大于 21,到底是小于 21 还是不小于 21 不能得出结论,因此题中所问就无法回答.这可以作为检验原假设与备择假设的设立是否合理的一个标准.

例 8.5 在正常的生产条件下,某产品的测试指标总体 $X \sim N(\mu_0, \sigma_0^2)$,其中 $\sigma_0 = 0.23$.后来改变了生产工艺,出了新产品,假设新产品的测试指标总体仍为 X,且知 $X \sim N(\mu, \sigma^2)$.从新产品中随机地抽取 10 件,测得样本标准差 $s = 0.33$.试在检验水平 $\alpha = 0.05$ 的情况下检验:(1)方差 σ^2 有没有显著变化? (2)方差 σ^2 是否变大?

解 (1) $H_0: \sigma^2 = \sigma_0^2 = 0.23^2$; $H_1: \sigma^2 \neq \sigma_0^2$.

选统计量 $\chi^2 = \dfrac{(n-1)s^2}{\sigma_0^2} \sim \chi^2(n-1)$.

拒绝域为 $\chi^2 < \chi^2_{1-\alpha/2}(n-1)$ 或 $\chi^2 > \chi^2_{\alpha/2}(n-1)$(注:$P(\chi^2 > \chi^2_\alpha) = \alpha$).

计算得 $\chi^2 = \dfrac{9 \times 0.33^2}{0.23^2} \approx 18.52$.查表得

$$\chi^2_{\alpha/2}(n-1) = \chi^2_{0.025}(9) \approx 19.023, \quad \chi^2_{1-\alpha/2}(n-1) = \chi^2_{0.975}(9) \approx 2.7,$$

而 $2.7 < \chi^2 < 19.023$,所以接受 H_0,从而认为新产品指标的方差与原产品比较没有显著变化.

(2) $H_0: \sigma^2 \leqslant \sigma_0^2 = 0.23^2, H_1: \sigma^2 > \sigma_0^2$.

统计量仍为 $\chi^2 = \dfrac{(n-1)s^2}{\sigma_0^2}$.

H_0 的拒绝域为 $\chi^2 > \chi^2_\alpha(n-1)$.

χ^2 值仍为 18.527,查表得 $\chi^2_\alpha(n-1) = \chi^2_{0.05}(9) \approx 16.919$.

由于 $\chi^2 = 18.527 > 16.919$，所以拒绝 H_0，即认为新产品指标的方差比原产品指标的方差显著地变大.

说明 本题中(1)、(2)两种情况下的结论好像是矛盾的，这是为什么呢? 因为任何一个假设检验都是在一定的检验水平 α 下进行的，对同一个 α，不同的假设有着不同的拒绝域，因此同一个 χ^2，不在(1)的拒绝域内却在(2)的拒绝域内，这就没什么可奇怪的了. 试想对同一个假设，取两个不同的检验水平，有时也同样会得出两个相反的结论.

例 8.6 两家工商银行分别对 21 个储户和 16 个储户的年存款余额进行抽样调查，测得其年平均存款余额分别为 $\bar{x} = 2600$ 元和 $\bar{y} = 2700$ 元，样本标准差相应为 $s_x = 81$ 元和 $s_y = 105$ 元，假设年存款余额服从正态分布，试比较两家银行的储户的平均年存款余额有无显著差异($\alpha = 0.10$).

分析 此题要求检验的是 μ_x 与 μ_y 是否相等，但方差未知，为能使用 t 检验，必须要求在方差相等的条件下进行，因此需先检验 σ_x^2 与 σ_y^2 是否相等.

解 (1) $H_0: \sigma_x^2 = \sigma_y^2$.

选统计量 $F = \dfrac{S_x^2}{S_y^2} \sim F(20,15)$.

拒绝域为

$$F < F_{0.95}(20,15) \quad \text{或} \quad F > F_{0.05}(20,15) \quad (\text{注}: P(F > F_\alpha) = \alpha).$$

$$\lambda_1 = F_{0.95}(20,15) = \frac{1}{F_{0.05}(15,20)} = \frac{1}{2.20} \approx 0.45,$$

$$\lambda_2 = F_{0.05}(20,15) = 2.33,$$

计算得 $F = \dfrac{81^2}{105^2} = 0.5951$. 因为 $\lambda_1 < F < \lambda_2$，所以 H_0 相容，可以认为 $\sigma_x^2 = \sigma_y^2$.

(2) $H_0: \mu_x = \mu_y$.

由(1)知 $\sigma_x^2 = \sigma_y^2$，故可用 t 检验.

选取统计量

$$T = \frac{\bar{X} - \bar{Y}}{S_w \sqrt{\dfrac{1}{n_1} + \dfrac{1}{n_2}}} \overset{H_0 成立}{\sim} t(n_1 + n_2 - 2),$$

其中 $s_w^2 = \dfrac{(n_1 - 1)s_1^2 + (n_2 - 1)s_2^2}{n_1 + n_2 - 2}$.

拒绝域为 $|T| > t_\alpha(n_1 + n_2 - 2)$.

查表得 $t_\alpha(n_1 + n_2 - 2) = t_{0.1}(35) = 1.69$.

计算 t 值得

$$|t| = \frac{|\bar{x} - \bar{y}|}{s_w \sqrt{\dfrac{1}{n_1} + \dfrac{1}{n_2}}} = \frac{100}{95.46 \sqrt{\dfrac{1}{20} + \dfrac{1}{15}}} = 3.067 > 1.69.$$

故拒绝 H_0，即认为两家银行客户的平均年存款余额有显著差异.

*例 8.7　设某指标总体 $X \sim N(\mu, 3.6^2)$，$H_0: \mu = 68$，$H_1: \mu = 70$. 若取接受域 $\overline{X} \in (67, 69)$，求犯两类错误的概率.(1) $n = 36$,(2) $n = 64$.

解　(1) $\alpha = P(弃真) = P(拒绝 H_0 | H_0 成立)$

$$= P(\overline{X} < 67 | \mu = 68) + P(\overline{X} > 69 | \mu = 68)$$

$$= P\left(\frac{\overline{X} - 68}{3.6/\sqrt{36}} < \frac{67 - 68}{3.6/\sqrt{36}}\right) + P\left(\frac{\overline{X} - 68}{3.6/\sqrt{36}} > \frac{69 - 68}{3.6/\sqrt{36}}\right)$$

$$= P(U < -1.67) + P(U > 1.67)$$

$$= \Phi(-1.67) + 1 - \Phi(1.67) = 2 - 2\Phi(1.67)$$

$$= 2(1 - 0.9525) = 0.095.$$

$$\beta = P(取伪) = P(接受 H_0 | H_0 不真, H_1 真)$$

$$= P(67 < \overline{X} < 69 | \mu = 70)$$

$$= \left(\frac{67 - 70}{3.6/\sqrt{36}} < \frac{\overline{X} - 70}{3.6/\sqrt{36}} < \frac{69 - 70}{3.6/\sqrt{36}}\right) = \Phi(-1.67) - \Phi(-5)$$

$$= \Phi(-1.67) \approx 0.0475.$$

(2) 和(1)类似,只是这里 $n = 64$,

$$\alpha = (\overline{X} < 67 | \mu = 68) + P(\overline{X} > 69 | \mu = 68)$$

$$= P\left(\frac{\overline{X} - 68}{3.6/\sqrt{64}} < \frac{67 - 68}{3.6 - \sqrt{64}}\right) + P\left(\frac{\overline{X} - 68}{3.6/\sqrt{64}} > \frac{69 - 68}{3.6/\sqrt{64}}\right)$$

$$= \Phi(-2.222) + 1 - \Phi(2.222)$$

$$\approx 0.0264.$$

$$\beta = P(67 < \overline{X} < 69 | \mu = 70)$$

$$= P\left(\frac{67 - 70}{3.6/\sqrt{64}} < \frac{\overline{X} - 70}{3.6/\sqrt{64}} < \frac{69 - 70}{3.6/\sqrt{64}}\right)$$

$$= \Phi(-2.22) - \Phi(-6.67) \approx 0.0132.$$

注意,和(1)中的结果比较,α, β 都有减少,这是因为增加了样本容量的缘故.

例 8.8　从总体 X 中抽取容量为 80 的样本,频数分布如下表:

区　间	$\left(0, \frac{1}{4}\right]$	$\left(\frac{1}{4}, \frac{1}{2}\right]$	$\left(\frac{1}{2}, \frac{3}{4}\right]$	$\left(\frac{3}{4}, 1\right]$
频　数	6	18	20	36

试在显著性水平 $\alpha = 0.025$ 下检验总体 X 的概率密度为

$$p(x) = \begin{cases} 2x, & 0 < x < 1, \\ 0, & 其他 \end{cases}$$

是否可信?

解 $H_0: X \sim p(x) = \begin{cases} 2x, & 0 < x < 1, \\ 0, & \text{其他}. \end{cases}$

列表计算如下($n = 80$):

k	区间	f_k	p_k	np_k	$f_k - np_k$	$(f_k - np_k)^2 / np_k$
1	$\left(0, \frac{1}{4}\right]$	6	0.0625	5	1	0.20
2	$\left(\frac{1}{4}, \frac{1}{2}\right]$	18	0.1875	15	3	0.60
3	$\left(\frac{1}{2}, \frac{3}{4}\right]$	20	0.3125	25	-5	1.00
4	$\left(\frac{3}{4}, 1\right]$	36	0.4375	35	1	0.03

其中

$$p_k = P\left(\frac{k-1}{4} < x \leqslant \frac{k}{4}\right) = \int_{\frac{k-1}{4}}^{\frac{k}{4}} 2x \, \mathrm{d}x = \frac{k^2 - (k-1)^2}{16} \quad (k = 1, 2, 3, 4).$$

统计量 $\chi^2 = \sum_{k=1}^{4} \frac{(f_k - np_k)^2}{np_k} = 1.83.$

查表 $\chi^2_{0.025}(4-1) = 9.348.$

H_0 的拒绝域为 $\chi^2 > 9.348$,而 $\chi^2 = 1.83 < 9.348$. 所以接受假设

$$H_0: X \sim p(x) = \begin{cases} 2x, & 0 < x < 1, \\ 0, & \text{其他}. \end{cases}$$

8.3　习题

填空与选择题

1. 在假设检验中,记 H_0 为待检假设,则称(　　)为第一类错误.

(A) H_0 为真,接受 H_0　　　　(B) H_0 不真,拒绝 H_0

(C) H_0 为真,拒绝 H_0　　　　(D) H_0 不真,接受 H_0

2. 设 μ_1, μ_2 分别是两个正态总体 X, Y 的期望,在检验水平 $\alpha = 0.1$ 时,否定了假设 $H_0: \mu_1 - \mu_2 = 0$,应理解为(　　).

(A) 两总体的均值绝不可能相等

(B) 两总体的均值有可能相等

(C) 两总体的均值以 90% 的概率不相等

(D) 在 100 次抽样中,恰有 10 次会使样本均值相等

3. 若总体 $X \sim N(\mu, \sigma^2)$,当 σ^2 未知时,用样本检验假设 $H_0: \mu = \mu_0$,可采用服从( ) 分布的统计量( );当 σ^2 已知时,可采用服从( )分布的统计量( ).

4. 若 $x_1, x_2, \cdots, x_{n_1}$ 和 $y_1, y_2, \cdots, y_{n_2}$ 分别是来自总体 $N(\mu_1, \sigma_1^2)$ 与 $N(\mu_2, \sigma_2^2)$ 的子样, 当 $\sigma_1^2 = \sigma_2^2 = \sigma^2$ 未知时,通常选服从( )分布的统计量( )来对 $H_0: \mu_1 = \mu_2$ 进行检验; 当 σ_1 与 σ_2 已知时,通常选用服从( )分布的统计量( )对 $H_0: \mu_1 = \mu_2$ 进行检验.

5. F 检验法可用于检验两个相互独立的正态总体的( )是否有显著差异,所用的 统计量为( );χ^2 检验法是用于检验一个正态总体( )的检验,所用统计量为( ).

6. 设总体 $X \sim N(\mu, \sigma^2)$,σ^2 未知;若检验 $H_0: \mu = \mu_0$,则 H_0 的拒绝域为( );若 检验 $H_0: \mu \geqslant \mu_0$,则 H_0 的拒绝域为( ).

7. 总体 $X \sim N(\mu, \sigma^2)$,检验假设 $H_0: \sigma^2 = \sigma_0^2$;$x_1, x_2, \cdots, x_{11}$ 是一个样本,$\alpha = 0.05$,则 H_0 的拒绝域为( ).

计算题

1. 海达手表厂生产的女表壳,在正常情况下,其直径(单位:mm)服从正态分布 $N(20, 1)$,在每天的生产过程中抽取 5 只表,测得直径分别为 19, 19.5, 19, 20, 20.5. 问生 产是否正常($\alpha = 0.05$)?

2. 设某次考试中考生的成绩服从正态分布,从中随机地抽取 36 位考生的成绩,算得 平均成绩为 66.5 分,标准差为 15 分. 问在显著性水平 0.05 下,是否可以认为这次考试全 体考生的平均成绩为 70 分?

3. 用某种仪器间接测量硬度,重复测量 5 次,所得数据是 175, 173, 178, 174, 176,而 用别的精确方法测量硬度为 179(可看作硬度的真值),设测量硬度服从正态分布,问这种 仪器测量的硬度是否显著降低($\alpha = 0.05$)?

4. 已知某厂生产的滚珠直径服从正态分布,按照规定平均直径为 5mm,标准差不超 过 0.5mm. 现从这批滚珠中随机抽取 9 个,测得平均直径为 4.78mm,标准差为 0.6mm. 问这批滚珠的质量是否符合规定标准($\alpha = 0.05$)?

5. 某化工厂为了提高某种化学药品的得率,提出了两种方案,为了研究哪一种方案 好,分别用两种工艺各进行了 10 次试验,数据如下:

方案甲得率/%	68.1	62.4	64.3	64.7	68.4	66.0	65.5	66.7	67.3	66.2
方案乙得率/%	69.1	71.0	69.1	70.0	69.1	69.1	67.3	70.2	72.1	67.3

假设得率服从正态分布,问方案乙是否能比方案甲显著提高得率($\alpha = 0.01$)?

6. 某橡胶厂采用两种配方生产橡胶,现测得两种配方生产的橡胶伸长率如下:

| 方案甲 | 540 | 533 | 525 | 520 | 545 | 532 | 529 | 541 | 534 | |
| 方案乙 | 565 | 577 | 580 | 575 | 556 | 542 | 560 | 532 | 570 | 561 |

设两总体都服从正态分布,均值和方差均未知,问两种配方伸长率的方差有无显著差异($\alpha=0.1$)?

7. 检查部门由甲、乙两灯泡厂各取 30 只灯泡进行抽检,甲厂的灯泡平均寿命为 1500h,样本标准差为 80h;乙厂的灯泡平均寿命为 1450h,样本标准差为 94h. 问由此可否断定甲厂的灯泡比乙厂的好($\alpha=0.05$).

8. 某商店的日销售额服从正态分布,据统计去年的日均销售额是 2.74 万元,标准差是 0.08 万元,经装修后,在 100 个销售日中,平均日销售额为 2.82 万元. 若标准差不变,问装修后的这段时间的日均销售额与装修前相比有无显著性差异($\alpha=0.01$).

9. 某地区的磁场强度服从正态分布 $X \sim N(\mu_0, \sigma_0^2)$,由以前的观测值知道,$\mu_0 = 56$,$\sigma_0 = 20$. 现用一种新型仪器对该地区进行观测,抽测了 36 个点,其平均值 $\bar{x} = 61.1$,$s = 21$,试问用此仪器测量的结果与原来的观测值有无显著差异($\alpha=0.05$)?

10. 一台自动投币饮料机,平均每杯应该是 200mL,现进行 10 次测试,得样本均值为 203mL,样本标准差 3.4mL,设总体服从正态分布,问该饮料机是否需要调试($\alpha=0.05$)?

11. 某厂销售员声称,该厂生产的安全带的拉断力在 360kgf 以上,从他推销的产品中抽测 10 根,测得平均拉断力为 356kgf,样本标准差为 4kgf. 若安全带的拉断力可以认为服从正态分布,问销售员的说法是否可信($\alpha=0.01$)? (1kgf=9.80665N)

12. 根据设计要求,某零件的内径标准差不得超过 0.30. 现在从该产品中随意抽验了 25 件,测得样本标准差为 $s = 0.36$,问检验结果是否说明产品的标准差明显增大了(分别取 $\alpha=0.05$ 和 $\alpha=0.10$)?

13. 为比较甲、乙两个居民区煤气的月人均耗用量(单位:m^3),甲区调查了 8 户,各户月人均用量为 7.68,6.99,5.19,10.03,6.70,7.97,8.62,6.44;乙区调查了 10 户,各户月人均用量为 6.14,5.60,4.75,7.98,6.88,5.37,5.43,6.37,5.16,6.57. 问(1)抽样调查结果能否说明两个居民区人均煤气用量有明显差异($\alpha=0.10$)? (2)在多大的显著水平($\alpha=?$)下,可以认为甲区月人均用量明显高于乙区.

14. 两家实验室用同样方法对同种不锈钢样品各进行了 8 次含碳量的分析,得如下数据:

甲室:0.18, 0.12, 0.08, 0.19, 0.13, 0.32, 0.27, 0.22;

乙室:0.11, 0.28, 0.24, 0.31, 0.46, 0.14, 0.34, 0.30.

问:(1)两家实验室分析的标准差是否相同?

(2)两家实验室分析结果的平均水平有无显著差异($\alpha=0.05$)?

15. 比较两种工艺条件下橡胶制品 A 和 B 的耐磨性,测得数据如下:

制品 A:213.86, 175.10, 185.82, 217.30, 198.40, 224.61;

制品 B:111.50, 142.10, 129.89, 119.96, 144.82, 150.60.

问测试结果是否说明制品 A 的耐磨性明显高于制品 B($\alpha=0.005$)?

16. 中药厂从某种药材中提出有效成分,为提高提取率,改进提炼方法.针对同一质量的药材,用旧方法与新方法各做 10 次试验,其提取率分别为

旧方法:76.7, 77.3, 76.2, 78.1, 74.3, 72.4, 77.4, 78.4, 76.7, 76.0;

新方法:77.3, 79.1, 79.1, 81.0, 80.2, 79.1, 82.1, 80.0, 77.3, 79.1.

设新旧两种方法提取率分别服从正态分布且相互独立.问新方法的提取率是否比旧方法的提取率高($\alpha=0.10$)?

17. 从锌矿的东、西两支矿脉中,各抽取容量分别为 9 和 8 的样本分析后,计算得其样本含锌(%)的平均值与方差分别为东支:$\bar{x}_1=0.230, s_1^2=0.1337, n_1=9$;西支:$\bar{x}_2=0.269, s_2^2=0.1736, n_2=8$.若东、西两支矿脉含锌量都服从正态分布,问两支矿脉的含锌量能否认为服从同一正态分布($\alpha=0.05$).

18. 设总体 $X \sim N(\mu, 4^2)$,$X_1, X_2, \cdots, X_n$ 为 X 的样本,如果假设 $H_0: \mu=0, H_1: \mu=3$ 的拒绝域为 $\{\bar{X}>2\}$,求犯两类错误的概率 α 与 β.

(1) $n=9$;(2) $n=16$.

8.4 习题参考答案

填空与选择题

1. (C).   2. (B)、(C).

3. $t(n-1)$;$\dfrac{\bar{x}-\mu_0}{s/\sqrt{n}}$;$N(0,1)$;$\dfrac{\bar{x}-\mu_0}{\sigma/\sqrt{n}}$.

4. $t(n_1+n_2-2)$;$T=\dfrac{\bar{X}-\bar{Y}}{S_w\sqrt{\dfrac{1}{n_1}+\dfrac{1}{n_2}}}$,其中 $S_w^2=\dfrac{(n_1-1)s_1^2+(n_2-1)s_1^2}{n_1+n_2-2}$;

$N(0,1)$;$U=\dfrac{\bar{X}-\bar{Y}}{\sqrt{\dfrac{\sigma_1^2}{n_1}+\dfrac{\sigma_2^2}{n_2}}}$.

5. 方差;$\dfrac{S_1^2}{S_2^2}$;方差;$\dfrac{(n-1)S^2}{\sigma_0^2}$.

6. $|T|>t_a(n-1)$;$T<-t_{2a}(n-1)$.

7. $(-\infty, \chi_{0.975}^2(10))$ 或 $(\chi_{0.025}^2(10), +\infty)$.

计算题

1. 生产的精度和稳定性均正常.

2. 可以认为这次考试全体考生的平均成绩为 70 分.

3. 此种仪器测量的硬度显著降低.

4. 符合规定标准.

5. 可以认为采用乙方案可以比甲方案提高得率.

6. 有显著差异.

7. 可以断定甲厂的灯泡比乙厂的好.

8. $U=10>2.58$,有显著差异.

9. 均值与方差均无显著差异.

10. $|t|=2.79>2.262$,需要调试.

11. $H_0: \mu \geqslant \mu_0$,$-3.16<-2.82$,不可信.

12. $H_0: \sigma \leqslant 0.3$,$\chi^2=34.56$,在水平 $\alpha=0.05$ 下不显著,在 $\alpha=0.10$ 下显著.

13. (1) 先检验假设 $H_0: \sigma_x=\sigma_y$,$F \approx 1.92$ 可以认为 $\sigma_x=\sigma_y$.

检验假设 $H_0': \mu_x=\mu_y$,$|t|=2.79$,结果否定原假设,即认为两区不同.

(2) 检验假设 $H_0': \mu_x=\mu_y$,在 $\alpha=0.01$ 下被否定,说明在水平 $\alpha=0.01$ 下可以认为甲区人均月用量高于乙区.

14. (1) 可以认为 $\sigma_x=\sigma_y$; (2) $|t|=1.8127$,无显著差异.

15. $H_0: \sigma_A=\sigma_B$,相容;$H_0': \mu_A \leqslant \mu_B$,拒绝,故制品 A 的耐磨性明显高于制品 B.

16. $H_0: \sigma_1^2=\sigma_2^2$,$F=\dfrac{3.325}{2.225}=1.49$,$\lambda_2=F_{0.005}(9,9)=6.54$,$\lambda_1=1/6.54$,$\lambda_1<F<\lambda_2$,所以 H_0 相容;

$H_0': \mu_1 \leqslant \mu_2$,$t=4.295$,$\lambda=t_{0.02}(18)=2.552$,$P(T>\lambda)=0.01$ 发生,故否定 H_0',即新法的提取率高于旧法.

17. 可以认为服从同一正态分布.

18. (1) $\alpha=0.0668$,$\beta=0.2266$; (2) $\alpha=0.0228$,$\beta=0.1587$.

附表 1　泊松分布数值表

$$P(X=k)=\frac{\lambda^k}{k!}e^{-\lambda}$$

k＼λ	0.1	0.2	0.3	0.4	0.5	0.6	0.7	0.8	0.9	1.0	1.5	2.0	2.5	3.0	3.5	4.0
0	0.904837	0.818731	0.740818	0.670320	0.606531	0.548812	0.496585	0.449329	0.406570	0.367879	0.223130	0.135335	0.082085	0.049787	0.030197	0.018316
1	0.090484	0.163746	0.222245	0.268128	0.303265	0.329287	0.347610	0.359463	0.365913	0.367879	0.334695	0.270671	0.205212	0.149361	0.105691	0.073263
2	0.004524	0.016375	0.033337	0.053626	0.075816	0.098786	0.121663	0.143785	0.164461	0.183940	0.251021	0.270671	0.256516	0.224042	0.184959	0.146525
3	0.000151	0.001092	0.003334	0.007150	0.012636	0.019757	0.028388	0.038343	0.049398	0.061313	0.125510	0.180447	0.213763	0.224042	0.215785	0.195367
4	0.000004	0.000055	0.000250	0.000715	0.001580	0.002964	0.004968	0.007669	0.011115	0.015328	0.047067	0.090224	0.133602	0.168031	0.188812	0.195367
5		0.000002	0.000015	0.000057	0.000158	0.000356	0.000696	0.001227	0.002001	0.003066	0.014120	0.036089	0.066801	0.100819	0.132169	0.156293
6			0.000001	0.000004	0.000013	0.000036	0.000081	0.000164	0.000300	0.000511	0.003530	0.012030	0.027834	0.050409	0.077098	0.104196
7					0.000001	0.000003	0.000008	0.000019	0.000039	0.000073	0.000756	0.003437	0.009941	0.021604	0.038549	0.059540
8							0.000001	0.000002	0.000004	0.000009	0.000142	0.000859	0.003106	0.008102	0.016865	0.029770
9										0.000001	0.000024	0.000191	0.000863	0.002701	0.006559	0.013231
10											0.000004	0.000038	0.000216	0.000810	0.002296	0.005292
11												0.000007	0.000049	0.000221	0.000730	0.001925
12												0.000001	0.000010	0.000055	0.000213	0.000642
13													0.000002	0.000013	0.000057	0.000197
14														0.000003	0.000014	0.000056
15														0.000001	0.000003	0.000015
16															0.000001	0.000004
17																0.000001

k \ λ	4.5	5.0	5.5	6.0	6.5	7.0	7.5	8.0	8.5	9.0	9.5	10.0
0	0.011109	0.006738	0.004087	0.002479	0.001503	0.000912	0.000553	0.000335	0.000203	0.000123	0.000075	0.000045
1	0.049990	0.033690	0.022477	0.014873	0.009773	0.006383	0.004148	0.002684	0.001730	0.001111	0.000711	0.000454
2	0.112479	0.084224	0.061812	0.044618	0.031760	0.022341	0.015556	0.010735	0.007350	0.004998	0.003378	0.002270
3	0.168718	0.140374	0.113323	0.089235	0.068814	0.052129	0.038888	0.028626	0.020826	0.014994	0.010696	0.007567
4	0.189808	0.175467	0.155819	0.133853	0.111822	0.091226	0.072917	0.057252	0.044255	0.033737	0.025403	0.018917
5	0.170827	0.175467	0.171001	0.160623	0.145369	0.127717	0.109374	0.091604	0.075233	0.060727	0.048265	0.037833
6	0.128120	0.146223	0.157117	0.160623	0.157483	0.149003	0.136719	0.122138	0.106581	0.091090	0.076421	0.063055
7	0.082363	0.104445	0.123449	0.137677	0.146234	0.149003	0.146484	0.139587	0.129419	0.117116	0.103714	0.090079
8	0.046329	0.065278	0.084872	0.103258	0.118815	0.130377	0.137328	0.139587	0.137508	0.131756	0.123160	0.112599
9	0.023165	0.036266	0.051866	0.068838	0.085811	0.101405	0.114441	0.124077	0.129869	0.131756	0.130003	0.125110
10	0.010424	0.018133	0.028526	0.041303	0.055777	0.070983	0.085830	0.099262	0.110303	0.118580	0.122502	0.125110
11	0.004264	0.008242	0.014263	0.022529	0.032959	0.045171	0.058521	0.072190	0.085300	0.097020	0.106682	0.113736
12	0.001599	0.003434	0.006537	0.011261	0.017853	0.026350	0.036575	0.048127	0.060421	0.072765	0.084440	0.094780
13	0.000554	0.001321	0.002766	0.005199	0.008927	0.014188	0.021101	0.029616	0.039506	0.050376	0.061706	0.072908
14	0.000178	0.000472	0.001086	0.002228	0.004144	0.007094	0.011305	0.016924	0.023986	0.032384	0.041872	0.052077
15	0.000053	0.000157	0.000399	0.000891	0.001796	0.003311	0.005652	0.009026	0.013592	0.019431	0.026519	0.034718
16	0.000015	0.000049	0.000137	0.000334	0.000730	0.001448	0.002649	0.004513	0.007220	0.010930	0.015746	0.021699
17	0.000004	0.000014	0.000044	0.000118	0.000279	0.000596	0.001169	0.002124	0.003611	0.005786	0.008799	0.012764
18	0.000001	0.000004	0.000014	0.000039	0.000100	0.000232	0.000487	0.000944	0.001705	0.002893	0.004644	0.007091
19		0.000001	0.000004	0.000012	0.000035	0.000085	0.000192	0.000397	0.000762	0.001370	0.002322	0.003732
20			0.000001	0.000004	0.000011	0.000030	0.000072	0.000150	0.000324	0.000617	0.001103	0.001866
21				0.000001	0.000004	0.000010	0.000026	0.000061	0.000132	0.000264	0.000433	0.000889
22					0.000001	0.000003	0.000009	0.000022	0.000050	0.000108	0.000216	0.000404
23						0.000001	0.000003	0.000008	0.000019	0.000042	0.000089	0.000176
24							0.000001	0.000003	0.000007	0.000016	0.000035	0.000073
25								0.000001	0.000002	0.000006	0.000014	0.000029
26									0.000001	0.000002	0.000005	0.000011
27										0.000001	0.000002	0.000004
28											0.000001	0.000002
29												0.000001

k	$\lambda=20$	k	$\lambda=30$
9	0.0029	20	0.0134
10	0.0058	21	0.0192
11	0.0106	22	0.0261
12	0.0176	23	0.0341
13	0.0271	24	0.0426
14	0.0382	25	0.0517
15	0.0517	26	0.0571
16	0.0646	27	0.0655
17	0.0760	28	0.0702
18	0.0814	29	0.0726
19	0.0888	30	0.0726
20	0.0888	31	0.0703
21	0.0846	32	0.0659
22	0.0767	33	0.0599
23	0.0669	34	0.0529
24	0.0571	35	0.0453
25	0.0446	36	0.0378
26	0.0343	37	0.0306
27	0.0254	38	0.0242
28	0.0182	39	0.0186
29	0.0125	40	0.0139
30	0.0083	41	0.0102
31	0.0054	42	0.0073
32	0.0034	43	0.0051
33	0.0020	44	0.0035
34	0.0012	45	0.0023
35	0.0007	46	0.0015
36	0.0004	47	0.0010
37	0.0002	48	0.0006
38	0.0001		
39	0.0001		

附表 2　标准正态分布函数表

$$\Phi(u) = \frac{1}{\sqrt{2\pi}} \int_{-\infty}^{u} e^{-\frac{x^2}{2}} \, dx \quad (u \geq 0)$$

u	0.00	0.01	0.02	0.03	0.04	0.05	0.06	0.07	0.08	0.09
0.0	0.50000	0.5040	0.5080	0.5120	0.5160	0.5199	0.5239	0.5279	0.5319	0.5359
0.1	0.5398	0.5438	0.5478	0.5517	0.5557	0.5596	0.5636	0.5675	0.5714	0.5753
0.2	0.5793	0.5832	0.5871	0.5910	0.5948	0.5987	0.6026	0.6064	0.6103	0.6141
0.3	0.6179	0.6217	0.6255	0.6293	0.6331	0.6368	0.6404	0.6443	0.6480	0.6517
0.4	0.6554	0.6591	0.6628	0.6664	0.6700	0.6736	0.6772	0.6808	0.6844	0.6879
0.5	0.6915	0.6950	0.6985	0.7019	0.7054	0.7088	0.7123	0.7157	0.7190	0.7224
0.6	0.7257	0.7291	0.7324	0.7357	0.7389	0.7422	0.7454	0.7486	0.7517	0.7549
0.7	0.7580	0.7611	0.7642	0.7673	0.7703	0.7734	0.7764	0.7794	0.7823	0.7852
0.8	0.7881	0.7910	0.7939	0.7967	0.7995	0.8023	0.8051	0.8078	0.8106	0.8133
0.9	0.8159	0.8186	0.8212	0.8238	0.8264	0.8289	0.8315	0.8340	0.8365	0.8389
1.0	0.8413	0.8438	0.8461	0.8485	0.8508	0.8531	0.8554	0.8577	0.8599	0.8621
1.1	0.8643	0.8665	0.8686	0.8708	0.8727	0.8749	0.8770	0.8790	0.8810	0.8830
1.2	0.8849	0.8869	0.8888	0.8907	0.8925	0.8944	0.8962	0.8980	0.8997	0.90147
1.3	0.90320	0.90490	0.90658	0.90824	0.90988	0.91149	0.91309	0.91466	0.91621	0.91774
1.4	0.91924	0.92073	0.92220	0.92364	0.92507	0.92647	0.92785	0.92922	0.93056	0.93189
1.5	0.93319	0.93448	0.93574	0.93699	0.93822	0.93943	0.94062	0.94179	0.94295	0.94408
1.6	0.94520	0.94630	0.94738	0.94845	0.94950	0.95053	0.95154	0.95254	0.95352	0.95449
1.7	0.95543	0.95637	0.95728	0.95818	0.95907	0.95994	0.96080	0.96164	0.96246	0.96327
1.8	0.96407	0.96485	0.96562	0.96638	0.96721	0.96784	0.96856	0.96926	0.96995	0.97062
1.9	0.97128	0.97193	0.97257	0.97320	0.97381	0.97441	0.97500	0.97558	0.97615	0.97670
2.0	0.97725	0.97778	0.97831	0.97882	0.97932	0.97982	0.98030	0.98077	0.98124	0.98169
2.1	0.98214	0.98257	0.98300	0.98341	0.98382	0.98422	0.98461	0.98500	0.98537	0.98574
2.2	0.98610	0.98645	0.98679	0.98713	0.98745	0.98778	0.98809	0.98840	0.98870	0.98899
2.3	0.98928	0.98956	0.98983	$0.9^2 0097$	$0.9^2 0358$	$0.9^2 0613$	$0.9^2 0863$	$0.9^2 1106$	$0.9^2 1344$	$0.9^2 1576$

u	0.00	0.01	0.02	0.03	0.04	0.05	0.06	0.07	0.08	0.09
2.4	$0.9^{2}1802$	$0.9^{2}2024$	$0.9^{2}2240$	$0.9^{2}2451$	$0.9^{2}2656$	$0.9^{2}2857$	$0.9^{2}3053$	$0.9^{2}3244$	$0.9^{2}3431$	$0.9^{2}3613$
2.5	$0.9^{2}3790$	$0.9^{2}3963$	$0.9^{2}4132$	$0.9^{2}4297$	$0.9^{2}4457$	$0.9^{2}4614$	$0.9^{2}4766$	$0.9^{2}4915$	$0.9^{2}5060$	$0.9^{2}5201$
2.6	$0.9^{2}5339$	$0.9^{2}5473$	$0.9^{2}5604$	$0.9^{2}5731$	$0.9^{2}5855$	$0.9^{2}5975$	$0.9^{2}6093$	$0.9^{2}6207$	$0.9^{2}6319$	$0.9^{2}6427$
2.7	$0.9^{2}6533$	$0.9^{2}6636$	$0.9^{2}6736$	$0.9^{2}6833$	$0.9^{2}6928$	$0.9^{2}7020$	$0.9^{2}7110$	$0.9^{2}7197$	$0.9^{2}7282$	$0.9^{2}7365$
2.8	$0.9^{2}7445$	$0.9^{2}7523$	$0.9^{2}7599$	$0.9^{2}7673$	$0.9^{2}7744$	$0.9^{2}7814$	$0.9^{2}7882$	$0.9^{2}7948$	$0.9^{2}8012$	$0.9^{2}8074$
2.9	$0.9^{2}8134$	$0.9^{2}8193$	$0.9^{2}8250$	$0.9^{2}8305$	$0.9^{2}8359$	$0.9^{2}8411$	$0.9^{2}8462$	$0.9^{2}8511$	$0.9^{2}8559$	$0.9^{2}8605$
3.0	$0.9^{2}8650$	$0.9^{2}8694$	$0.9^{2}8736$	$0.9^{2}8777$	$0.9^{2}8817$	$0.9^{2}8856$	$0.9^{2}8893$	$0.9^{2}8930$	$0.9^{2}8965$	$0.9^{2}8999$
3.1	$0.9^{3}0324$	$0.9^{3}0646$	$0.9^{3}0957$	$0.9^{3}1260$	$0.9^{3}1553$	$0.9^{3}1836$	$0.9^{3}2112$	$0.9^{3}2378$	$0.9^{3}2636$	$0.9^{3}2886$
3.2	$0.9^{3}3129$	$0.9^{3}3363$	$0.9^{3}3590$	$0.9^{3}3810$	$0.9^{3}4024$	$0.9^{3}4230$	$0.9^{3}4429$	$0.9^{3}4623$	$0.9^{3}4810$	$0.9^{3}4991$
3.3	$0.9^{3}5166$	$0.9^{3}5335$	$0.9^{3}5499$	$0.9^{3}5658$	$0.9^{3}5811$	$0.9^{3}5959$	$0.9^{3}6103$	$0.9^{3}6242$	$0.9^{3}6376$	$0.9^{3}6505$
3.4	$0.9^{3}6631$	$0.9^{3}6752$	$0.9^{3}6869$	$0.9^{3}6982$	$0.9^{3}7091$	$0.9^{3}7197$	$0.9^{3}7299$	$0.9^{3}7398$	$0.9^{3}7493$	$0.9^{3}7585$
3.5	$0.9^{3}7674$	$0.9^{3}7759$	$0.9^{3}7842$	$0.9^{3}7922$	$0.9^{3}7999$	$0.9^{3}8074$	$0.9^{3}8146$	$0.9^{3}8215$	$0.9^{3}8282$	$0.9^{3}8347$
3.6	$0.9^{3}8409$	$0.9^{3}8469$	$0.9^{3}8527$	$0.9^{3}8583$	$0.9^{3}8637$	$0.9^{3}8689$	$0.9^{3}8739$	$0.9^{3}8787$	$0.9^{3}8834$	$0.9^{3}8879$
3.7	$0.9^{3}8922$	$0.9^{3}8964$	$0.9^{4}0039$	$0.9^{4}0426$	$0.9^{4}0799$	$0.9^{4}1158$	$0.9^{4}1504$	$0.9^{4}1838$	$0.9^{4}2159$	$0.9^{4}2468$
3.8	$0.9^{4}2765$	$0.9^{4}3052$	$0.9^{4}3327$	$0.9^{4}3593$	$0.9^{4}3848$	$0.9^{4}4094$	$0.9^{4}4331$	$0.9^{4}4558$	$0.9^{4}4777$	$0.9^{4}4988$
3.9	$0.9^{4}5190$	$0.9^{4}5385$	$0.9^{4}5573$	$0.9^{4}5753$	$0.9^{4}5926$	$0.9^{4}6092$	$0.9^{4}6253$	$0.9^{4}6406$	$0.9^{4}6554$	$0.9^{4}6696$
4.0	$0.9^{4}6833$	$0.9^{4}6964$	$0.9^{4}7090$	$0.9^{4}7211$	$0.9^{4}7327$	$0.9^{4}7439$	$0.9^{4}7546$	$0.9^{4}7649$	$0.9^{4}7748$	$0.9^{4}7843$
4.1	$0.9^{4}7934$	$0.9^{4}8022$	$0.9^{4}8106$	$0.9^{4}8186$	$0.9^{4}8263$	$0.9^{4}8338$	$0.9^{4}8409$	$0.9^{4}8477$	$0.9^{4}8542$	$0.9^{4}8605$
4.2	$0.9^{4}8665$	$0.9^{4}8723$	$0.9^{4}8778$	$0.9^{4}8832$	$0.9^{4}8882$	$0.9^{4}8931$	$0.9^{4}8978$	$0.9^{5}0226$	$0.9^{5}0655$	$0.9^{5}1066$
4.3	$0.9^{5}1460$	$0.9^{5}1837$	$0.9^{5}2199$	$0.9^{5}2545$	$0.9^{5}2876$	$0.9^{5}3193$	$0.9^{5}3497$	$0.9^{5}3788$	$0.9^{5}4066$	$0.9^{5}4332$
4.4	$0.9^{5}4587$	$0.9^{5}4831$	$0.9^{5}5065$	$0.9^{5}5288$	$0.9^{5}5502$	$0.9^{5}5706$	$0.9^{5}5902$	$0.9^{5}6089$	$0.9^{5}6268$	$0.9^{5}6439$
4.5	$0.9^{5}6602$	$0.9^{5}6759$	$0.9^{5}6908$	$0.9^{5}7051$	$0.9^{5}7187$	$0.9^{5}7313$	$0.9^{5}7442$	$0.9^{5}7561$	$0.9^{5}7675$	$0.9^{5}7784$
4.6	$0.9^{5}7888$	$0.9^{5}7987$	$0.9^{5}8081$	$0.9^{5}8172$	$0.9^{5}8258$	$0.9^{5}8340$	$0.9^{5}8419$	$0.9^{5}8494$	$0.9^{5}8566$	$0.9^{5}8634$
4.7	$0.9^{5}8699$	$0.9^{5}8761$	$0.9^{5}8821$	$0.9^{5}8877$	$0.9^{5}8931$	$0.9^{5}8983$	$0.9^{6}0320$	$0.9^{6}0789$	$0.9^{6}1235$	$0.9^{6}1661$
4.8	$0.9^{6}2067$	$0.9^{6}2453$	$0.9^{6}2822$	$0.9^{6}3173$	$0.9^{6}3508$	$0.9^{6}3827$	$0.9^{6}4131$	$0.9^{6}4420$	$0.9^{6}4694$	$0.9^{6}4958$
4.9	$0.9^{6}5208$	$0.9^{6}5446$	$0.9^{6}5673$	$0.9^{6}5889$	$0.9^{6}6094$	$0.9^{6}6289$	$0.9^{6}6475$	$0.9^{6}6652$	$0.9^{6}6821$	$0.9^{6}6981$

附表 3　χ² 分布的上侧临界值表

$$P(\chi^2(n) > \chi^2_\alpha(n)) = \alpha \quad (n\ \text{为自由度})$$

n	0.995	0.99	0.975	0.95	0.90	0.10	0.05	0.025	0.01	0.005
1	—	—	0.001	0.004	0.016	2.706	3.841	5.024	6.635	7.879
2	0.010	0.020	0.051	0.103	0.211	4.605	5.991	7.378	9.210	10.597
3	0.072	0.115	0.216	0.352	0.584	6.251	7.815	9.348	11.345	12.838
4	0.207	0.297	0.484	0.711	1.064	7.779	9.488	11.143	13.277	14.860
5	0.412	0.554	0.831	1.145	1.610	9.236	11.071	12.833	15.086	16.750
6	0.676	0.872	1.237	1.635	2.204	10.645	12.592	14.449	16.812	18.548
7	0.989	1.239	1.690	2.167	2.833	12.017	14.067	16.013	18.475	20.278
8	1.344	1.646	2.180	2.733	3.490	13.362	15.507	17.535	20.090	21.955
9	1.735	2.088	2.700	3.325	4.168	14.684	16.919	19.023	21.666	23.589
10	2.156	2.558	3.247	3.940	4.856	15.987	18.307	20.483	23.209	25.188
11	2.603	3.053	3.816	4.575	5.578	17.275	19.675	21.920	24.725	26.757
12	3.074	3.571	4.404	5.226	6.304	18.549	21.026	23.337	26.217	28.299
13	3.565	4.107	5.009	5.892	7.042	19.812	22.362	24.736	27.688	29.819
14	4.075	4.660	5.629	6.571	7.790	21.064	23.685	26.119	29.141	31.319
15	4.601	5.229	6.262	7.261	8.547	22.307	24.996	27.488	30.578	32.801
16	5.142	5.812	6.908	7.962	9.312	23.542	26.296	28.845	32.000	34.267
17	5.697	6.408	7.564	8.672	10.085	24.769	27.587	30.191	33.409	35.718
18	6.265	7.015	8.231	9.390	10.865	25.989	28.869	31.526	34.805	37.156
19	6.844	7.633	8.907	10.117	11.651	27.204	30.144	32.852	36.191	38.582
20	7.434	8.260	9.591	10.851	12.443	28.412	31.410	34.170	37.566	39.997
21	8.034	8.897	10.283	11.591	13.240	29.615	32.671	35.497	38.932	41.401
22	8.643	9.542	10.982	12.338	14.042	30.813	33.924	36.781	40.289	42.796

n \ α	0.995	0.99	0.975	0.95	0.90	0.10	0.05	0.025	0.01	0.005
23	9.260	10.196	11.689	13.091	14.848	32.007	35.172	38.076	41.638	44.181
24	9.886	10.856	12.401	13.848	15.659	33.196	36.415	39.364	42.980	45.559
25	10.520	11.524	13.120	14.611	16.473	34.382	37.652	40.646	44.314	46.928
26	11.160	12.198	13.844	15.379	17.292	35.563	38.885	41.923	45.642	48.290
27	11.808	12.879	14.573	16.151	18.114	36.741	40.113	43.194	46.963	49.645
28	12.461	13.565	15.308	16.928	18.939	37.916	41.337	44.461	48.278	50.993
29	13.121	14.257	16.047	17.708	19.768	39.087	42.557	45.722	49.588	52.336
30	13.787	14.954	16.791	18.493	20.599	40.256	43.773	46.979	50.892	53.672
31	14.458	15.655	17.539	19.281	21.434	41.422	44.985	48.232	52.191	55.003
32	15.134	16.362	18.291	20.072	22.271	42.585	46.194	49.480	53.486	56.328
33	15.815	17.047	19.047	20.867	23.110	43.745	47.400	50.725	54.776	57.648
34	16.506	17.789	19.806	21.664	23.952	44.903	48.602	51.966	56.061	58.964
35	17.192	18.509	20.569	22.465	24.797	46.059	49.802	53.203	57.342	60.275
36	17.887	19.233	21.336	23.269	25.643	47.212	50.998	54.437	58.619	61.581
37	18.586	19.960	22.106	24.075	26.492	48.363	52.192	55.668	59.892	62.883
38	19.289	20.691	22.878	24.884	27.343	49.513	53.384	56.896	61.162	64.181
39	19.996	21.426	23.654	25.695	28.196	50.660	54.572	58.120	62.428	65.476
40	20.707	22.164	24.433	26.509	29.051	51.805	55.758	59.342	63.691	66.766
41	21.421	22.906	25.212	27.326	29.907	52.949	56.942	60.561	64.950	68.053
42	22.138	23.650	25.999	28.144	30.765	54.090	58.124	61.777	66.206	69.336
43	22.859	24.398	26.785	28.965	31.625	55.230	59.304	62.990	67.459	70.616
44	23.584	25.148	27.575	29.787	32.487	56.369	60.481	64.201	68.710	71.893
45	24.311	25.901	28.366	30.612	33.350	57.505	61.656	65.410	69.957	73.166

附表 4　t 分布双侧临界值表

$$P(|t| > t_\alpha) = \alpha$$

n＼α	0.9	0.8	0.7	0.6	0.5	0.4	0.3	0.2	0.1	0.05	0.02	0.01	0.001
1	0.159	0.325	0.510	0.727	1.000	1.376	1.963	3.807	6.314	12.706	31.821	63.65	636.62
2	0.142	0.289	0.445	0.617	0.816	1.061	1.386	1.886	2.920	4.303	6.965	9.925	31.598
3	0.137	0.277	0.424	0.584	0.765	0.978	1.250	1.638	2.353	3.182	4.540	5.841	12.924
4	0.134	0.271	0.414	0.569	0.741	0.941	1.190	1.533	2.132	2.776	3.747	4.604	8.610
5	0.132	0.267	0.408	0.559	0.727	0.920	1.156	1.476	2.015	2.571	3.365	4.032	6.895
6	0.131	0.265	0.404	0.553	0.718	0.906	1.134	1.440	1.943	2.447	3.143	3.707	5.959
7	0.130	0.263	0.402	0.549	0.711	0.896	1.119	1.415	1.895	2.365	2.998	3.499	5.405
8	0.130	0.262	0.399	0.546	0.706	0.889	1.108	1.397	1.860	2.306	2.896	3.355	5.041
9	0.129	0.261	0.398	0.543	0.703	0.883	1.100	1.383	1.833	2.262	2.821	3.250	4.781
10	0.129	0.260	0.397	0.542	0.700	0.879	1.093	1.372	1.812	2.228	2.764	3.169	4.587
11	0.129	0.260	0.396	0.540	0.697	0.876	1.088	1.363	1.796	2.201	2.718	3.106	4.437
12	0.128	0.259	0.395	0.539	0.695	0.873	1.083	1.356	1.782	2.179	2.681	3.055	4.318
13	0.128	0.259	0.394	0.538	0.694	0.870	1.079	1.350	1.771	2.160	2.650	3.012	4.221
14	0.128	0.258	0.393	0.537	0.692	0.868	1.076	1.345	1.761	2.145	2.624	2.977	4.140
15	0.128	0.258	0.392	0.536	0.691	0.866	1.074	1.341	1.753	2.131	2.602	2.947	4.073
16	0.128	0.258	0.392	0.535	0.690	0.865	1.071	1.337	1.746	2.120	2.583	2.921	4.015
17	0.128	0.257	0.392	0.534	0.689	0.863	1.069	1.333	1.740	2.110	2.567	2.898	3.965
18	0.127	0.257	0.391	0.534	0.688	0.862	1.067	1.330	1.734	2.101	2.552	2.878	3.922
19	0.127	0.257	0.391	0.533	0.688	0.861	1.066	1.328	1.729	2.093	2.539	2.861	3.883
20	0.127	0.257	0.391	0.533	0.687	0.860	1.064	1.325	1.725	2.086	2.528	2.845	3.850
21	0.127	0.257	0.391	0.532	0.686	0.859	1.063	1.323	1.721	2.080	2.518	2.831	3.819
22	0.127	0.256	0.390	0.532	0.686	0.858	1.061	1.321	1.717	2.074	2.508	2.819	3.792

续表

n \ α	0.9	0.8	0.7	0.6	0.5	0.4	0.3	0.2	0.1	0.05	0.02	0.01	0.001
23	0.127	0.256	0.390	0.532	0.685	0.858	1.060	1.319	1.714	2.069	2.500	2.807	3.767
24	0.127	0.256	0.390	0.531	0.685	0.857	1.059	1.318	1.711	2.064	2.492	2.797	3.745
25	0.127	0.256	0.390	0.531	0.684	0.856	1.058	1.316	1.708	2.060	2.485	2.787	3.725
26	0.127	0.256	0.390	0.531	0.684	0.856	1.058	1.315	1.706	2.056	2.479	2.779	3.707
27	0.127	0.256	0.389	0.531	0.684	0.855	1.057	1.314	1.703	2.052	2.473	2.771	3.690
28	0.127	0.256	0.389	0.530	0.683	0.855	1.056	1.313	1.701	2.048	2.467	2.763	3.674
29	0.127	0.256	0.389	0.530	0.683	0.854	1.055	1.311	1.699	2.045	2.462	2.756	3.659
30	0.127	0.256	0.389	0.530	0.683	0.854	1.055	1.310	1.697	2.042	2.457	2.750	3.646
40	0.126	0.255	0.388	0.529	0.681	0.851	1.050	1.303	1.684	2.021	2.432	2.704	3.551
60	0.126	0.254	0.387	0.527	0.679	0.848	1.046	1.296	1.671	2.000	2.390	2.660	3.460
120	0.126	0.254	0.386	0.526	0.677	0.845	1.041	1.289	1.658	1.980	2.358	2.617	3.373
∞	0.126	0.253	0.385	0.526	0.674	0.842	1.036	1.282	1.645	1.960	2.326	2.576	3.291

附表 5 F 分布的上侧临界值表

$$P\{F(n_1, n_2) > F_\alpha(n_1, n_2)\} = \alpha$$

$\alpha = 0.05$

n_2 \ n_1	1	2	3	4	5	6	7	8	9	10	12	15	20	24	30	40	60	120	∞
1	161.4	199.5	215.7	224.6	230.2	234.0	236.8	238.9	240.5	241.9	243.9	245.9	248.0	249.1	250.1	251.1	252.2	253.3	254.3
2	18.51	19.00	19.16	19.25	19.30	19.33	19.35	19.37	19.38	19.40	19.41	19.43	19.45	19.45	19.46	19.47	19.48	19.49	19.50
3	10.13	9.55	9.28	9.12	9.01	8.94	8.89	8.85	8.81	8.79	8.74	8.70	8.66	8.64	8.62	8.59	8.57	8.55	8.53
4	7.71	6.94	6.59	6.39	6.26	6.16	6.09	6.04	6.00	5.96	5.91	5.86	5.80	5.77	5.75	5.72	5.69	5.66	5.63
5	6.61	5.79	5.41	5.19	5.05	4.95	4.88	4.82	4.77	4.74	4.68	4.62	4.56	4.53	4.50	4.46	4.43	4.40	4.36
6	5.99	5.14	4.76	4.53	4.39	4.28	4.21	4.15	4.10	4.06	4.00	3.94	3.87	3.84	3.81	3.77	3.74	3.70	3.67
7	5.59	4.74	4.35	4.12	3.97	3.87	3.79	3.73	3.68	3.64	3.57	3.51	3.44	3.41	3.38	3.34	3.30	3.27	3.23
8	5.32	4.46	4.07	3.84	3.69	3.58	3.50	3.44	3.39	3.35	3.28	3.22	3.15	3.12	3.08	3.04	3.01	2.97	2.93
9	5.12	4.26	3.86	3.63	3.48	3.37	3.29	3.23	3.18	3.14	3.07	3.01	2.94	2.90	2.86	2.83	2.79	2.75	2.71
10	4.96	4.10	3.71	3.48	3.33	3.22	3.14	3.07	3.02	2.98	2.91	2.85	2.77	2.74	2.70	2.66	2.62	2.58	2.54
11	4.84	3.98	3.59	3.36	3.20	3.09	3.01	2.95	2.90	2.85	2.79	2.72	2.65	2.61	2.57	2.53	2.49	2.45	2.40
12	4.75	3.89	3.49	3.26	3.11	3.00	2.91	2.85	2.80	2.75	2.69	2.62	2.54	2.51	2.47	2.43	2.38	2.34	2.30
13	4.67	3.81	3.41	3.18	3.03	2.92	2.83	2.77	2.71	2.67	2.60	2.53	2.46	2.42	2.38	2.34	2.30	2.25	2.21
14	4.60	3.74	3.34	3.11	2.96	2.85	2.76	2.70	2.65	2.60	2.53	2.46	2.39	2.35	2.31	2.27	2.22	2.18	2.13
15	4.54	3.68	3.29	3.06	2.90	2.79	2.71	2.64	2.59	2.54	2.48	2.40	2.33	2.29	2.25	2.20	2.16	2.11	2.07
16	4.49	3.63	3.24	3.01	2.85	2.74	2.66	2.59	2.54	2.49	2.42	2.35	2.28	2.24	2.19	2.15	2.11	2.06	2.01
17	4.45	3.59	3.20	2.96	2.81	2.70	2.61	2.55	2.49	2.45	2.38	2.31	2.23	2.19	2.15	2.10	2.06	2.01	1.96
18	4.41	3.55	3.16	2.93	2.77	2.66	2.58	2.51	2.46	2.41	2.34	2.27	2.19	2.15	2.11	2.06	2.02	1.97	1.92
19	4.38	3.52	3.13	2.90	2.74	2.63	2.54	2.48	2.42	2.38	2.31	2.23	2.16	2.11	2.07	2.03	1.98	1.93	1.88
20	4.35	3.49	3.10	2.87	2.71	2.60	2.51	2.45	2.39	2.35	2.28	2.20	2.12	2.08	2.04	1.99	1.95	1.90	1.84
21	4.32	3.47	3.07	2.84	2.68	2.57	2.49	2.42	2.37	2.32	2.25	2.18	2.10	2.05	2.01	1.96	1.92	1.87	1.81

$\alpha = 0.025$

$n_2 \backslash n_1$	1	2	3	4	5	6	7	8	9	10	12	15	20	24	30	40	60	120	∞
1	647.8	799.5	864.2	899.6	921.8	937.1	948.2	956.7	963.3	968.6	976.7	984.9	993.1	997.2	1001	1006	1010	1014	1018
2	38.51	39.00	39.17	39.25	39.30	39.33	39.36	39.37	39.39	39.40	39.41	39.43	39.45	39.46	39.46	39.47	39.48	39.49	39.50
3	17.44	16.04	15.44	15.10	14.88	14.73	14.62	14.54	14.47	14.42	14.34	14.25	14.17	14.12	14.08	14.04	13.99	13.95	13.90
4	12.22	10.65	9.98	9.60	9.36	9.20	9.07	8.98	8.90	8.84	8.75	8.66	8.56	8.51	8.46	8.41	8.36	8.31	8.26
5	10.01	8.43	7.76	7.39	7.15	6.98	6.85	6.76	6.68	6.62	6.52	6.43	6.33	6.28	6.23	6.18	6.12	6.07	6.02
6	8.81	7.26	6.60	6.23	5.99	5.82	5.70	5.60	5.52	5.46	5.37	5.27	5.17	5.12	5.07	5.01	4.96	4.90	4.85
7	8.07	6.54	5.89	5.52	5.29	5.12	4.99	4.90	4.82	4.76	4.67	4.57	4.47	4.42	4.36	4.31	4.25	4.20	4.14
8	7.57	6.06	5.42	5.05	4.82	4.65	4.53	4.43	4.36	4.30	4.20	4.10	4.00	3.95	3.89	3.84	3.78	3.73	3.67
9	7.21	5.71	5.08	4.72	4.48	4.32	4.20	4.10	4.03	3.96	3.87	3.77	3.67	3.61	3.56	3.51	3.45	3.39	3.33
10	6.94	5.46	4.83	4.47	4.24	4.07	3.95	3.85	3.78	3.72	3.62	3.52	3.42	3.37	3.31	3.26	3.20	3.14	3.08
11	6.72	5.26	4.63	4.28	4.04	3.88	3.76	3.66	3.59	3.53	3.43	3.33	3.23	3.17	3.12	3.06	3.00	2.94	2.88
12	6.55	5.10	4.47	4.12	3.89	3.73	3.61	3.51	3.44	3.37	3.28	3.18	3.07	3.02	2.96	2.91	2.85	2.79	2.72
13	6.41	4.97	4.35	4.00	3.77	3.60	3.48	3.39	3.31	3.25	3.15	3.05	2.95	2.89	2.84	2.78	2.72	2.66	2.60
22	4.30	3.44	3.05	2.82	2.66	2.55	2.46	2.40	2.34	2.30	2.23	2.15	2.07	2.03	1.98	1.94	1.89	1.84	1.78
23	4.28	3.42	3.03	2.80	2.64	2.53	2.44	2.37	2.32	2.27	2.20	2.13	2.05	2.01	1.96	1.91	1.86	1.81	1.76
24	4.26	3.40	3.01	2.78	2.62	2.51	2.42	2.36	2.30	2.25	2.18	2.11	2.03	1.98	1.94	1.89	1.84	1.79	1.73
25	4.24	3.39	2.99	2.76	2.60	2.49	2.40	2.34	2.28	2.24	2.16	2.09	2.01	1.96	1.92	1.87	1.82	1.77	1.71
26	4.23	3.37	2.98	2.74	2.59	2.47	2.39	2.32	2.27	2.22	2.15	2.07	1.99	1.95	1.90	1.85	1.80	1.75	1.69
27	4.21	3.35	2.96	2.73	2.57	2.46	2.37	2.31	2.25	2.20	2.13	2.06	1.97	1.93	1.88	1.84	1.79	1.73	1.67
28	4.20	3.34	2.95	2.71	2.56	2.45	2.36	2.29	2.24	2.19	2.12	2.04	1.96	1.91	1.87	1.82	1.77	1.71	1.65
29	4.18	3.33	2.93	2.70	2.55	2.43	2.35	2.28	2.22	2.18	2.10	2.03	1.94	1.90	1.85	1.81	1.75	1.70	1.64
30	4.17	3.32	2.92	2.69	2.53	2.42	2.33	2.27	2.21	2.16	2.09	2.01	1.93	1.89	1.84	1.79	1.74	1.68	1.62
40	4.08	3.23	2.84	2.61	2.45	2.34	2.25	2.18	2.12	2.08	2.00	1.92	1.84	1.79	1.74	1.69	1.64	1.58	1.51
60	4.00	3.15	2.76	2.53	2.37	2.25	2.17	2.10	2.04	1.99	1.92	1.84	1.75	1.70	1.65	1.59	1.53	1.47	1.39
120	3.92	3.07	2.68	2.45	2.29	2.17	2.09	2.02	1.96	1.91	1.83	1.75	1.66	1.61	1.55	1.50	1.43	1.35	1.25
∞	3.84	3.00	2.60	2.37	2.21	2.10	2.01	1.94	1.88	1.83	1.75	1.67	1.57	1.52	1.46	1.39	1.32	1.22	1.00

α=0.01

n_2 \ n_1	1	2	3	4	5	6	7	8	9	10	12	15	20	24	30	40	60	120	∞
14	6.30	4.86	4.24	3.89	3.66	3.50	3.38	3.29	3.21	3.15	3.05	2.95	2.84	2.79	2.73	2.67	2.61	2.55	2.49
15	6.20	4.77	4.15	3.80	3.58	3.41	3.29	3.20	3.12	3.06	2.96	2.86	2.76	2.70	2.64	2.59	2.52	2.46	2.40
16	6.12	4.69	4.08	3.73	3.50	3.34	3.22	3.12	3.05	2.99	2.89	2.79	2.68	2.63	2.57	2.51	2.45	2.40	2.32
17	6.09	4.62	4.01	3.66	3.44	3.28	3.16	3.06	2.98	2.92	2.82	2.72	2.62	2.56	2.50	2.44	2.38	2.32	2.25
18	5.98	4.56	3.95	3.61	3.38	3.22	3.10	3.01	2.93	2.87	2.77	2.67	2.56	2.50	2.44	2.38	2.32	2.26	2.19
19	5.92	4.51	3.90	3.56	3.33	3.17	3.05	2.96	2.88	2.82	2.72	2.62	2.51	2.45	2.39	2.33	2.27	2.20	2.13
20	5.87	4.46	3.86	3.51	3.29	3.13	3.01	2.91	2.84	2.77	2.68	2.57	2.46	2.41	2.35	2.29	2.22	2.16	2.09
21	5.83	4.42	3.82	3.48	3.25	3.09	2.97	2.87	2.80	2.73	2.64	2.53	2.42	2.37	2.31	2.25	2.18	2.11	2.04
22	5.79	4.38	3.78	3.44	3.22	3.05	2.93	2.84	2.76	2.70	2.60	2.50	2.39	2.33	2.27	2.21	2.14	2.08	2.00
23	5.75	4.35	3.75	3.41	3.18	3.02	2.90	2.81	2.73	2.67	2.57	2.47	2.36	2.30	2.24	2.18	2.11	2.04	1.97
24	5.72	4.32	3.72	3.38	3.15	2.99	2.87	2.78	2.70	2.64	2.54	2.44	2.33	2.27	2.21	2.15	2.08	2.01	1.94
25	5.69	4.29	3.69	3.35	3.13	2.97	2.85	2.75	2.68	2.61	2.51	2.41	2.30	2.24	2.18	2.12	2.05	1.98	1.91
26	5.66	4.27	3.67	3.33	3.10	2.94	2.82	2.73	2.65	2.59	2.49	2.39	2.28	2.22	2.16	2.09	2.03	1.95	1.88
27	5.63	4.24	3.65	3.31	3.08	2.92	2.80	2.71	2.63	2.57	2.47	2.36	2.25	2.19	2.13	2.07	2.00	1.93	1.85
28	5.61	4.22	3.63	3.29	3.06	2.90	2.78	2.69	2.61	2.55	2.45	2.34	2.23	2.17	2.11	2.05	1.98	1.91	1.83
29	5.59	4.20	3.61	3.27	3.04	2.88	2.76	2.67	2.59	2.53	2.43	2.32	2.21	2.15	2.09	2.03	1.96	1.89	1.81
30	5.57	4.18	3.59	3.25	3.03	2.87	2.75	2.65	2.57	2.51	2.41	2.31	2.20	2.14	2.07	2.01	1.94	1.87	1.79
40	5.42	4.05	3.46	3.13	2.90	2.74	2.62	2.53	2.45	2.39	2.29	2.18	2.07	2.01	1.94	1.88	1.80	1.72	1.64
60	5.29	3.93	3.34	3.01	2.79	2.63	2.51	2.41	2.33	2.27	2.17	2.06	1.94	1.88	1.82	1.74	1.67	1.58	1.48
120	5.15	3.80	3.23	2.89	2.67	2.52	2.39	2.30	2.22	2.16	2.05	1.94	1.82	1.76	1.69	1.61	1.53	1.43	1.31
∞	5.02	3.69	3.12	2.79	2.57	2.41	2.29	2.19	2.11	2.05	1.94	1.83	1.71	1.64	1.57	1.48	1.39	1.27	1.00

n_2 \ n_1	1	2	3	4	5	6	7	8	9	10	12	15	20	24	30	40	60	120	∞
1	4052	4999.5	5403	5625	5764	5859	5928	5982	6022	6056	6106	6157	6209	6235	6261	6287	6313	6339	6366
2	98.50	99.00	99.17	99.25	99.30	99.33	99.36	99.37	99.39	99.40	99.42	99.43	99.45	99.46	99.47	99.47	99.48	99.49	99.50
3	34.12	30.82	29.46	28.71	28.24	27.91	27.67	27.49	27.35	27.23	27.05	26.87	26.69	26.60	26.50	26.41	26.32	26.22	26.13

n_2 \ n_1	1	2	3	4	5	6	7	8	9	10	12	15	20	24	30	40	60	120	∞
4	21.20	18.00	16.69	15.98	15.52	15.21	14.98	14.80	14.66	14.55	14.37	14.20	14.02	13.93	13.84	13.75	13.65	13.56	13.46
5	16.26	13.27	12.06	11.39	10.97	10.67	10.46	10.29	10.16	10.05	9.89	9.72	9.55	9.47	9.38	9.29	9.20	9.11	9.02
6	13.75	10.92	9.78	9.15	8.75	8.47	8.26	8.10	7.98	7.87	7.72	7.56	7.40	7.31	7.23	7.14	7.06	6.97	6.88
7	12.25	9.55	8.45	7.85	7.46	7.19	6.99	6.84	6.72	6.62	6.47	6.31	6.16	6.07	5.99	5.91	5.82	5.74	5.65
8	11.26	8.65	7.59	7.01	6.63	6.37	6.18	6.03	5.91	5.81	5.67	5.52	5.36	5.28	5.20	5.12	5.03	4.95	4.86
9	10.56	8.02	6.99	6.42	6.06	5.80	5.61	5.47	5.35	5.26	5.11	4.96	4.81	4.73	4.65	4.57	4.48	4.40	4.31
10	10.04	7.56	6.55	5.99	5.64	5.39	5.20	5.06	4.94	4.85	4.71	4.56	4.41	4.33	4.25	4.17	4.08	4.00	3.91
11	9.65	7.21	6.22	5.67	5.32	5.07	4.89	4.74	4.63	4.54	4.40	4.25	4.10	4.02	3.94	3.86	3.78	3.69	3.60
12	9.33	6.93	5.95	5.41	5.06	4.82	4.64	4.50	4.39	4.30	4.16	4.01	3.86	3.78	3.70	3.62	3.54	3.45	3.36
13	9.07	6.70	5.74	5.21	4.86	4.62	4.44	4.30	4.19	4.10	3.96	3.82	3.66	3.59	3.51	3.43	3.34	3.25	3.17
14	8.86	6.51	5.56	5.04	4.69	4.46	4.28	4.14	4.03	3.94	3.80	3.66	3.51	3.43	3.35	3.27	3.18	3.09	3.00
15	8.68	6.36	5.42	4.89	4.56	4.32	4.14	4.00	3.89	3.80	3.67	3.52	3.37	3.29	3.21	3.13	3.05	2.96	2.87
16	8.53	6.23	5.29	4.77	4.44	4.20	4.03	3.89	3.78	3.69	3.55	3.41	3.26	3.18	3.10	3.02	2.93	2.84	2.75
17	8.40	6.11	5.18	4.67	4.34	4.10	3.93	3.79	3.68	3.59	3.46	3.31	3.16	3.08	3.00	2.92	2.83	2.75	2.65
18	8.29	6.01	5.09	4.58	4.25	4.01	3.84	3.71	3.60	3.51	3.37	3.23	3.08	3.00	2.92	2.84	2.75	2.66	2.57
19	8.18	5.93	5.01	4.50	4.17	3.94	3.77	3.63	3.52	3.43	3.30	3.15	3.00	2.92	2.84	2.76	2.67	2.58	2.49
20	8.10	5.85	4.94	4.43	4.10	3.87	3.70	3.56	3.46	3.37	3.23	3.09	2.94	2.86	2.78	2.69	2.61	2.52	2.42
21	8.02	5.78	4.87	4.37	4.04	3.81	3.64	3.51	3.40	3.31	3.17	3.03	2.88	2.80	2.72	2.64	2.55	2.46	2.36
22	7.95	5.72	4.82	4.31	3.99	3.76	3.59	3.45	3.35	3.26	3.12	2.98	2.83	2.75	2.67	2.58	2.50	2.40	2.31
23	7.88	5.66	4.76	4.26	3.94	3.71	3.54	3.41	3.30	3.21	3.07	2.93	2.78	2.70	2.62	2.54	2.45	2.35	2.26
24	7.82	5.61	4.72	4.22	3.90	3.67	3.50	3.36	3.26	3.17	3.03	2.89	2.74	2.66	2.58	2.49	2.40	2.31	2.21
25	7.77	5.57	4.68	4.18	3.85	3.63	3.46	3.32	3.22	3.13	2.99	2.85	2.70	2.62	2.54	2.45	2.36	2.27	2.17
26	7.72	5.53	4.64	4.14	3.82	3.59	3.42	3.29	3.18	3.09	2.96	2.81	2.66	2.58	2.50	2.42	2.33	2.23	2.13
27	7.68	5.49	4.60	4.11	3.78	3.56	3.39	3.26	3.15	3.06	2.93	2.78	2.63	2.55	2.47	2.38	2.29	2.20	2.10
28	7.64	5.45	4.57	4.07	3.75	3.53	3.36	3.23	3.12	3.03	2.90	2.75	2.60	2.52	2.44	2.35	2.26	2.17	2.06
29	7.60	5.42	4.54	4.04	3.73	3.50	3.33	3.20	3.09	3.00	2.87	2.73	2.57	2.49	2.41	2.33	2.23	2.14	2.03
30	7.56	5.39	4.51	4.02	3.70	3.47	3.30	3.17	3.07	2.98	2.84	2.70	2.55	2.47	2.39	2.30	2.21	2.11	2.01
40	7.31	5.18	4.31	3.83	3.51	3.29	3.12	2.99	2.89	2.80	2.66	2.52	2.37	2.29	2.20	2.11	2.02	1.92	1.80

α＝0.005

n_1 \ n_2	1	2	3	4	5	6	7	8	9	10	12	15	20	24	30	40	60	120	∞
∞	6.63	4.61	3.78	3.32	3.02	2.80	2.64	2.51	2.41	2.32	2.18	2.04	1.88	1.79	1.70	1.59	1.47	1.32	1.00
120	6.85	4.79	3.95	3.48	3.17	2.96	2.79	2.66	2.56	2.47	2.34	2.19	2.03	1.95	1.86	1.76	1.66	1.53	1.38
60	7.08	4.98	4.13	3.65	3.34	3.12	2.95	2.82	2.72	2.63	2.50	2.35	2.20	2.12	2.03	1.94	1.84	1.73	1.60
1	16211	20000	21615	22500	23056	23437	23715	23925	24091	24224	24426	24630	24836	24940	25044	25148	25253	25359	25465
2	198.5	199.0	199.2	199.2	199.3	199.3	199.4	199.4	199.4	199.4	199.4	199.4	199.4	199.5	199.5	199.5	199.5	199.5	199.5
3	55.55	49.80	47.47	46.19	45.39	44.84	44.43	44.13	43.88	43.69	43.39	43.08	42.78	42.62	42.47	42.31	42.15	41.99	41.83
4	31.33	26.28	24.26	23.15	22.46	21.97	21.62	21.35	21.14	20.97	20.70	20.44	20.17	20.03	19.89	19.75	19.61	19.47	19.32
5	22.78	18.31	16.53	15.56	14.94	14.51	14.20	13.96	13.77	13.62	13.38	13.15	12.90	12.78	12.66	12.53	12.40	12.27	12.14
6	18.63	14.54	12.92	12.03	11.46	11.07	10.79	10.57	10.39	10.25	10.03	9.81	9.59	9.47	9.36	9.24	9.12	9.00	8.88
7	16.24	12.40	10.88	10.05	9.52	9.16	8.89	8.68	8.51	8.38	8.18	7.97	7.75	7.65	7.53	7.42	7.31	7.19	7.08
8	14.69	11.04	9.60	8.81	8.30	7.95	7.69	7.50	7.34	7.21	7.01	6.81	6.61	6.50	6.40	6.29	6.18	6.06	5.95
9	13.61	10.11	8.72	7.96	7.47	7.13	6.88	6.69	6.54	6.42	6.23	6.03	5.83	5.73	5.62	5.52	5.41	5.30	5.19
10	12.83	9.43	8.08	7.34	6.87	6.54	6.30	6.12	5.97	5.85	5.66	5.47	5.27	5.17	5.07	4.97	4.86	4.75	4.64
11	12.23	8.91	7.60	6.88	6.42	6.10	5.86	5.68	5.54	5.42	5.24	5.05	4.86	4.76	4.65	4.55	4.44	4.34	4.23
12	11.75	8.51	7.23	6.52	6.07	5.76	5.52	5.35	5.20	5.09	4.91	4.72	4.53	4.43	4.33	4.23	4.12	4.01	3.90
13	11.37	8.19	6.93	6.23	5.79	5.48	5.25	5.08	4.94	4.82	4.64	4.46	4.27	4.17	4.07	3.97	3.87	3.76	3.65
14	11.06	7.92	6.68	6.00	5.56	5.26	5.03	4.86	4.72	4.60	4.43	4.25	4.06	3.96	3.86	3.76	3.66	3.55	3.44
15	10.80	7.70	6.48	5.80	5.37	5.07	4.85	4.67	4.54	4.42	4.25	4.07	3.88	3.79	3.69	3.58	3.48	3.37	3.26
16	10.58	7.51	6.30	5.64	5.21	4.91	4.69	4.52	4.38	4.27	4.10	3.92	3.73	3.64	3.54	3.44	3.33	3.22	3.11
17	10.38	7.35	6.16	5.50	5.07	4.78	4.56	4.39	4.25	4.14	3.97	3.79	3.61	3.51	3.41	3.31	3.21	3.10	2.98
18	10.22	7.21	6.03	5.37	4.96	4.66	4.44	4.28	4.14	4.03	3.86	3.68	3.50	3.40	3.30	3.20	3.10	2.99	2.87
19	10.07	7.09	5.92	5.27	4.85	4.56	4.34	4.18	4.04	3.93	3.76	3.59	3.40	3.31	3.21	3.11	3.00	2.89	2.78
20	9.94	6.99	5.82	5.17	4.76	4.47	4.26	4.09	3.96	3.85	3.68	3.50	3.32	3.22	3.12	3.02	2.92	2.81	2.69
21	9.83	6.89	5.73	5.09	4.68	4.39	4.18	4.01	3.88	3.77	3.60	3.43	3.24	3.15	3.05	2.95	2.84	2.73	2.61
22	9.73	6.81	5.65	5.02	4.61	4.32	4.11	3.94	3.81	3.70	3.54	3.36	3.18	3.08	2.98	2.88	2.77	2.66	2.55
23	9.63	6.73	5.58	4.95	4.54	4.26	4.05	3.88	3.75	3.64	3.47	3.30	3.12	3.02	2.92	2.82	2.71	2.60	2.48

n_2\\n_1	1	2	3	4	5	6	7	8	9	10	12	15	20	24	30	40	60	120	∞
24	9.55	6.66	5.52	4.89	4.49	4.20	3.99	3.83	3.69	3.59	3.42	3.25	3.06	2.97	2.87	2.77	2.66	2.55	2.43
25	9.48	6.60	5.46	4.84	4.43	4.15	3.94	3.78	3.64	3.54	3.37	3.20	3.01	2.92	2.82	2.72	2.61	2.50	2.38
26	9.41	6.54	5.41	4.79	4.38	4.10	3.89	3.73	3.60	3.49	3.33	3.15	2.97	2.87	2.77	2.67	2.56	2.45	2.33
27	9.34	6.49	5.36	4.74	4.34	4.06	3.85	3.69	3.56	3.45	3.28	3.11	2.93	2.83	2.73	2.63	2.52	2.41	2.29
28	9.28	6.44	5.32	4.70	4.30	4.02	3.81	3.65	3.52	3.41	3.25	3.07	2.89	2.79	2.69	2.59	2.48	2.37	2.25
29	9.23	6.40	5.28	4.66	4.26	3.98	3.77	3.61	3.48	3.38	3.21	3.04	2.86	2.76	2.66	2.56	2.45	2.33	2.21
30	9.18	6.35	5.24	4.62	4.23	3.95	3.74	3.58	3.45	3.34	3.18	3.01	2.82	2.73	2.63	2.52	2.42	2.30	2.18
40	8.83	6.07	4.98	4.37	3.99	3.71	3.51	3.35	3.22	3.12	2.95	2.78	2.60	2.50	2.40	2.30	2.18	2.06	1.93
60	8.49	5.79	4.73	4.14	3.76	3.49	3.29	3.13	3.01	2.90	2.74	2.57	2.39	2.29	2.19	2.08	1.96	1.83	1.69
120	8.18	5.54	4.50	3.92	3.55	3.28	3.09	2.93	2.81	2.71	2.54	2.37	2.19	2.09	1.98	1.87	1.75	1.61	1.43
∞	7.88	5.30	4.28	3.72	3.35	3.09	2.90	2.74	2.62	2.52	2.36	2.19	2.00	1.90	1.79	1.67	1.53	1.36	1.00